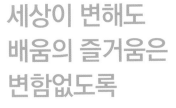

세상이 변해도
배움의 즐거움은
변함없도록

시대는 빠르게 변해도
배움의 즐거움은
변함없어야 하기에

어제의 비상은
남다른 교재부터
결이 다른 콘텐츠
전에 없던 교육 플랫폼까지

변함없는 혁신으로
교육 문화 환경의 새로운 전형을
실현해왔습니다.

비상은 오늘, 다시 한번
새로운 교육 문화 환경을 실현하기 위한
또 하나의 혁신을 시작합니다.

오늘의 내가 어제의 나를 초월하고
오늘의 교육이 어제의 교육을 초월하여
배움의 즐거움을 지속하는 혁신,

바로, 메타인지 기반 완전 학습을.

상상을 실현하는 교육 문화 기업 비상

메타인지 기반 완전 학습
초월을 뜻하는 meta와 생각을 뜻하는 인지가 결합한 메타인지는
자신이 알고 모르는 것을 스스로 구분하고 학습계획을 세우도록 하는
궁극의 학습 능력입니다. 비상의 메타인지 기반 완전 학습 시스템은
잠들어 있는 메타인지를 깨워 공부를 100% 내 것으로 만들도록 합니다.

연산으로 쉽게 개념 완성!

개념+PLUS연산

중학 수학

1·1

수학 기본기를 탄탄하게 하는! 개념+연산

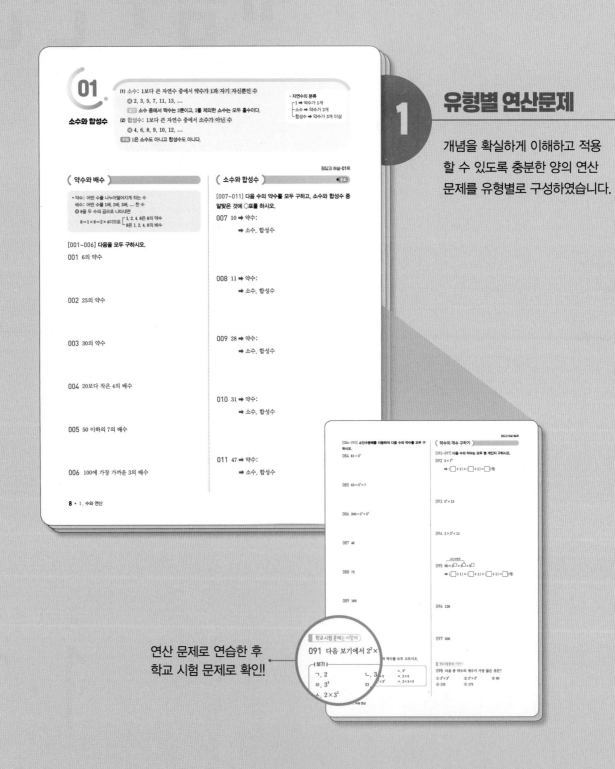

유형별 연산문제

개념을 확실하게 이해하고 적용
할 수 있도록 충분한 양의 연산
문제를 유형별로 구성하였습니다.

연산 문제로 연습한 후
학교 시험 문제로 확인!!

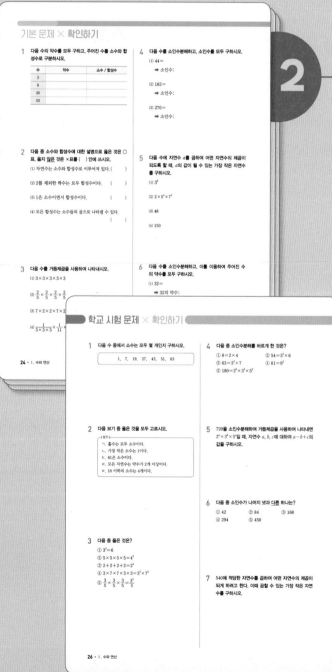

2 한 번 더 확인하기

유형별 연산 문제를 모아 한 번 더 풀어 보면서
자신의 실력을 확인할 수 있습니다.
부족한 부분은 다시 돌아가서 연습해 보세요!

3 꼭! 나오는 학교 시험 문제로 마무리하기

기본기를 완벽하게 다졌다면 연산 문제에
응용력을 더한 학교 시험 문제에 도전!
어렵지 않은 필수 기출문제를 풀어 보면서
실전 감각을 익히고 자신감을 얻을 수 있습니다.

Contents 차례

수와 연산

문자와 식

III

좌표평면과
그래프

1

소인수분해

01

소수와 합성수

(1) 소수: 1보다 큰 자연수 중에서 약수가 1과 자기 자신뿐인 수

　예) 2, 3, 5, 7, 11, 13, …

　참고 소수 중에서 짝수는 2뿐이고, 2를 제외한 소수는 모두 홀수이다.

(2) 합성수: 1보다 큰 자연수 중에서 소수가 아닌 수

　예) 4, 6, 8, 9, 10, 12, …

　주의 1은 소수도 아니고 합성수도 아니다.

● 자연수의 분류
┌ 1 ➡ 약수가 1개
├ 소수 ➡ 약수가 2개
└ 합성수 ➡ 약수가 3개 이상

정답과 해설·01쪽

(약수와 배수)

● 약수: 어떤 수를 나누어떨어지게 하는 수
배수: 어떤 수를 1배, 2배, 3배, … 한 수

예) 8을 두 수의 곱으로 나타내면

$8 = 1 \times 8 = 2 \times 4$이므로 ┌ 1, 2, 4, 8은 8의 약수
└ 8은 1, 2, 4, 8의 배수

[001~006] 다음을 모두 구하시오.

001 6의 약수

002 25의 약수

003 30의 약수

004 20보다 작은 4의 배수

005 50 이하의 7의 배수

006 100에 가장 가까운 3의 배수

(소수와 합성수)　★중요

[007~011] 다음 수의 약수를 모두 구하고, 소수와 합성수 중 알맞은 것에 ○표를 하시오.

007 10 ➡ 약수: ＿＿＿＿＿＿＿＿

　➡ 소수, 합성수

008 11 ➡ 약수: ＿＿＿＿＿＿＿＿

　➡ 소수, 합성수

009 28 ➡ 약수: ＿＿＿＿＿＿＿＿

　➡ 소수, 합성수

010 31 ➡ 약수: ＿＿＿＿＿＿＿＿

　➡ 소수, 합성수

011 47 ➡ 약수: ＿＿＿＿＿＿＿＿

　➡ 소수, 합성수

012 다음 수 중에서 소수에 모두 ○표를 하시오.

> 1, 2, 7, 17, 18, 23, 29, 35

013 다음 수 중에서 합성수에 모두 ○표를 하시오.

> 1, 5, 13, 21, 26, 37, 41

014 다음은 자연수 중에서 소수를 찾는 방법이다. 이 방법을 이용하여 아래 표의 수를 지우고, 1부터 50까지의 자연수 중에서 소수를 모두 구하시오.

┤ **방법** ├

❶ 1은 소수가 아니므로 지운다.
❷ 소수 2는 남기고 2의 배수를 모두 지운다.
❸ 소수 3은 남기고 3의 배수를 모두 지운다.
❹ 소수 5는 남기고 5의 배수를 모두 지운다.
⋮
이와 같은 방법으로 수를 계속 지워 나가면 마지막에 남는 수가 소수이다.

x	2	3	4	5	6	7	8	9	10
11	12	13	14	15	16	17	18	19	20
21	22	23	24	25	26	27	28	29	30
31	32	33	34	35	36	37	38	39	40
41	42	43	44	45	46	47	48	49	50

➡ 소수: _____

(소수와 합성수의 이해)

[015~022] 다음 중 소수와 합성수에 대한 설명으로 옳은 것은 ○표, 옳지 <u>않은</u> 것은 ×표를 ( ) 안에 쓰시오.

015 1은 소수이다. ( )

016 소수의 약수는 항상 2개이다. ( )

017 가장 작은 합성수는 2이다. ( )

018 소수는 모두 홀수이다. ( )

019 소수가 아닌 자연수는 모두 합성수이다. ( )

020 짝수 중에서 소수는 2뿐이다. ( )

021 약수가 4개인 수는 합성수이다. ( )

022 4의 배수는 모두 합성수이다. ( )

(1) 거듭제곱: 같은 수나 문자를 여러 번 곱한 것을 간단히 나타낸 것

(2) 밑: 거듭제곱에서 여러 번 곱하는 수나 문자

(3) 지수: 거듭제곱에서 밑을 곱한 횟수

거듭제곱

$$2 \times 2 \times 2 = 2^3 \overset{\rightarrow \text{지수}}{\underset{\underset{\text{밑}}{\uparrow}}{}}$$

$$\underbrace{2 \times 2 \times 2}_{3\text{번}}$$

참고 • 2^2, 2^3, 2^4, …을 각각 2의 제곱, 2의 세제곱, 2의 네제곱, …이라고 읽는다.

• 2^1은 2로 생각한다.

정답과 해설•01쪽

거듭제곱 ★중요

[023~025] 다음 수의 밑과 지수를 각각 구하시오.

023 2^4 ➡ 밑: _____, 지수: _____

024 7^6 ➡ 밑: _____, 지수: _____

025 $\left(\dfrac{1}{13}\right)^{10}$ ➡ 밑: _____, 지수: _____

[026~028] 다음 ☐ 안에 알맞은 수를 쓰시오.

026 $3 \times 3 \times 3 \times 3 = 3^{\square}$

027 $6 \times 6 \times 6 \times 6 \times 6 \times 6 = \square^6$

028 $\dfrac{1}{5} \times \dfrac{1}{5} \times \dfrac{1}{5} \times \dfrac{1}{5} \times \dfrac{1}{5} = \left(\boxed{}\right)^5$

[029~035] 다음 수를 거듭제곱을 사용하여 나타내시오.

029 $5 \times 5 \times 5 \times 5$

030 $7 \times 7 \times 7 \times 7 \times 7 \times 7 \times 7$

031 $10 \times 10 \times 10 \times 10 \times 10$

032 $11 \times 11 \times 11 \times 11 \times 11 \times 11$

033 $\dfrac{1}{2} \times \dfrac{1}{2} \times \dfrac{1}{2}$

034 $\dfrac{1}{3 \times 3 \times 3 \times 3}$

035 $\dfrac{1}{17 \times 17 \times 17 \times 17 \times 17}$

[036~043] 다음 수를 거듭제곱을 사용하여 나타내시오.

036 $3 \times 3 \times 5 \times 5 \times 5 \times 5 \times 5$

037 $7 \times 7 \times 7 \times 11 \times 11 \times 13 \times 13 \times 13$

038 $5 \times 13 \times 13 \times 5 \times 13$

039 $7 \times 2 \times 3 \times 3 \times 2 \times 7 \times 2$

040 $\dfrac{1}{2} \times \dfrac{1}{2} \times \dfrac{1}{2} \times \dfrac{1}{2} \times \dfrac{1}{3}$

041 $\dfrac{1}{2} \times \dfrac{1}{3} \times \dfrac{1}{11} \times \dfrac{1}{2} \times \dfrac{1}{3} \times \dfrac{1}{3} \times \dfrac{1}{11}$

042 $\dfrac{1}{2 \times 2 \times 3 \times 3 \times 7 \times 7 \times 7}$

043 $\dfrac{1}{5 \times 5 \times 7 \times 5 \times 2 \times 7 \times 2}$

[044~050] 다음 수를 [ ] 안의 수의 거듭제곱으로 나타내시오.

044 $16 \quad [2]$

045 $27 \quad [3]$

046 $125 \quad [5]$

047 $100000 \quad [10]$

048 $\dfrac{1}{121} \quad \left[\dfrac{1}{11}\right]$

049 $\dfrac{1}{64} \quad \left[\dfrac{1}{2}\right]$

050 $\dfrac{1}{243} \quad \left[\dfrac{1}{3}\right]$

> 학교 시험 문제는 이렇게

051 $2 \times 5 \times 5 \times 2 \times 3 \times 5 \times 3$을 거듭제곱을 사용하여 나타내면 $2^a \times 3^b \times 5^c$일 때, 자연수 a, b, c에 대하여 $a+b-c$의 값을 구하시오.

03

소인수분해

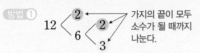

(1) **소인수**: 어떤 자연수의 인수 중에서 소수인 것
└ 약수를 인수라고도 한다.

예 10의 인수는 1, 2, 5, 10이고 이 중에서 소인수는 2, 5이다.

(2) **소인수분해**: 1보다 큰 자연수를 소인수만의 곱으로 나타내는 것

예 12를 소인수분해하기

방법 ①
$$12 \bigg\langle \begin{matrix} 2 \\ 6 \end{matrix} \bigg\langle \begin{matrix} 2 \\ 3 \end{matrix}$$
가지의 끝이 모두 소수가 될 때까지 나눈다.

방법 ②
나누어떨어지는 소수로만 나눈다.
$$\begin{array}{r} 2\,)\,12 \\ 2\,)\,6 \\ \hline 3 \end{array}$$
← 몫이 소수가 될 때까지 나눈다.

소인수분해 결과 $2^2 \times 3$ → 보통 작은 소인수부터 차례로 쓰고, 같은 소인수의 곱은 거듭제곱으로 나타낸다.

정답과 해설·**02**쪽

(소인수분해하기) ★중요

[052~055] 다음은 두 가지 방법을 이용하여 주어진 수를 소인수분해하는 과정을 나타낸 것이다. □ 안에 알맞은 수를 쓰고, 소인수분해한 결과를 구하시오.

052 20

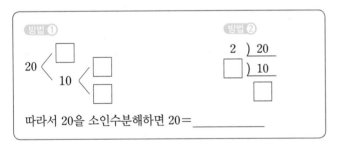

따라서 20을 소인수분해하면 20 = _____

053 36

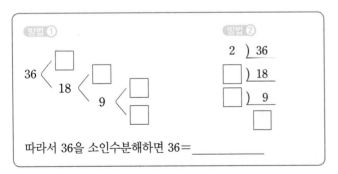

따라서 36을 소인수분해하면 36 = _____

054 48

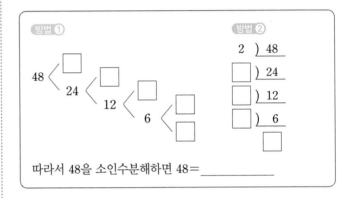

따라서 48을 소인수분해하면 48 = _____

055 84

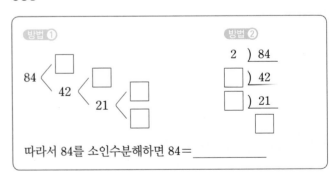

따라서 84를 소인수분해하면 84 = _____

(소인수 구하기)

[056~063] 다음 수를 소인수분해하고, 소인수를 모두 구하시오.

056　）27
　　　）‾‾‾

　➡ 27 =_____
　　소인수:_____

057　）32
　　　）‾‾‾
　　　）‾‾‾
　　　）‾‾‾

　➡ 32 =_____
　　소인수:_____

058　）45
　　　）‾‾‾

　➡ 45 =_____
　　소인수:_____

059　）50
　　　）‾‾‾

　➡ 50 =_____
　　소인수:_____

060　）56
　　　）‾‾‾
　　　）‾‾‾

　➡ 56 =_____
　　소인수:_____

061　）105
　　　）‾‾‾

　➡ 105 =_____
　　소인수:_____

062　）132
　　　）‾‾‾
　　　）‾‾‾

　➡ 132 =_____
　　소인수:_____

063　）150
　　　）‾‾‾
　　　）‾‾‾

　➡ 150 =_____
　　소인수:_____

학교 시험 문제는 이렇게

064 다음 중 660의 소인수가 <u>아닌</u> 것은?

① 2　　　　② 3　　　　③ 5

④ 7　　　　⑤ 11

제곱인 수 만들기　★중요

- 자연수 A가 어떤 자연수의 제곱이면
  ➡ A를 소인수분해했을 때, 모든 소인수의 지수가 짝수이다.
  📵 $12 = 2^2 \times 3$ ➡ 3의 지수가 홀수이므로
  　　　　　　　　12는 어떤 자연수의 제곱이 될 수 없다.
  $36 = 2^2 \times 3^2$ ➡ 2×3, 즉 36은 6의 제곱이다.

[065~076] 다음 수에 자연수 a를 곱하여 어떤 자연수의 제곱이 되도록 할 때, a의 값이 될 수 있는 가장 작은 자연수를 구하시오.

065 2×3^2

> $2 \times 3^2 \times a$가 어떤 자연수의 제곱이 되려면 2의 지수가 (홀수, 짝수)이어야 한다.
> 따라서 a의 값이 될 수 있는 가장 작은 자연수는 ▢이다.

066 $3^5 \times 7$

067 $2^3 \times 5^3$

068 $2^5 \times 3^2 \times 11$

069 $2^2 \times 5 \times 11^3$

070 $3^5 \times 5^3 \times 7$

071 $28 = \underline{\qquad\qquad}$ ⎢소인수분해

➡ 가장 작은 a의 값: _____

072 $40 = \underline{\qquad\qquad}$ ⎢소인수분해

➡ 가장 작은 a의 값: _____

073 $63 = \underline{\qquad\qquad}$ ⎢소인수분해

➡ 가장 작은 a의 값: _____

074 $70 = \underline{\qquad\qquad}$ ⎢소인수분해

➡ 가장 작은 a의 값: _____

075 $96 = \underline{\qquad\qquad}$ ⎢소인수분해

➡ 가장 작은 a의 값: _____

076 $120 = \underline{\qquad\qquad}$ ⎢소인수분해

➡ 가장 작은 a의 값: _____

　학교 시험 문제는 이렇게

077 135에 자연수를 곱하여 어떤 자연수의 제곱이 되도록 할 때, 곱할 수 있는 가장 작은 자연수를 구하시오.

04 소인수분해를 이용하여 약수 구하기

자연수 A가 $A=a^m \times b^n$ (a, b는 서로 다른 소수, m, n은 자연수)으로 소인수분해될 때

(1) A의 약수 ➡ $(a^m$의 약수$) \times (b^n$의 약수$)$ 꼴
$\underbrace{1, a, a^2, \cdots, a^m}_{(m+1)개}$ $\underbrace{1, b, b^2, \cdots, b^n}_{(n+1)개}$

(2) A의 약수의 개수 ➡ $(m+1) \times (n+1)$ → 소인수의 각 지수에 1을 더하여 곱한다.

예 $12=2^2 \times 3^1$이므로 오른쪽 표에서

(1) 12의 약수 ➡ 1, 2, 3, 4, 6, 12

(2) 12의 약수의 개수 ➡ $(2+1) \times (1+1)=6$

		2^2의 약수	
×	1	2	2^2
1	$1 \times 1 = 1$	$1 \times 2 = 2$	$1 \times 2^2 = 4$
3	$3 \times 1 = 3$	$3 \times 2 = 6$	$3 \times 2^2 = 12$

└ 3^1의 약수   └ 12의 약수

정답과 해설·**03**쪽

약수 구하기 ★중요

[078~083] 다음은 소인수분해를 이용하여 약수를 구하는 과정이다. 표를 완성하고, 주어진 수의 약수를 모두 구하시오.

078 $18=2 \times 3^2$

×	1	2
1		
3		
3^2		

➡ 18의 약수: _____

079 $72=2^3 \times 3^2$

×	1	2	2^2	2^3
1				
3				
3^2				

➡ 72의 약수: _____

080 $100=2^2 \times 5^2$

×	1	2	2^2
1			
5			
5^2			

➡ 100의 약수: _____

소인수분해
081 $20=$ _____

×	1	2	
1			

➡ 20의 약수: _____

소인수분해
082 $56=$ _____

×	1	2	
1			

➡ 56의 약수: _____

소인수분해
083 $108=$ _____

×	1	2	
1			

➡ 108의 약수: _____

[084~090] 소인수분해를 이용하여 다음 수의 약수를 모두 구하시오.

084 $81 = 3^4$

085 $63 = 3^2 \times 7$

086 $200 = 2^3 \times 5^2$

087 48

088 75

089 189

090 196

091 다음 보기에서 $2^2 \times 3^2$의 약수를 모두 고르시오.

┤보기├
ㄱ. 2	ㄴ. 3	ㄷ. 2^3
ㄹ. 3^4	ㅁ. $2^2 \times 3$	ㅂ. 2×5
ㅅ. 2×3^3	ㅇ. $2^4 \times 3^2$	ㅈ. $2 \times 3 \times 5$

약수의 개수 구하기

[092~097] 다음 수의 약수는 모두 몇 개인지 구하시오.

092 3×7^3

➡ $(\boxed{}+1) \times (\boxed{}+1) = \boxed{}$(개)

093 $5^3 \times 13$

094 $2 \times 3^2 \times 11$

095
소인수분해
$90 = 2^{\boxed{}} \times 3^{\boxed{}} \times 5^{\boxed{}}$

➡ $(\boxed{}+1) \times (\boxed{}+1) \times (\boxed{}+1) = \boxed{}$(개)

096 128

097 300

098 다음 중 약수의 개수가 가장 많은 것은?

① $2^2 \times 3^2$ ② $2^4 \times 3^2$ ③ 95

④ 125 ⑤ 175

05

공약수와 최대공약수

(1) **공약수**: 두 개 이상의 자연수의 공통인 약수
(2) **최대공약수**: 공약수 중에서 가장 큰 수

⚫ 6의 약수: 1, 2, 3, 6
8의 약수: 1, 2, 4, 8 ⎤ ➡ 공약수: 1, 2 ➡ 최대공약수: 2

(3) **최대공약수의 성질**: 두 개 이상의 자연수의 공약수는 그 수들의 최대공약수의 약수이다.

⚫ 6과 8의 최대공약수는 2이므로 6과 8의 공약수는 2의 약수인 1, 2이다.

(4) **서로소**: 최대공약수가 1인 두 자연수

⚫ 5와 7의 최대공약수는 1이므로 5와 7은 서로소이다.

[참고] • 1은 모든 자연수와 서로소이다.
• 서로 다른 두 소수는 항상 서로소이다.

정답과 해설·04쪽

(공약수와 최대공약수)

[099~102] 두 수 18과 27의 최대공약수를 구하려고 한다. 다음을 구하시오.

099 18의 약수

100 27의 약수

101 18과 27의 공약수

102 18과 27의 최대공약수

[103~104] 어떤 두 자연수의 최대공약수가 다음과 같을 때, 이 두 자연수의 공약수를 모두 구하시오.

103 15

104 24

[105~110] 다음 중 두 수가 서로소인 것은 ○표, 서로소가 아닌 것은 ×표를 ( ) 안에 쓰시오.

105 4, 9 ( )

106 15, 28 ( )

107 36, 54 ( )

108 27, 70 ( )

109 26, 65 ( )

110 77, 105 ( )

06

소인수분해를 이용하여 최대공약수 구하기

소인수분해를 이용하여 최대공약수를 구할 수 있다.

❶ 주어진 수를 각각 소인수분해한다.

❷ 공통인 소인수를 모두 곱한다.

　이때 소인수의 지수가 같으면 그대로,

　다르면 작은 것을 택하여 곱한다.

$$24 = 2^3 \times 3$$
$$42 = 2 \times 3 \times 7$$
$$60 = 2^2 \times 3 \times 5$$
$$\text{(최대공약수)} = 2 \times 3 = 6$$

소인수의 지수가 다르면 → 지수가 작은 것

← 소인수의 지수가 같으면 그대로

정답과 해설 • **05**쪽

소인수분해를 이용하여 최대공약수 구하기 ★중요

[111~116] 다음은 두 수 또는 세 수의 최대공약수를 소인수분해를 이용하여 구하는 과정이다. □ 안에 알맞은 수를 쓰시오.

111 12와 18의 최대공약수

$$12 = \boxed{}^2 \times 3$$
$$18 = 2 \times \boxed{}^2$$
$$\text{(최대공약수)} = \boxed{} \times \boxed{} = \boxed{}$$

112 20과 50의 최대공약수

$$20 = \boxed{}^2 \times 5$$
$$50 = 2 \times \boxed{}^2$$
$$\text{(최대공약수)} = \boxed{} \times \boxed{} = \boxed{}$$

113 30과 48의 최대공약수

$$30 = 2 \times 3 \times \boxed{}$$
$$48 = \boxed{}^4 \times \boxed{}$$
$$\text{(최대공약수)} = \boxed{} \times \boxed{} = \boxed{}$$

114 36, 72, 90의 최대공약수

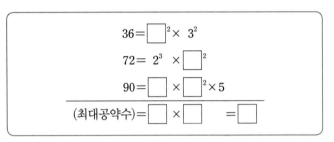

$$36 = \boxed{}^2 \times 3^2$$
$$72 = 2^3 \times \boxed{}^2$$
$$90 = \boxed{} \times \boxed{}^2 \times 5$$
$$\text{(최대공약수)} = \boxed{} \times \boxed{} = \boxed{}$$

115 70, 84, 98의 최대공약수

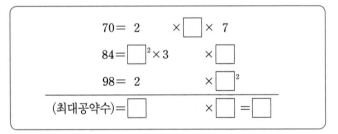

$$70 = 2 \times \boxed{} \times 7$$
$$84 = \boxed{}^2 \times 3 \times \boxed{}$$
$$98 = 2 \times \boxed{}^2$$
$$\text{(최대공약수)} = \boxed{} \times \boxed{} = \boxed{}$$

116 75, 125, 200의 최대공약수

$$75 = 3 \times \boxed{}^2$$
$$125 = \boxed{}^3$$
$$200 = \boxed{}^3 \times \boxed{}^2$$
$$\text{(최대공약수)} = \boxed{} = \boxed{}$$

[117~124] 다음 수들의 최대공약수를 소인수의 곱으로 나타내시오.

117 3×5^2, $3^2 \times 5^2$

118 $2 \times 3^2 \times 5$, $2^2 \times 3 \times 5^2$

119 $3^3 \times 5^2$, $3 \times 5^2 \times 7^2$

120 $2^2 \times 5$, $2^3 \times 3^2$, $2^3 \times 3^2 \times 5$

121 $2 \times 3 \times 7^2$, $3^2 \times 7^2$, 3×7^3

122 $2^2 \times 3 \times 5$, 2×5^3, $2^2 \times 5^2 \times 7$

123 $2^3 \times 3^2$, $2^2 \times 3^2 \times 5^2$, $2 \times 3^3 \times 7$

124 $2^3 \times 3 \times 5$, $2 \times 3 \times 7$, $2 \times 3 \times 5^2$

[125~131] 소인수분해를 이용하여 다음 수들의 최대공약수를 구하시오.

125 28, 42

126 40, 56

127 54, 90

128 108, 135

129 24, 48, 84

130 36, 45, 72

131 48, 60, 126

학교 시험 문제는 이렇게

132 두 수 128과 160의 공약수는 모두 몇 개인지 구하시오.

07 공배수와 최소공배수

(1) **공배수**: 두 개 이상의 자연수의 공통인 배수

(2) **최소공배수**: 공배수 중에서 가장 작은 수

> 예 4의 배수: 4, 8, 12, 16, 20, 24, … ⎫
> 6의 배수: 6, 12, 18, 24, 30, … ⎭ ➡ 공배수: 12, 24, … ➡ 최소공배수: 12

(3) **최소공배수의 성질**

① 두 개 이상의 자연수의 공배수는 그 수들의 최소공배수의 배수이다.

> 예 4와 6의 최소공배수는 12이므로 4와 6의 공배수는 12의 배수인 12, 24, …이다.

② 서로소인 두 자연수의 최소공배수는 두 수의 곱과 같다.

> 예 3과 4는 서로소이므로 3과 4의 최소공배수는 3×4=12이다.

정답과 해설·06쪽

공배수와 최소공배수

[133~136] 두 수 2와 3의 최소공배수를 구하려고 한다. 20보다 작은 자연수 중에서 다음을 구하시오.

133 2의 배수

134 3의 배수

135 2와 3의 공배수

136 2와 3의 최소공배수

[137~141] 세 수 6, 8, 12의 최소공배수를 구하려고 한다. 50보다 작은 자연수 중에서 다음을 구하시오.

137 6의 배수

138 8의 배수

139 12의 배수

140 6, 8, 12의 공배수

141 6, 8, 12의 최소공배수

[142~143] 어떤 두 자연수의 최소공배수가 다음과 같을 때, 이 두 자연수의 공배수를 작은 것부터 차례로 3개 구하시오.

142 13

143 34

학교 시험 문제는 이렇게

144 두 자연수 A, B의 최소공배수가 32일 때, A, B의 공배수 중에서 100 이하인 수는 모두 몇 개인지 구하시오.

08

**소인수분해를
이용하여
최소공배수
구하기**

소인수분해를 이용하여 최소공배수를 구할 수 있다.

❶ 주어진 수를 각각 소인수분해한다.

❷ 공통인 소인수와 공통이 아닌 소인수를 모두 곱한다.
이때 소인수의 지수가 같으면 그대로, 다르면 큰 것을
택하여 곱한다.

$$12 = 2^2 \times 3$$
$$15 = 3 \times 5$$
$$24 = 2^3 \times 3$$
$$\text{(최소공배수)} = 2^3 \times 3 \times 5 = 120$$

소인수의 지수가 다르면   소인수의 지수가   공통이 아닌 것
지수가 큰 것   같으면 그대로

소인수분해를 이용하여 최소공배수 구하기 ★중요

[145~150] 다음은 두 수 또는 세 수의 최소공배수를 소인수
분해를 이용하여 구하는 과정이다. □ 안에 알맞은 수를 쓰시오.

145 16과 24의 최소공배수

$$16 = \square^4$$
$$24 = \square^3 \times 3$$
$$\text{(최소공배수)} = \square \times \square = \square$$

146 28과 70의 최소공배수

$$28 = \square^2 \times 7$$
$$70 = \square \times 5 \times 7$$
$$\text{(최소공배수)} = \square \times \square \times \square = \square$$

147 36과 120의 최소공배수

$$36 = 2^2 \times \square^2$$
$$120 = 2^3 \times \square \times 5$$
$$\text{(최소공배수)} = 2^\square \times \square \times 5 = \square$$

148 18, 21, 56의 최소공배수

$$18 = 2 \times \square^2$$
$$21 = \square \times 7$$
$$56 = \square^3 \times \square$$
$$\text{(최소공배수)} = \square \times \square \times \square = \square$$

149 42, 60, 72의 최소공배수

$$42 = \square \times 3 \times \square$$
$$60 = \square^2 \times 3 \times \square$$
$$72 = \square^3 \times \square^2$$
$$\text{(최소공배수)} = \square \times \square \times 5 \times \square = \square$$

150 45, 54, 81의 최소공배수

$$45 = \square^2 \times 5$$
$$54 = 2 \times \square^3$$
$$81 = \square^4$$
$$\text{(최소공배수)} = 2 \times \square \times \square = \square$$

[151~158] 다음 수들의 최소공배수를 소인수의 곱으로 나타내시오.

151 $3^2 \times 5$, 3×5^2

152 $2^2 \times 7$, 2×5^2

153 2×5^2, $2^2 \times 3 \times 5^2$

154 $2^2 \times 3^3 \times 5$, $2 \times 3^2 \times 5$

155 $2^2 \times 3$, 2×7, $2 \times 3^2 \times 7$

156 $2^2 \times 3^2$, $2 \times 3 \times 5$, $2 \times 3^2 \times 7^2$

157 $2 \times 3 \times 7$, $2^2 \times 3^2 \times 5$, $2^3 \times 5^2$

158 $2 \times 3^2 \times 7$, $2 \times 3 \times 5$, $3 \times 5^2 \times 7$

[159~165] 소인수분해를 이용하여 다음 수들의 최소공배수를 구하시오.

159 18, 48

160 20, 56

161 24, 42

162 10, 15, 20

163 12, 30, 36

164 16, 28, 40

165 24, 45, 60

학교 시험 문제는 이렇게

166 세 수 4, 6, 9의 공배수 중에서 가장 작은 세 자리의 자연수를 구하시오.

최대공약수와 최소공배수가 주어질 때, 공통인 소인수의 지수 구하기

167 두 수 $2^a \times 3^3$, $2^4 \times 3^b$의 최대공약수가 $2^2 \times 3$일 때, 다음은 자연수 a, b의 값을 각각 구하는 과정이다. □ 안에 알맞은 수를 쓰시오.

> 최대공약수를 구할 때는 공통인 소인수를 모두 곱한다. 이 때 소인수의 지수가 같으면 그대로, 다르면 작은 것을 택하여 곱한다.
>
> $$2^a \times 3^3$$
> $$2^4 \times 3^b$$
> $$(최대공약수) = 2^2 \times 3$$
>
> ➡ $a = \square$, $b = \square$

[168~171] 두 수의 최대공약수가 다음과 같이 주어질 때, 자연수 a, b의 값을 각각 구하시오.

168
$$2^a \times 3^5 \quad\quad \times 7$$
$$2^4 \times 3^b \times 5$$
$$(최대공약수) = 2 \times 3^3$$

169
$$2^a \times 3^2 \times 5$$
$$2^3 \times 3^b \times 5$$
$$(최대공약수) = 2^2 \times 3 \times 5$$

170
$$2^a \times 3 \times 5^3$$
$$2^2 \quad\quad \times 5^b \times 7^2$$
$$(최대공약수) = 2 \quad \times 5^2$$

171
$$3^5 \times 5^a \quad\quad \times 11$$
$$3^b \times 5^4 \times 7 \times 11$$
$$(최대공약수) = 3^3 \times 5^2 \quad\quad \times 11$$

172 두 수 $2^a \times 5 \times 7$, $2^2 \times 3 \times 5^b$의 최소공배수가 $2^4 \times 3 \times 5^3 \times 7$일 때, 다음은 자연수 a, b의 값을 각각 구하는 과정이다. □ 안에 알맞은 수를 쓰시오.

> 최소공배수를 구할 때는 공통인 소인수와 공통이 아닌 소인수를 모두 곱한다. 이때 공통인 소인수의 경우 소인수의 지수가 같으면 그대로, 다르면 큰 것을 택하여 곱한다.
>
> $$2^a \quad\quad \times 5 \times 7$$
> $$2^2 \times 3 \times 5^b$$
> $$(최소공배수) = 2^4 \times 3 \times 5^3 \times 7$$
>
> ➡ $a = \square$, $b = \square$

[173~176] 두 수의 최소공배수가 다음과 같이 주어질 때, 자연수 a, b의 값을 각각 구하시오.

173
$$2^2 \times 3^a$$
$$2^b \times 3 \times 5$$
$$(최소공배수) = 2^4 \times 3^3 \times 5$$

174
$$2 \times 3^2 \times 5^2$$
$$2^a \times 3^b \quad\quad \times 7$$
$$(최소공배수) = 2^4 \times 3^3 \times 5^2 \times 7$$

175
$$3^a \times 5^2 \quad\quad \times 11$$
$$3 \times 5^b \times 7$$
$$(최소공배수) = 3^3 \times 5^3 \times 7 \times 11$$

176
$$2 \quad\quad \times 5^a \times 7^2$$
$$3^b \times 5 \times 7^2$$
$$(최소공배수) = 2 \times 3^2 \times 5 \times 7^2$$

1 다음 수의 약수를 모두 구하고, 주어진 수를 소수와 합성수로 구분하시오.

수	약수	소수 / 합성수
3		
8		
25		
53		

2 다음 중 소수와 합성수에 대한 설명으로 옳은 것은 ○표, 옳지 <u>않은</u> 것은 ×표를 ( ) 안에 쓰시오.

(1) 자연수는 소수와 합성수로 이루어져 있다. ( )

(2) 2를 제외한 짝수는 모두 합성수이다. ( )

(3) 1은 소수이면서 합성수이다. ( )

(4) 모든 합성수는 소수들의 곱으로 나타낼 수 있다.

( )

3 다음 수를 거듭제곱을 사용하여 나타내시오.

(1) $3 \times 3 \times 3 \times 3 \times 3$

(2) $\dfrac{2}{5} \times \dfrac{2}{5} \times \dfrac{2}{5} \times \dfrac{2}{5}$

(3) $7 \times 2 \times 2 \times 7 \times 2 \times 2$

(4) $\dfrac{1}{3 \times 3 \times 3} \times \dfrac{1}{11} \times \dfrac{1}{11}$

4 다음 수를 소인수분해하고, 소인수를 모두 구하시오.

(1) $44 = $ _____

➡ 소인수: _____

(2) $162 = $ _____

➡ 소인수: _____

(3) $270 = $ _____

➡ 소인수: _____

5 다음 수에 자연수 a를 곱하여 어떤 자연수의 제곱이 되도록 할 때, a의 값이 될 수 있는 가장 작은 자연수를 구하시오.

(1) 3^5

(2) $2 \times 5^4 \times 7^3$

(3) 48

(4) 150

6 다음 수를 소인수분해하고, 이를 이용하여 주어진 수의 약수를 모두 구하시오.

(1) $32 = $ _____

➡ 32의 약수: _____

(2) $135 = $ _____

➡ 135의 약수: _____

7 다음 수의 약수는 모두 몇 개인지 구하시오.

(1) $2^3 \times 7^3$

(2) 80

(3) 147

(4) 225

8 다음 중 두 수가 서로소인 것은 ○표, 서로소가 <u>아닌</u> 것은 ×표를 ( ) 안에 쓰시오.

(1) 6, 19 ( )

(2) 10, 24 ( )

(3) 15, 21 ( )

(4) 28, 75 ( )

9 다음 수들의 최대공약수를 구하시오.

(1) $2 \times 3^3 \times 5^2$, $3^2 \times 5 \times 7^2$

(2) 2×5^2, $2^3 \times 3 \times 5^3$, $2 \times 5^4 \times 7$

(3) 96, 132

(4) 36, 54, 126

10 다음 수들의 최소공배수를 구하시오.

(1) $2^5 \times 3$, $2^3 \times 3^4 \times 7$

(2) $3^2 \times 5 \times 7$, 3×5^2, $3 \times 5^2 \times 7$

(3) 10, 18

(4) 12, 20, 50

11 두 수의 최대공약수 또는 최소공배수가 다음과 같이 주어질 때, 자연수 a, b의 값을 각각 구하시오.

(1)
$$3^4 \times 5^a$$
$$2 \times 3^b \times 5^6$$
$$(최대공약수) = \ 3^2 \times 5^4$$

(2)
$$2 \times 3 \times 5^a \times 7^3$$
$$2 \ \ \times 5^2 \times 7^b$$
$$(최대공약수) = 2 \ \ \times 5 \times 7^2$$

(3)
$$2^a \times 5^2 \times 7$$
$$2^2 \ \ \times 7^b$$
$$(최소공배수) = 2^3 \times 5^2 \times 7^5$$

(4)
$$2 \ \ \times 5^a \times 11$$
$$3^2 \times 5 \times 11^b$$
$$(최소공배수) = 2 \times 3^2 \times 5^3 \times 11^2$$

1 다음 수 중에서 소수는 모두 몇 개인지 구하시오.

> 1, 7, 19, 27, 43, 51, 63

2 다음 보기 중 옳은 것을 모두 고르시오.

┤보기├
ㄱ. 홀수는 모두 소수이다.
ㄴ. 가장 작은 소수는 1이다.
ㄷ. 61은 소수이다.
ㄹ. 모든 자연수는 약수가 2개 이상이다.
ㅁ. 10 이하의 소수는 4개이다.

3 다음 중 옳은 것은?

① $3^2=6$
② $5 \times 5 \times 5 \times 5 = 4^5$
③ $2+2+2+2=2^4$
④ $3 \times 7 \times 7 \times 3 \times 3 - 3^3 \times 7^2$
⑤ $\dfrac{3}{5} \times \dfrac{3}{5} \times \dfrac{3}{5} = \dfrac{3^3}{5}$

4 다음 중 소인수분해를 바르게 한 것은?

① $8=2 \times 4$
② $54=3^2 \times 6$
③ $63=3^2 \times 7$
④ $81=9^2$
⑤ $180=2^2 \times 3^2 \times 5^2$

5 720을 소인수분해하여 거듭제곱을 사용하여 나타내면 $2^a \times 3^b \times 5^c$일 때, 자연수 a, b, c에 대하여 $a-b+c$의 값을 구하시오.

6 다음 중 소인수가 나머지 넷과 다른 하나는?

① 42
② 84
③ 168
④ 294
⑤ 450

7 540에 적당한 자연수를 곱하여 어떤 자연수의 제곱이 되게 하려고 한다. 이때 곱할 수 있는 가장 작은 자연수를 구하시오.

8 다음 중 140의 약수가 <u>아닌</u> 것은?

① 2×5　　② $2^2 \times 7$　　③ $2^3 \times 5$

④ $2 \times 5 \times 7$　　⑤ $2^2 \times 5 \times 7$

9 다음 중 약수의 개수가 가장 적은 것은?

① 36　　② 105　　③ 216

④ 4×3^3　　⑤ $2 \times 3 \times 25$

10 어떤 두 자연수의 최대공약수가 36일 때, 이 두 수의 공약수를 모두 구하시오.

11 다음 중 12와 서로소인 것을 모두 고르면? (정답 2개)

① 13　　② 27　　③ 5×11

④ 3×17　　⑤ $2^2 \times 3^2$

12 어떤 두 자연수의 최소공배수가 14일 때, 이 두 자연수의 공배수 중 100에 가장 가까운 수를 구하시오.

13 세 수 $2^2 \times 3$, $2 \times 3 \times 7^3$, $2^2 \times 3^2 \times 5$의 최대공약수와 최소공배수는?

	최대공약수	최소공배수
①	2×3	$2 \times 3 \times 5 \times 7$
②	2×3	$2^2 \times 3^2 \times 5 \times 7^3$
③	$2^2 \times 3^2$	$2 \times 3 \times 5 \times 7$
④	$2^2 \times 3^2$	$2^2 \times 3^2 \times 5 \times 7^3$
⑤	$2 \times 3 \times 5 \times 7^3$	$2^5 \times 3^4 \times 5 \times 7^3$

14 다음 중 최대공약수와 최소공배수의 차가 가장 큰 두 수끼리 짝 지어진 것은?

① 12, 36　　② 14, 21　　③ 15, 45

④ 16, 20　　⑤ 18, 27

15 두 수 $2^2 \times 3^a$, $2^b \times 3^2 \times c$의 최대공약수가 2×3^2, 최소공배수가 $2^2 \times 3^3 \times 7$일 때, 자연수 a, b, c에 대하여 $a+b+c$의 값을 구하시오. (단, c는 소수)

2

정수와 유리수

01. 양수와 음수

(1) 양의 부호와 음의 부호

서로 반대되는 성질을 가지는 양을 수로 나타낼 때, 어떤 기준을 중심으로 한쪽 수량에는 +를, 다른 쪽 수량에는 −를 붙여 나타낸다.

➡ + : 양의 부호, − : 음의 부호

예 서로 반대되는 성질을 가지는 수량의 예는 다음과 같다.

+(양의 부호)	증가	영상	이익	수입	해발	~후	지상	상승
−(음의 부호)	감소	영하	손해	지출	해저	~전	지하	하락

(2) 양수와 음수

① 양수: 0보다 큰 수로, 양의 부호 +를 붙인 수   예 0보다 3만큼 큰 수: +3

② 음수: 0보다 작은 수로, 음의 부호 −를 붙인 수   예 0보다 2만큼 작은 수: −2

참고 0은 양수도 아니고 음수도 아니다.

정답과 해설·10쪽

양수와 음수

[001~005] 다음을 양의 부호 + 또는 음의 부호 −를 사용하여 나타내시오.

001 인원 6명 증가 ➡ +6명

인원 3명 감소 ➡ _____

002 1000원 이익 ➡ +1000원

500원 손해 ➡ _____

003 벌점 7점 ➡ −7점

상점 13점 ➡ _____

004 출발 1시간 전 ➡ −1시간

출발 2시간 후 ➡ _____

005 해발 250 m ➡ +250 m

해저 140 m ➡ _____

[006~009] 다음을 양의 부호 + 또는 음의 부호 −를 사용하여 나타내시오.

006 0보다 4만큼 큰 수

007 0보다 9만큼 작은 수

008 0보다 2.5만큼 작은 수

009 0보다 $\frac{3}{7}$만큼 큰 수

[010~011] 다음 수를 보기에서 모두 고르시오.

보기

$$+5, \quad -1.7, \quad 0, \quad -\frac{1}{8}, \quad +0.2, \quad -3$$

010 양수

011 음수

02. 정수와 유리수

(1) 정수: 양의 정수, 0, 음의 정수를 통틀어 정수라고 한다.
  ① 양의 정수: 자연수에 양의 부호 +를 붙인 수
    예 +1, +2, +3, ...
  ② 음의 정수: 자연수에 음의 부호 −를 붙인 수
    예 −1, −2, −3, ...

유리수 ┌ 정수 ┬ 양의 정수(자연수)
      │   ├ 0
      │   └ 음의 정수
      └ 정수가 아닌 유리수

(2) 유리수: 양의 유리수, 0, 음의 유리수를 통틀어 유리수라고 한다.

  ① 양의 유리수: 분자, 분모가 자연수인 분수에 양의 부호 +를 붙인 수 예 $+7$, $+\frac{1}{2}$, $+1.6$, ...

  ② 음의 유리수: 분자, 분모가 자연수인 분수에 음의 부호 −를 붙인 수 예 -4, $-\frac{5}{3}$, -9.8, ...

참고 • 양의 정수는 양의 부호 +를 생략하여 나타낼 수 있으므로 자연수와 같다.
    • 양의 유리수도 양의 정수와 같이 양의 부호 +를 생략하여 나타낼 수 있다.

정답과 해설·10쪽

정수와 유리수 ★중요

[012~017] 다음 수를 보기에서 모두 고르시오.

┤보기├
$$-9, \quad 2.5, \quad 1\frac{2}{3}, \quad 0, \quad 10, \quad -\frac{5}{4}, \quad \frac{8}{2}$$

012 양의 정수

013 음의 정수

014 정수

015 양의 유리수

016 음의 유리수

017 정수가 아닌 유리수

[018~024] 다음 중 정수와 유리수에 대한 설명으로 옳은 것은 ○표, 옳지 않은 것은 ×표를 ( ) 안에 쓰시오.

018 양의 부호 +는 생략할 수 있다. ( )

019 정수는 양의 정수와 음의 정수로 이루어져 있다. ( )

020 0은 양수도 아니고 음수도 아니다. ( )

021 모든 정수는 유리수이다. ( )

022 0은 정수가 아닌 유리수이다. ( )

023 자연수는 양의 정수이다. ( )

024 0과 1 사이에는 유리수가 없다. ( )

03 수직선

직선 위에 기준이 되는 점 O를 잡아 그 점에 수 0을 대응시키고, 점 O의 좌우에 일정한 간격으로 점을 잡아 점 O의 오른쪽 점에 양의 정수를, 왼쪽 점에 음의 정수를 차례로 대응시킨 직선을 수직선이라 하고, 기준이 되는 점 O를 원점이라고 한다.

➡ 모든 유리수는 수직선 위의 점에 대응시킬 수 있다.

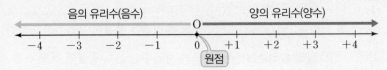

정답과 해설·11쪽

(**수직선 위의 점이 나타내는 수**) ★중요

[025~028] 다음 수직선 위의 네 점 A, B, C, D에 대응하는 수를 각각 말하시오.

025

026

027

028

(**수를 수직선 위에 나타내기**)

[029~032] 다음 수에 대응하는 점을 각각 수직선 위에 나타내시오.

029 A: -2, B: $+4$

030 A: -5, B: $+\dfrac{5}{2}$

031 A: $-\dfrac{9}{2}$, B: $+\dfrac{5}{3}$

032 A: $-\dfrac{13}{4}$, B: $+3.5$

04. 절댓값

(1) **절댓값**: 수직선 위에서 원점과 어떤 수에 대응하는 점 사이의 거리를 그 수의 절댓값이라고 한다.

기호 유리수 a의 절댓값 ➡ $|a|$

예 +3의 절댓값: $|+3|=3$ ⎫
　　−2의 절댓값: $|-2|=2$ ⎭ 부호를 떼어 낸 수와 같다.

　　　　−2의 절댓값　　+3의 절댓값

```
←─┼──┼──┼──┼──┼──┼──┼→
 −3 −2 −1  0 +1 +2 +3
```

(2) **절댓값의 성질**

① 0의 절댓값은 0이다. 즉, $|0|=0$

② 절댓값이 $a(a>0)$인 수는 $+a$, $-a$의 2개이다.

③ 절댓값은 거리를 의미하므로 항상 0 또는 양수이다.

④ 수직선 위에서 원점으로부터 멀리 있을수록 그 수의 절댓값이 크다.

정답과 해설·11쪽

절댓값　⭐중요

[033~038] 다음 값을 구하시오.

033 −1의 절댓값

034 +9의 절댓값

035 −5.1의 절댓값

036 $|+8|$

037 $\left|-\dfrac{17}{6}\right|$

038 $|+2.54|$

[039~045] 다음을 모두 구하시오.

039 절댓값이 10인 수

040 절댓값이 $\dfrac{2}{13}$인 수

041 절댓값이 0인 수

042 절댓값이 6.7인 양수

043 절댓값이 4인 음수

044 절댓값이 $\dfrac{3}{7}$인 양수

045 절댓값이 2.6인 음수

[046~049] 다음 중 절댓값에 대한 설명으로 옳은 것은 ○표, 옳지 <u>않은</u> 것은 ×표를 ( ) 안에 쓰시오.

046 절댓값이 가장 작은 수는 0이다.　　　　(　　)

047 음수의 절댓값은 0보다 작다.　　　　(　　)

048 절댓값이 같은 수는 항상 2개이다.　　(　　)

049 수직선 위에서 원점으로부터 가까이 있을수록 그 수의 절댓값이 작다.　　　　　　　　(　　)

(**절댓값이 같고 부호가 반대인 두 수**)

[050~052] 절댓값이 같고 부호가 반대인 두 수를 수직선 위에 나타내었더니 두 수에 대응하는 두 점 사이의 거리가 다음과 같을 때, 이 두 수를 구하시오.

050 두 점 사이의 거리: 4

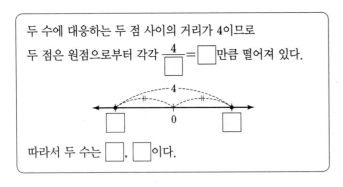

051 두 점 사이의 거리: 6

052 두 점 사이의 거리: 10

(**절댓값의 범위가 주어진 수 찾기**)

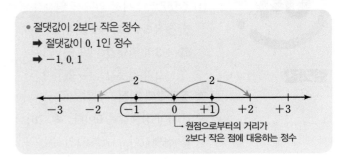

- 절댓값이 2보다 작은 정수
→ 절댓값이 0, 1인 정수
→ −1, 0, 1

[053~058] 다음을 모두 구하시오.

053 절댓값이 3보다 작은 정수

→ 절댓값이 □, □, □인 정수이므로

────────────────

054 절댓값이 1.5보다 작은 정수

055 절댓값이 $\frac{7}{2}$ 미만인 정수

056 절댓값이 2 이하인 정수

057 절댓값이 3 미만인 정수

058 절댓값이 $\frac{9}{3}$ 이하인 정수

05. 수의 대소 관계

수직선 위에서 수는 오른쪽으로 갈수록 커지고, 왼쪽으로 갈수록 작아진다.

(1) 양수는 0보다 크고, 음수는 0보다 작다.
   즉, (음수)<0<(양수) 예 $-3<0<+2$

(2) 양수끼리는 절댓값이 큰 수가 크다. 예 $+9<+12$

(3) 음수끼리는 절댓값이 큰 수가 작다. 예 $-5<-2$

오른쪽에 있는 수일수록 크다.

$$-3 \quad -2 \quad -1 \quad 0 \quad +1 \quad +2 \quad +3$$

음수는 절댓값이 클수록 작다.   양수는 절댓값이 클수록 크다.

정답과 해설·12쪽

수의 대소 관계 ★중요

[059~062] 다음 ○ 안에 부등호 >, < 중 알맞은 것을 쓰시오.

059 $+6 \bigcirc -7$

060 $-2 \bigcirc 0$

061 $+3.8 \bigcirc -\dfrac{7}{2}$

062 $-\dfrac{1}{2} \bigcirc +0.5$

[063~067] 다음 □ 안에는 알맞은 수를, ○ 안에는 부등호 >, < 중 알맞은 것을 쓰시오.

063 $+9 \bigcirc +2$

064 $+3.2 \bigcirc +2.8$

065 $+\dfrac{2}{5} \bigcirc +\dfrac{4}{5}$

066 $+\dfrac{3}{4}, +\dfrac{7}{9} \xrightarrow{\text{통분}} \boxed{}, \boxed{}$

$\xrightarrow{\text{비교}} +\dfrac{3}{4} \bigcirc +\dfrac{7}{9}$

067 $+\dfrac{4}{5}, +0.7 \xrightarrow{\text{통분}} +\dfrac{\boxed{}}{10}, +\dfrac{\boxed{}}{10}$

$\xrightarrow{\text{비교}} +\dfrac{4}{5} \bigcirc +0.7$

[068~072] 다음 □ 안에는 알맞은 수를, ○ 안에는 부등호 >, < 중 알맞은 것을 쓰시오.

068 $-4 \bigcirc -1$

069 $-4.8 \bigcirc -5.1$

070 $-\dfrac{3}{7} \bigcirc -\dfrac{1}{7}$

071 $-\dfrac{2}{3}, -\dfrac{5}{7} \xrightarrow{\text{통분}} \boxed{}, \boxed{}$

$\xrightarrow{\text{비교}} -\dfrac{2}{3} \bigcirc -\dfrac{5}{7}$

072 $-\dfrac{3}{4}, -0.4 \xrightarrow{\text{통분}} -\dfrac{\boxed{}}{20}, -\dfrac{\boxed{}}{20}$

$\xrightarrow{\text{비교}} -\dfrac{3}{4} \bigcirc -0.4$

06. 부등호의 사용

$a>b$ 또는 $b<a$	$a<b$ 또는 $b>a$	$a\geq b$ 또는 $b\leq a$	$a\leq b$ 또는 $b\geq a$
• a는 b보다 크다. • a는 b 초과이다.	• a는 b보다 작다. • a는 b 미만이다.	• a는 b보다 크거나 같다. • a는 b 이상이다. • a는 b보다 작지 않다.	• a는 b보다 작거나 같다. • a는 b 이하이다. • a는 b보다 크지 않다.

예 a는 2보다 크고 5보다 작거나 같다. ➡ $2<a\leq5$

참고 부등호 $\geq$는 '$>$ 또는 $=$'임을 나타내고, $\leq$는 '$<$ 또는 $=$'임을 나타낸다.

정답과 해설·12쪽

부등호를 사용하여 나타내기 ★중요

[073~078] 다음 ○ 안에 부등호 $>$, $\geq$, $<$, $\leq$ 중 알맞은 것을 쓰시오.

073 x는 $\dfrac{3}{4}$ 미만이다. ➡ x ○ $\dfrac{3}{4}$

074 x는 -4보다 크거나 같다. ➡ x ○ -4

075 x는 $-\dfrac{5}{3}$보다 작지 않다. ➡ x ○ $-\dfrac{5}{3}$

076 x는 $-\dfrac{1}{2}$ 이상이고 / 1보다 작거나 같다.

➡ $-\dfrac{1}{2}$ ○ x ○ 1

077 x는 $\dfrac{1}{4}$보다 크고 / 1.7보다 크지 않다.

➡ $\dfrac{1}{4}$ ○ x ○ 1.7

078 x는 -1.5 초과이고 / $\dfrac{4}{3}$보다 작다.

➡ -1.5 ○ x ○ $\dfrac{4}{3}$

[079~085] 다음을 부등호를 사용하여 나타내시오.

079 x는 -3 이상이다.

080 x는 $\dfrac{3}{2}$보다 작거나 같다.

081 x는 -4.3보다 크다.

082 x는 3 초과이고 6 이하이다.

083 x는 -1.2 이상이고 $\dfrac{7}{4}$보다 작다.

084 x는 0보다 작지 않고 9보다 크지 않다.

085 x는 $-\dfrac{1}{8}$보다 크거나 같고 5.7 미만이다.

(두 수 사이에 있는 정수 찾기)

[086~093] 다음을 모두 구하시오.

086 $x \leq 5$를 만족시키는 자연수 x의 값

087 $-4 < x < 3$을 만족시키는 정수 x의 값

088 $-1 \leq x \leq 2.9$를 만족시키는 정수 x의 값

089 $-2 \leq x < 1$을 만족시키는 정수 x의 값

090 $-4.5 < x \leq 2$를 만족시키는 정수 x의 값

091 $-\dfrac{1}{7} < x \leq \dfrac{11}{2}$을 만족시키는 정수 x의 값

092 $-\dfrac{5}{2} \leq x < 5$를 만족시키는 정수 x의 값

093 $-3 \leq x \leq \dfrac{8}{3}$을 만족시키는 정수 x의 값

[094~098] 다음을 부등호를 사용하여 나타내고, 이를 만족시키는 정수 x의 값을 모두 구하시오.

094 x는 -2와 3 사이에 있다.

➡ _____ $-2 < x < 3$ _____

➡ 정수 x의 값: _____

095 x는 -4.1과 2 사이에 있다.

➡ _____

➡ 정수 x의 값: _____

096 x는 -3보다 크거나 같고 2.5 미만이다.

➡ _____

➡ 정수 x의 값: _____

097 x는 -1 이상이고 $\dfrac{4}{3}$보다 크지 않다.

➡ _____

➡ 정수 x의 값: _____

098 x는 -3 초과이고 $\dfrac{15}{4}$보다 작거나 같다.

➡ _____

➡ 정수 x의 값: _____

◢ 학교 시험 문제는 이렇게

099 다음 중 $-6 < a \leq \dfrac{13}{3}$을 만족시키는 정수 a의 값이 될 수 <u>없는</u> 것을 모두 고르면? (정답 2개)

① -6　　　　② -5　　　　③ 0

④ 4　　　　　⑤ 5

기본 문제 × 확인하기

1 다음을 양의 부호 + 또는 음의 부호 −를 사용하여 나타내시오.

(1) 앞으로 4걸음 ➡ +4걸음

뒤로 8걸음 ➡ _____

(2) 2000원 수입 ➡ +2000원

6000원 지출 ➡ _____

(3) 시작 30분 전 ➡ −30분

시작 70분 후 ➡ _____

(4) 영하 3℃ ➡ −3℃

영상 17℃ ➡ _____

2 다음 수를 보기에서 모두 고르시오.

보기

$$-7, \quad +6.3, \quad +\frac{16}{4}, \quad 1, \quad 0, \quad -\frac{3}{10}$$

(1) 양의 정수

(2) 음의 유리수

(3) 정수가 아닌 유리수

3 다음 중 정수와 유리수에 대한 설명으로 옳은 것은 ○표, 옳지 <u>않은</u> 것은 ×표를 ( ) 안에 쓰시오.

(1) 모든 자연수는 정수이다. (   )

(2) 가장 작은 정수는 1이다. (   )

(3) 정수 중에는 유리수가 아닌 수도 있다. (   )

(4) 모든 유리수는 수직선 위에 나타낼 수 있다.

(   )

4 다음 수직선 위의 네 점 A, B, C, D에 대응하는 수를 각각 말하시오.

(1)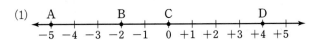

(2)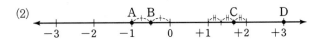

5 다음 수에 대응하는 점을 각각 수직선 위에 나타내시오.

(1) A: −3, B: +2

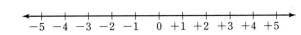

(2) A: $-\frac{3}{2}$, B: $+\frac{8}{3}$

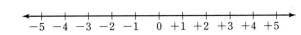

6 다음 수의 절댓값을 기호로 나타내고, 그 값을 구하시오.

(1) +2

(2) −0.4

(3) $+\frac{7}{4}$

(4) $-\frac{5}{6}$

7 다음을 모두 구하시오.

(1) 절댓값이 5인 수

(2) 절댓값이 1.4인 수

(3) 절댓값이 7인 양수

(4) 절댓값이 $\dfrac{1}{11}$인 음수

8 절댓값이 같고 부호가 반대인 두 수를 수직선 위에 나타내었더니 두 수에 대응하는 두 점 사이의 거리가 다음과 같을 때, 이 두 수를 구하시오.

(1) 두 점 사이의 거리: 2

(2) 두 점 사이의 거리: 8

(3) 두 점 사이의 거리: 18

9 다음을 모두 구하시오.

(1) 절댓값이 2.4보다 작은 정수

(2) 절댓값이 3 이하인 정수

(3) 절댓값이 $\dfrac{9}{2}$ 미만인 정수

(4) $|x|<2$를 만족시키는 정수 x의 값

10 다음 수 중에서 가장 큰 수를 고르시오.

(1) $+3, \ -6, \ 0, \ -9, \ +1$

(2) $-4, \ -\dfrac{1}{4}, \ -3, \ -10, \ -\dfrac{10}{3}$

(3) $+\dfrac{23}{10}, \ -2, \ +1, \ -5.9, \ +2.4$

11 다음을 부등호를 사용하여 나타내시오.

(1) a는 5보다 작지 않다.

(2) b는 -2 이상이고 0보다 작거나 같다.

(3) x는 $\dfrac{1}{6}$ 초과이고 3.5보다 크지 않다.

(4) y는 1보다 크거나 같고 $\dfrac{7}{3}$ 미만이다.

12 다음을 모두 구하시오.

(1) $-\dfrac{3}{2}<a\le4$를 만족시키는 정수 a의 값

(2) -2.2보다 크고 3 이하인 정수

(3) $-\dfrac{5}{6}$ 이상이고 5보다 작은 정수

(4) -5와 2.9 사이에 있는 정수

1 증가하거나 0보다 큰 값은 양의 부호 +를, 감소하거나 0보다 작은 값은 음의 부호 −를 사용하여 밑줄 친 부분을 나타낼 때, 다음 중 부호가 나머지 넷과 다른 하나는?

① 축구 경기에서 2점을 득점했다.
② 지하철 요금이 3 % 인상되었다.
③ 성준이는 2일 후에 수학여행을 간다.
④ 지연이의 몸무게가 5 kg 증가했다.
⑤ 은주는 용돈에서 10000원을 지출했다.

2 다음 중 주어진 수에 대한 설명으로 옳지 않은 것은?

$$+5, \quad 0, \quad +\frac{3}{2}, \quad -8, \quad -3.1, \quad +9, \quad -\frac{6}{3}$$

① 양의 유리수는 3개이다.
② 정수는 4개이다.
③ 유리수는 7개이다.
④ 음의 정수는 2개이다.
⑤ 정수가 아닌 유리수는 2개이다.

3 다음 중 정수와 유리수에 대한 설명으로 옳은 것은?

① 0은 유리수가 아니다.
② 양의 유리수는 모두 자연수이다.
③ 자연수는 정수가 아닌 유리수이다.
④ 양의 정수 중 가장 작은 수는 0이다.
⑤ 서로 다른 두 유리수 사이에는 무수히 많은 유리수가 존재한다.

4 다음 중 수직선 위의 5개의 점 A, B, C, D, E에 대응하는 수로 옳은 것은?

① A: 3   ② B: $-\frac{2}{3}$ ③ C: $-\frac{1}{3}$

④ D: $\frac{5}{4}$ ⑤ E: $\frac{10}{3}$

5 −9의 절댓값을 a, 절댓값이 $\frac{3}{4}$인 음수를 b라 할 때, a, b의 값을 각각 구하시오.

6 다음 중 절댓값에 대한 설명으로 옳지 않은 것을 모두 고르면? (정답 2개)

① 두 수 −3과 +3의 절댓값은 같다.
② a가 양수이면 a의 절댓값은 자기 자신이다.
③ 절댓값은 항성 0보다 크다.
④ 절댓값이 가장 작은 수는 1이다.
⑤ 절댓값이 클수록 수직선 위에서 원점으로부터 멀리 떨어져 있다.

7 다음 중 수직선 위에 나타냈을 때 원점에서 가장 가까운 수는?

① -7 　　② $-\dfrac{13}{4}$ 　　③ $-\dfrac{5}{3}$

④ $\dfrac{12}{5}$ 　　⑤ 5

8 두 정수 a, b는 절댓값이 같고 부호가 반대이다. a가 b보다 14만큼 작을 때, a의 값을 구하시오.

9 $|x| \leq 4$를 만족시키는 정수 x는 모두 몇 개인지 구하시오.

10 다음 중 두 수의 대소 관계가 옳은 것은?

① $-\dfrac{1}{6} > 0$ 　　　　② $1 < -2.4$

③ $\dfrac{6}{5} > \dfrac{9}{2}$ 　　　　④ $-\dfrac{1}{3} > -\dfrac{1}{4}$

⑤ $|-0.6| < \left|-\dfrac{2}{3}\right|$

11 다음 수를 큰 수부터 차례로 나열할 때, 세 번째에 오는 수를 구하시오.

$$-2, \quad -\dfrac{1}{3}, \quad |-5|, \quad \dfrac{5}{3}, \quad +6, \quad 0.25$$

12 다음 중 부등호를 사용하여 나타낸 것으로 옳지 <u>않은</u> 것은?

① x는 -3보다 작거나 같다. ➡ $x \leq -3$

② x는 2.3보다 크다. ➡ $x > 2.3$

③ x는 -1 초과이고 7 이하이다. ➡ $-1 < x \leq 7$

④ x는 -6보다 크고 $\dfrac{5}{2}$보다 크지 않다.

　　➡ $-6 < x < \dfrac{5}{2}$

⑤ x는 $-\dfrac{1}{4}$보다 크거나 같고 1 미만이다.

　　➡ $-\dfrac{1}{4} \leq x < 1$

13 두 수 -3과 $\dfrac{12}{7}$ 사이에 있는 정수는 모두 몇 개인가?

① 3개 　　② 4개 　　③ 5개
④ 6개 　　⑤ 7개

3

정수와 유리수의 계산

수의 덧셈

(1) 부호가 같은 두 수의 덧셈

두 수의 절댓값의 합에 공통인 부호를 붙인다.

예 $(+2)+(+5)=+(2+5)=+7$, $(-2)+(-5)=-(2+5)=-7$

공통인 부호 / 절댓값의 합

(2) 부호가 다른 두 수의 덧셈

두 수의 절댓값의 차에 절댓값이 큰 수의 부호를 붙인다.

예 $(-2)+(+5)=+(5-2)=+3$, $(+2)+(-5)=-(5-2)=-3$

절댓값이 큰 수의 부호 / 절댓값의 차

(3) 절댓값이 같고 부호가 다른 두 수의 합은 0이다. 예 $(+3)+(-3)=0$

(4) 어떤 수와 0의 합은 그 수 자신이다. 예 $(+3)+0=+3$

- 분모가 다른 분수의 덧셈
  분모의 최소공배수로 통분하여 계산한다.
- 분수와 소수의 덧셈
  소수를 분수로 바꾸어 통분하거나 분수를 소수로 바꾸어 계산한다.

정답과 해설·14쪽

(수직선을 이용한 두 수의 덧셈)

[001~006] 다음은 수직선을 이용하여 두 정수의 덧셈을 나타낸 것이다. ○ 안에는 부호 $+$, $-$ 중 알맞은 것을, □ 안에는 알맞은 수를 쓰시오.

001

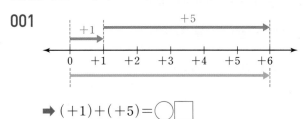

➡ $(+1)+(+5)=\bigcirc\square$

002

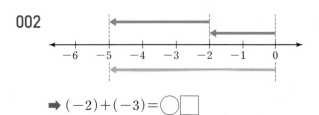

➡ $(-2)+(-3)=\bigcirc\square$

003

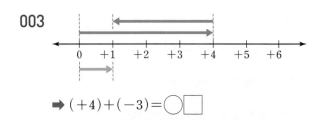

➡ $(+4)+(-3)=\bigcirc\square$

004

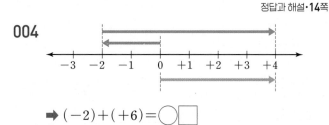

➡ $(-2)+(+6)=\bigcirc\square$

005

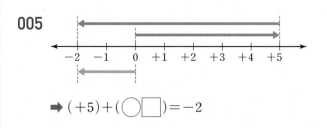

➡ $(+5)+(\bigcirc\square)=-2$

006

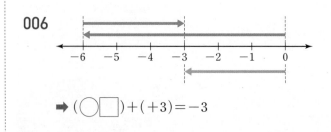

➡ $(\bigcirc\square)+(+3)=-3$

(부호가 같은 두 수의 덧셈) ★중요

[007~015] 다음을 계산하시오.

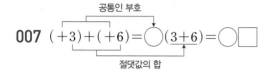

007 $(+3)+(+6)=\bigcirc(3+6)=\bigcirc\square$

008 $(+1)+(+7)$

009 $(-5)+(-9)$

010 $(-8)+(-4)$

011 $\left(-\dfrac{2}{5}\right)+\left(-\dfrac{6}{5}\right)$

012 $(+3.2)+(+2.9)$

013 $\left(-\dfrac{1}{3}\right)+\left(-\dfrac{3}{4}\right)$

014 $(+0.2)+\left(+\dfrac{5}{6}\right)$

015 $\left(-\dfrac{1}{4}\right)+(-1.3)$

(부호가 다른 두 수의 덧셈) ★중요

[016~024] 다음을 계산하시오.

016 $(-2)+(+4)=\bigcirc(4-2)=\bigcirc\square$

017 $(-9)+(+1)$

018 $(+4)+(-11)$

019 $(+10)+(-6)$

020 $\left(+\dfrac{6}{7}\right)+\left(-\dfrac{2}{7}\right)$

021 $(+1.4)+(-2.2)$

022 $\left(-\dfrac{7}{12}\right)+\left(+\dfrac{7}{9}\right)$

023 $(-0.4)+\left(+\dfrac{3}{2}\right)$

024 $(+0.7)+\left(-\dfrac{7}{5}\right)$

02 덧셈의 계산 법칙

세 수 a, b, c에 대하여

(1) 덧셈의 교환법칙: $a+b=b+a$

(2) 덧셈의 결합법칙: $(a+b)+c=a+(b+c)$

참고 $(a+b)+c$와 $a+(b+c)$가 같으므로 이를 괄호 없이 $a+b+c$로 나타낼 수 있다.

$$\begin{aligned}
&(+2)+(-1)+(+3) \quad\text{덧셈의 교환법칙}\\
&=(-1)+(+2)+(+3) \quad\text{덧셈의 결합법칙}\\
&=(-1)+\{(+2)+(+3)\}\\
&=(-1)+(+5)=+4
\end{aligned}$$

정답과 해설·15쪽

(덧셈의 계산 법칙) ★중요

025 다음 계산 과정에서 ㈎, ㈏에 이용된 덧셈의 계산 법칙을 각각 말하시오.

$$\begin{aligned}
&(+8)+(-7)+(+3) \\
&=(-7)+(+8)+(+3) \quad \text{㈎}\\
&=(-7)+\{(+8)+(+3)\} \quad \text{㈏}\\
&=(-7)+(+11)=+4
\end{aligned}$$

026 다음 계산 과정에서 □ 안에 알맞은 것을 쓰시오.

$$\begin{aligned}
&(+6)+(-3)+(+4) \\
&=(-3)+(\boxed{})+(+4) \quad \text{덧셈의 } \boxed{} \text{ 법칙}\\
&=(-3)+\{(\boxed{})+(+4)\} \quad \text{덧셈의 } \boxed{} \text{ 법칙}\\
&=(-3)+(\boxed{})=\boxed{}
\end{aligned}$$

027 다음 계산 과정에서 □ 안에 알맞은 것을 쓰시오.

$$\begin{aligned}
&\left(-\tfrac{1}{2}\right)+\left(+\tfrac{4}{3}\right)+\left(+\tfrac{3}{2}\right) \\
&=\left(-\tfrac{1}{2}\right)+\left(\boxed{}\right)+\left(+\tfrac{4}{3}\right) \quad \text{덧셈의 } \boxed{} \text{법칙}\\
&=\left\{\left(-\tfrac{1}{2}\right)+\left(\boxed{}\right)\right\}+\left(+\tfrac{4}{3}\right) \quad \text{덧셈의 } \boxed{} \text{법칙}\\
&=\left(\boxed{}\right)+\left(+\tfrac{4}{3}\right)=\boxed{}
\end{aligned}$$

[028~033] 덧셈의 계산 법칙을 이용하여 다음을 계산하시오.

028 $(-3)+(+5)+(-10)$

029 $(+2.8)+(-4)+(-1.8)$

030 $(-1.6)+(+1.1)+(-0.4)$

031 $\left(+\dfrac{8}{3}\right)+\left(-\dfrac{5}{4}\right)+\left(+\dfrac{1}{3}\right)$

032 $\left(-\dfrac{3}{4}\right)+\left(+\dfrac{1}{6}\right)+\left(+\dfrac{5}{4}\right)$

033 $\left(+\dfrac{1}{5}\right)+\left(-\dfrac{2}{3}\right)+\left(-\dfrac{6}{5}\right)$

03

수의 뺄셈

(1) 두 수의 뺄셈은 **빼는 수의 부호를 바꾸어 덧셈**으로 고쳐서 계산한다.

부호를 반대로

예 $(-6)-(+3)=(-6)+(-3)=-(6+3)=-9$

뺄셈을 덧셈으로

부호를 반대로

$(-6)-(-3)=(-6)+(+3)=-(6-3)=-3$

뺄셈을 덧셈으로

(2) 어떤 수에서 0을 빼면 그 수 자신이 된다.   예 $(+3)-0=+3$

● 뺄셈에서는 교환법칙과 결합법칙이 성립하지 않는다.

정답과 해설 • **16**쪽

두 수의 뺄셈: (어떤 수)−(양수) ★중요

[034~039] 다음을 계산하시오.

034 $(+9)-(+2)=(+9)+(\bigcirc\square)$
$=\bigcirc(9-\square)$
$=\bigcirc\square$

035 $(-5)-(+3)$

036 $\left(-\dfrac{5}{6}\right)-\left(+\dfrac{7}{6}\right)$

037 $(-3.8)-(+1.7)$

038 $\left(+\dfrac{1}{2}\right)-\left(+\dfrac{3}{5}\right)$

039 $(+0.3)-\left(+\dfrac{1}{4}\right)$

두 수의 뺄셈: (어떤 수)−(음수) ★중요

[040~045] 다음을 계산하시오.

040 $(+3)-(-7)=(+3)+(\bigcirc\square)$
$=\bigcirc(3+\square)$
$=\bigcirc\square$

041 $(-11)-(-5)$

042 $\left(+\dfrac{1}{4}\right)-\left(-\dfrac{3}{4}\right)$

043 $(-2.7)-(-0.5)$

044 $\left(-\dfrac{1}{3}\right)-\left(-\dfrac{5}{8}\right)$

045 $\left(+\dfrac{1}{2}\right)-(-1.2)$

04

덧셈과 뺄셈의 혼합 계산

(1) 덧셈과 뺄셈의 혼합 계산

❶ 뺄셈을 모두 덧셈으로 고친다.

❷ 덧셈의 교환법칙과 결합법칙을 이용하여 양수는 양수끼리, 음수는 음수끼리 모아서 계산한다.

참고 분수가 있는 식은 분모가 같은 것끼리 모아서 계산하면 편리하다.

(2) 부호가 생략된 수의 혼합 계산

생략된 양의 부호 +와 괄호를 살려서 계산한다.

$$-7+4=(-7)+(+4)=-3$$

생략된 부호 살리기

정답과 해설·16쪽

(덧셈과 뺄셈의 혼합 계산) ★중요

[046~047] 다음 ○ 안에는 부호 +, − 중 알맞은 것을, □ 안에는 알맞은 수를 쓰시오.

046 $(+2)+(-4)-(-3)$

$=(+2)+(-4)+(\bigcirc\square)$ ← 뺄셈을 덧셈으로 고친다.

$=(+2)+(\bigcirc\square)+(-4)$ ← 덧셈의 교환법칙

$=\{(+2)+(\bigcirc\square)\}+(-4)$ ← 덧셈의 결합법칙

$=(\bigcirc\square)+(-4)$

$=\bigcirc\square$

047 $\left(-\dfrac{1}{3}\right)+\left(+\dfrac{3}{5}\right)-\left(+\dfrac{4}{3}\right)$

$=\left(-\dfrac{1}{3}\right)+\left(+\dfrac{3}{5}\right)+\left(\bigcirc\square\right)$

$=\left(-\dfrac{1}{3}\right)+\left(\bigcirc\square\right)+\left(+\dfrac{3}{5}\right)$

$=\left\{\left(-\dfrac{1}{3}\right)+\left(\bigcirc\square\right)\right\}+\left(+\dfrac{3}{5}\right)$

$=\left(\bigcirc\square\right)+\left(+\dfrac{3}{5}\right)$

$=\left(\bigcirc\square\right)+\left(+\dfrac{9}{15}\right)$

$=\bigcirc\square$

[048~053] 다음을 계산하시오.

048 $(+5)+(-14)-(-8)$

049 $(-3)+(+7)-(+6)-(-1)$

050 $(+4.3)-(+2.6)+(-3.8)$

051 $\left(+\dfrac{1}{3}\right)-\left(-\dfrac{1}{4}\right)+\left(-\dfrac{5}{12}\right)$

052 $\left(-\dfrac{7}{4}\right)-\left(-\dfrac{3}{2}\right)+(+1)-\left(+\dfrac{3}{4}\right)$

053 $\left(-\dfrac{1}{2}\right)+(+2)+\left(-\dfrac{2}{5}\right)-(-1.5)$

(부호가 생략된 수의 혼합 계산) ★중요

[054~061] 다음을 계산하시오.

054 $9-5+3$

$= (+9) - (\bigcirc 5) + (\bigcirc \square)$ ← 생략된 부호를 살린다.

$= (+9) + (\bigcirc 5) + (\bigcirc \square)$

$= \square$

055 $-4-6+11-9$

056 $2-12-6+7$

057 $-5.7+6.1-3.9$

058 $-0.5+0.05+0.25-1.5$

059 $\dfrac{1}{2} - \dfrac{2}{3} + \dfrac{5}{6}$

060 $\dfrac{3}{2} + \dfrac{3}{5} - \dfrac{1}{3}$

061 $-\dfrac{1}{4} - 1 + \dfrac{3}{4} + \dfrac{1}{3}$

(어떤 수보다 □만큼 큰(작은) 수) ★중요

- a보다 □만큼 큰 수 ➡ $a+\square$
- a보다 □만큼 작은 수 ➡ $a-\square$

[062~068] 다음을 구하시오.

062 -5보다 7만큼 큰 수

➡ $-5 \bigcirc \square = \square$

063 -7보다 1만큼 작은 수

➡ $-7 \bigcirc \square = \square$

064 8보다 -3만큼 큰 수

065 -10보다 -6만큼 작은 수

066 -1.8보다 2만큼 큰 수

067 $-\dfrac{5}{2}$보다 -1만큼 큰 수

068 4보다 $-\dfrac{1}{3}$만큼 작은 수

학교 시험 문제는 이렇게

069 -3보다 4만큼 큰 수를 a, 5보다 -6만큼 작은 수를 b라 할 때, $a-b$의 값을 구하시오.

05

수의 곱셈

(1) 부호가 같은 두 수의 곱셈

두 수의 절댓값의 곱에 양의 부호 +를 붙인다.

예 양의 부호
$(+2) \times (+3) = +(2 \times 3) = +6$, $(-2) \times (-3) = +(2 \times 3) = +6$
절댓값의 곱   절댓값의 곱

(2) 부호가 다른 두 수의 곱셈

두 수의 절댓값의 곱에 음의 부호 −를 붙인다.

예 음의 부호
$(+2) \times (-3) = -(2 \times 3) = -6$, $(-2) \times (+3) = -(2 \times 3) = -6$
절댓값의 곱   절댓값의 곱

(3) 어떤 수와 0의 곱은 항상 0이다. 예 $(+3) \times 0 = 0$

* 곱셈의 곱의 부호
· $(+) \times (+)$ ⎤ ➡ +
· $(-) \times (-)$ ⎦
· $(+) \times (-)$ ⎤ ➡ −
· $(-) \times (+)$ ⎦

정답과 해설·**18**쪽

(부호가 같은 두 수의 곱셈) ★중요

[070~075] 다음을 계산하시오.

070 $(+3) \times (+5) = \bigcirc(3 \times 5) = \bigcirc \square$

071 $(-9) \times (-10)$

072 $\left(+\dfrac{2}{3}\right) \times \left(+\dfrac{3}{4}\right)$

073 $\left(-\dfrac{1}{4}\right) \times \left(-\dfrac{8}{3}\right)$

074 $(+1.2) \times \left(+\dfrac{4}{3}\right)$

075 $\left(-\dfrac{5}{6}\right) \times (-0.3)$

(부호가 다른 두 수의 곱셈) ★중요

[076~081] 다음을 계산하시오.

076 $(+4) \times (-3) = \bigcirc(4 \times 3) = \bigcirc \square$

077 $(-6) \times (+4)$

078 $\left(+\dfrac{7}{10}\right) \times \left(-\dfrac{5}{2}\right)$

079 $\left(-\dfrac{3}{2}\right) \times \left(+\dfrac{5}{6}\right)$

080 $(+1.8) \times \left(-\dfrac{5}{8}\right)$

081 $\left(-\dfrac{1}{6}\right) \times (+0.4)$

06 곱셈의 계산 법칙

세 수 a, b, c에 대하여

(1) 곱셈의 교환법칙: $a \times b = b \times a$

(2) 곱셈의 결합법칙: $(a \times b) \times c = a \times (b \times c)$

참고 $(a \times b) \times c$와 $a \times (b \times c)$가 같으므로 이를
괄호 없이 $a \times b \times c$로 나타낼 수 있다.

$$\left(+\frac{1}{4}\right) \times (-5) \times \left(+\frac{4}{3}\right)$$

$$=\left(+\frac{1}{4}\right) \times \left(+\frac{4}{3}\right) \times (-5) \quad \text{곱셈의 교환법칙}$$

$$=\left\{\left(+\frac{1}{4}\right) \times \left(+\frac{4}{3}\right)\right\} \times (-5) \quad \text{곱셈의 결합법칙}$$

$$=\left(+\frac{1}{3}\right) \times (-5) = -\frac{5}{3}$$

정답과 해설 • 19쪽

(곱셈의 계산 법칙)

082 다음 계산 과정에서 ㈎, ㈏에 이용된 곱셈의 계산 법칙을 각각 말하시오.

$$\left(-\frac{4}{7}\right) \times \left(+\frac{1}{5}\right) \times (-21)$$

$$=\left(+\frac{1}{5}\right) \times \left(-\frac{4}{7}\right) \times (-21) \quad \text{㈎}$$

$$=\left(+\frac{1}{5}\right) \times \left\{\left(-\frac{4}{7}\right) \times (-21)\right\} \quad \text{㈏}$$

$$=\left(+\frac{1}{5}\right) \times (+12)$$

$$=+\frac{12}{5}$$

083 다음 계산 과정에서 □ 안에 알맞은 것을 쓰시오.

$$(+5) \times \left(+\frac{1}{4}\right) \times \left(-\frac{6}{5}\right)$$

$$=(+5) \times \left(\boxed{}\right) \times \left(+\frac{1}{4}\right) \quad \text{곱셈의 } \boxed{} \text{법칙}$$

$$=\left\{(+5) \times \left(\boxed{}\right)\right\} \times \left(+\frac{1}{4}\right) \quad \text{곱셈의 } \boxed{} \text{법칙}$$

$$=\left(\boxed{}\right) \times \left(+\frac{1}{4}\right)$$

$$=\boxed{}$$

[084~089] 곱셈의 계산 법칙을 이용하여 다음을 계산하시오.

084 $(+2) \times (-3.2) \times (+0.5)$

085 $(-8) \times \left(-\frac{3}{10}\right) \times \left(-\frac{15}{4}\right)$

086 $\left(-\frac{5}{14}\right) \times (-12) \times \left(+\frac{7}{15}\right)$

087 $\left(-\frac{11}{7}\right) \times \left(-\frac{1}{4}\right) \times \left(-\frac{21}{121}\right)$

088 $(+2) \times \left(-\frac{9}{8}\right) \times (+5) \times \left(-\frac{16}{3}\right)$

089 $(-7) \times (+1.5) \times \left(-\frac{10}{7}\right) \times (-6)$

세 수 이상의 곱셈

❶ 곱의 부호를 정한다. 이때 곱해진 음수가 { 짝수 개 이면 ➡ + / 홀수 개 이면 ➡ − }

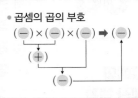

• 곱셈의 곱의 부호
$$(-) \times (-) \times (-) \Rightarrow (-)$$

❷ 각 수의 절댓값의 곱에 ❶에서 결정된 부호를 붙인다.

예 $(-2) \times (+3) \times (-5) = +(2 \times 3 \times 5) = +30$

음수가 짝수 개

$$\left(-\frac{3}{4}\right) \times \left(-\frac{5}{3}\right) \times \left(-\frac{2}{5}\right) = -\left(\frac{3}{4} \times \frac{5}{3} \times \frac{2}{5}\right) = -\frac{1}{2}$$

음수가 홀수 개

정답과 해설·**19**쪽

세 수 이상의 곱셈 ★중요

[090~093] 다음 ○ 안에는 부호 +, − 중 알맞은 것을, □ 안에는 알맞은 수를 쓰시오.

090 $(-4) \times (+9) \times (-5) = \bigcirc (4 \times 9 \times 5)$
$= \bigcirc \boxed{}$

091 $(-8) \times (+2) \times (-4) \times (-3)$
$= \bigcirc (8 \times \boxed{} \times 4 \times \boxed{})$
$= \bigcirc \boxed{}$

092 $\left(-\frac{4}{3}\right) \times \left(+\frac{2}{5}\right) \times \left(+\frac{5}{8}\right)$
$= \bigcirc \left(\boxed{} \times \frac{2}{5} \times \boxed{}\right)$
$= \bigcirc \boxed{}$

093 $\left(-\frac{4}{7}\right) \times \left(-\frac{3}{5}\right) \times \left(-\frac{21}{8}\right) \times \left(-\frac{10}{9}\right)$
$= \bigcirc \left(\boxed{} \times \frac{3}{5} \times \boxed{} \times \frac{10}{9}\right)$
$= \bigcirc \boxed{}$

[094~100] 다음을 계산하시오.

094 $(-5) \times (+2) \times (+7)$

095 $(-2) \times (+5) \times (-4) \times (-6)$

096 $(-3) \times (+8) \times (-0.5) \times (-4) \times (-1)$

097 $\left(+\frac{1}{2}\right) \times \left(-\frac{3}{5}\right) \times \left(-\frac{4}{3}\right)$

098 $\left(-\frac{6}{5}\right) \times \left(+\frac{5}{8}\right) \times \left(+\frac{2}{9}\right)$

099 $\left(-\frac{8}{3}\right) \times \left(-\frac{6}{7}\right) \times \left(+\frac{7}{4}\right) \times \left(-\frac{2}{3}\right)$

100 $\left(+\frac{7}{6}\right) \times (-0.3) \times \left(-\frac{5}{9}\right) \times \left(+\frac{8}{7}\right)$

08

거듭제곱의 계산

(1) 양수의 거듭제곱의 부호 ➡ 항상 $+$

예 $(+3)^3=(+3)\times(+3)\times(+3)=+(3\times3\times3)=+27$

(2) 음수의 거듭제곱의 부호 ➡ 지수가 $\begin{cases}\text{짝수 이면} \Rightarrow + \\ \text{홀수 이면} \Rightarrow -\end{cases}$

예 $(-3)^2=(-3)\times(-3)=+(3\times3)=+9$

$(-3)^3=(-3)\times(-3)\times(-3)=-(3\times3\times3)=-27$

• $(-2)^2$과 -2^2은 다르다.
➡ $(-2)^2=(-2)\times(-2)=4$
$-2^2=-(2\times2)=-4$

정답과 해설 · **20**쪽

(거듭제곱의 계산) ★중요

[101~106] 다음을 계산하시오.

101 (1) $(-2)^4=(-2)\times(-2)\times(-2)\times(-2)=\boxed{}$

(2) $-2^4=-(2\times2\times2\times2)=\boxed{}$

102 (1) $(-7)^2$

(2) -7^2

103 (1) $(-4)^3$

(2) -4^3

104 (1) $(-1)^{100}$

(2) $(-1)^{99}$

105 (1) $\left(-\dfrac{1}{2}\right)^3$

(2) $\left(-\dfrac{3}{2}\right)^2$

106 (1) $\left(-\dfrac{1}{3}\right)^4$

(2) $-\left(\dfrac{1}{3}\right)^3$

(거듭제곱을 포함한 식의 계산)

[107~113] 다음을 계산하시오.

107 $(+2)^3\times(-3)^2$

108 $(-3^3)\times(-2)^2$

109 $(+5)^2\times(-2)^3\times(-1)$

110 $(-7^2)\times\left(-\dfrac{1}{2}\right)^3\times(-8)$

111 $\left(-\dfrac{1}{2}\right)^2\times\left(-\dfrac{2}{3}\right)^3\times(+9)^2$

112 $(-1^4)\times(+2)^2\times(-5)^3\times(-1)^{10}$

113 $(-3)^2\times\left(-\dfrac{1}{3}\right)^3\times\left(+\dfrac{1}{2}\right)^3\times(-4^2)$

09

분배법칙

어떤 수에 두 수의 합을 곱한 것은 어떤 수에 각각의 수를 곱하여 더한 것과 그 결과가 같다. 이것을 분배법칙이라고 한다. 즉, 세 수 a, b, c에 대하여

$$a \times (b+c) = a \times b + a \times c, \quad (a+b) \times c = a \times c + b \times c$$

예 • 괄호를 풀기 ➡ $3 \times 105 = 3 \times (100+5) = 3 \times 100 + 3 \times 5$
                                                분배법칙

• 괄호로 묶기 ➡ $2 \times 55 + 2 \times 45 = 2 \times (55+45) = 2 \times 100$
                                      분배법칙

정답과 해설•**20**쪽

분배법칙 ★중요

[114~120] 분배법칙을 이용하여 다음을 계산하시오.

114 $8 \times (100+4) = 8 \times \boxed{} + 8 \times \boxed{} = \boxed{}$

115 $(-17) \times (100+2)$

116 $30 \times \left(\dfrac{5}{6} - \dfrac{2}{5} \right)$

117 $(100+1) \times 27 = \boxed{} \times 27 + \boxed{} \times 27 = \boxed{}$

118 $(100+3) \times 13$

119 $\left(\dfrac{3}{4} - \dfrac{1}{5} \right) \times 20$

120 $\left(\dfrac{7}{3} + \dfrac{5}{4} \right) \times (-12)$

[121~127] 분배법칙을 이용하여 다음을 계산하시오.

121 $37 \times 99 + 37 \times 1 = \boxed{} \times (99+1) = \boxed{}$

122 $3.21 \times 54 + 3.21 \times 46$

123 $4.5 \times \dfrac{46}{3} - 4.5 \times \dfrac{16}{3}$

124 $26 \times (-11) + 74 \times (-11) = (26+74) \times (\boxed{})$
                                   $= \boxed{}$

125 $102 \times 2.97 - 2 \times 2.97$

126 $\dfrac{1}{4} \times 3.7 + \dfrac{3}{4} \times 3.7$

127 $27 \times \left(-\dfrac{2}{5} \right) + 13 \times \left(-\dfrac{2}{5} \right)$

10

수의 나눗셈

(1) 부호가 같은 두 수의 나눗셈

두 수의 절댓값의 나눗셈의 몫에 양의 부호 +를 붙인다.

● 나눗셈의 몫의 부호
· $(+) \div (+)$
· $(-) \div (-)$ ➡ $+$
· $(+) \div (-)$
· $(-) \div (+)$ ➡ $-$

예 $(+4) \div (+2) = \underset{\text{양의 부호}}{+}(\underset{\text{절댓값의 나눗셈의 몫}}{4 \div 2}) = +2$, $(-4) \div (-2) = \underset{\text{양의 부호}}{+}(\underset{\text{절댓값의 나눗셈의 몫}}{4 \div 2}) = +2$

(2) 부호가 다른 두 수의 나눗셈

두 수의 절댓값의 나눗셈의 몫에 음의 부호 −를 붙인다.

예 $(+4) \div (-2) = \underset{\text{음의 부호}}{-}(\underset{\text{절댓값의 나눗셈의 몫}}{4 \div 2}) = -2$, $(-4) \div (+2) = \underset{\text{음의 부호}}{-}(\underset{\text{절댓값의 나눗셈의 몫}}{4 \div 2}) = -2$

(3) 0을 0이 아닌 수로 나누면 그 몫은 항상 0이다. 예 $0 \div (+3) = 0$

참고 어떤 수를 0으로 나누는 경우는 생각하지 않는다.

정답과 해설·21쪽

(부호가 같은 두 수의 나눗셈)

[128~133] 다음을 계산하시오.

128 $(+6) \div (+2) = \bigcirc(6 \div 2) = \bigcirc\square$

129 $(+12) \div (+3)$

130 $(-16) \div (-8)$

131 $(-25) \div (-5)$

132 $(+3.5) \div (+7)$

133 $(-9.6) \div (-8)$

(부호가 다른 두 수의 나눗셈)

[134~139] 다음을 계산하시오.

134 $(-10) \div (+2) = \bigcirc(10 \div 2) = \bigcirc\square$

135 $(+18) \div (-6)$

136 $(-36) \div (+4)$

137 $(+21) \div (-3)$

138 $(-1.5) \div (+5)$

139 $(+8.4) \div (-6)$

11.

역수를 이용한 수의 나눗셈

(1) **역수**: 두 수의 곱이 1이 될 때, 한 수를 다른 수의 역수라 한다.

예 $\dfrac{3}{2} \times \dfrac{2}{3} = 1$이므로 $\dfrac{3}{2}$의 역수는 $\dfrac{2}{3}$이고, $\dfrac{2}{3}$의 역수는 $\dfrac{3}{2}$이다.

참고 0에 어떤 수를 곱하여도 1이 될 수 없으므로 0의 역수는 없다.

(2) **역수를 이용한 나눗셈**

나누는 수를 그 수의 **역수**로 바꾸어 **곱셈**으로 고쳐서 계산한다.

$$\text{(+5)} \div \left(-\dfrac{5}{6}\right) = (+5) \times \left(-\dfrac{6}{5}\right) = -\left(5 \times \dfrac{6}{5}\right) = -6$$

역수로 바꾼다.
나눗셈을 곱셈으로 고친다.

● **역수 구하기**
· 분수는 분자와 분모를 서로 바꿔서 역수를 구한다.

$$\dfrac{\star}{\bullet} \xrightarrow{\text{역수}} \dfrac{\bullet}{\star}$$

· 정수는 분모를 1로 고쳐서 역수를 구한다.
· 소수는 분수로 고쳐서 역수를 구한다.

주의 부호는 바꾸지 않는다.

정답과 해설·21쪽

역수 ★중요

[140~144] 다음 수의 역수를 구하려고 할 때, □ 안에 알맞은 수를 쓰시오.

140 $\dfrac{2}{5}$의 역수: □
분자와 분모를 바꾼다.

141 $-\dfrac{7}{15}$의 역수: □
부호는 바꾸지 않는다.

142 $3 \xrightarrow{\text{정수는 분모를 1로 고친다.}} \dfrac{3}{1}$

➡ 3의 역수: □

143 $-0.9 \xrightarrow{\text{소수는 분수로 고친다.}} -\dfrac{9}{10}$

➡ -0.9의 역수: □

144 $1\dfrac{3}{5} \xrightarrow{\text{대분수는 가분수로 고친다.}} \dfrac{8}{5}$

➡ $1\dfrac{3}{5}$의 역수: □

[145~149] 다음 수의 역수를 구하시오.

145 $\dfrac{1}{2}$

146 $-\dfrac{7}{5}$

147 4

148 -2.7

149 $-2\dfrac{2}{5}$

학교 시험 문제는 이렇게

150 다음 중 두 수가 서로 역수가 <u>아닌</u> 것을 모두 고르면?
(정답 2개)

① $\dfrac{3}{7}$, $\dfrac{7}{3}$ ② $-\dfrac{1}{3}$, 3 ③ -1, -1

④ $\dfrac{2}{5}$, 0.4 ⑤ $-\dfrac{5}{3}$, -0.6

역수를 이용한 수의 나눗셈 ★중요

[151~158] 다음을 계산하시오.

151 $\left(+\dfrac{6}{5}\right) \div \left(+\dfrac{3}{20}\right) = \left(+\dfrac{6}{5}\right) \times \left(\bigcirc\boxed{}\right)$

$\qquad\qquad = \bigcirc\left(\dfrac{6}{5} \times \boxed{}\right)$

$\qquad\qquad = \boxed{}$

152 $\left(+\dfrac{1}{3}\right) \div \left(+\dfrac{2}{9}\right)$

153 $\left(-\dfrac{12}{5}\right) \div \left(-\dfrac{3}{10}\right)$

154 $(-0.8) \div \left(-\dfrac{4}{15}\right)$

155 $\left(+\dfrac{2}{5}\right) \div (-0.3)$

156 $(-1.6) \div \left(+\dfrac{32}{5}\right)$

157 $(-12) \div \left(+\dfrac{4}{5}\right) \div \left(-\dfrac{5}{2}\right)$

158 $\left(+\dfrac{3}{4}\right) \div \left(-\dfrac{5}{6}\right) \div (+0.9)$

곱셈과 나눗셈의 혼합 계산

❶ 거듭제곱이 있으면 거듭제곱을 먼저 계산한다.
❷ 나눗셈은 역수를 이용하여 곱셈으로 바꾼다.
❸ 부호를 결정하고, 각 수의 절댓값의 곱에 결정된 부호를 붙인다.

[159~165] 다음을 계산하시오.

159 $(-8) \div 4 \times (-2) = (-8) \times \boxed{} \times (-2)$

$\qquad\qquad = \bigcirc\left(8 \times \boxed{} \times 2\right)$

$\qquad\qquad = \boxed{}$

160 $(-12) \times \left(-\dfrac{4}{3}\right) \div \left(-\dfrac{2}{3}\right)$

161 $\left(+\dfrac{3}{7}\right) \div \left(-\dfrac{5}{14}\right) \times \left(+\dfrac{10}{3}\right)$

162 $\dfrac{3}{4} \times \left(-\dfrac{2}{5}\right) \div \left(-\dfrac{1}{6}\right)$

163 $\dfrac{8}{7} \div (-1.2) \times \dfrac{9}{5}$

164 $\left(-\dfrac{3}{8}\right) \div \dfrac{3}{2} \times (-3)^2$

165 $\left(-\dfrac{7}{5}\right) \times (-2)^3 \div (-14)$

덧셈, 뺄셈, 곱셈, 나눗셈의 혼합 계산

❶ 거듭제곱이 있으면 거듭제곱을 먼저 계산한다.

❷ 괄호가 있으면 괄호 안을 먼저 계산한다.

　이때 (소괄호) → {중괄호} → [대괄호]의 순서로 계산한다.

❸ 곱셈과 나눗셈을 한다.

❹ 덧셈과 뺄셈을 한다.

거듭제곱

↓

괄호 풀기

↓

×, ÷

↓

+, −

정답과 해설•**22**쪽

덧셈, 뺄셈, 곱셈, 나눗셈의 혼합 계산　★중요

[166~169] 다음을 계산하시오.

166 $\left(-\dfrac{2}{3}\right)\times\left(-\dfrac{9}{2}\right)-(-7)$

167 $(-8)+(-3)\div\dfrac{3}{7}$

168 $(-9)-(-1)^5\div\left(-\dfrac{1}{6}\right)\times(-2)$

169 $\dfrac{1}{3}+(-2)^4\times\left(-\dfrac{1}{4}\right)\div3$

[170~174] 다음을 계산하시오.

170 $15+(-24)\times\left(-\dfrac{1}{8}\right)$

171 $\dfrac{7}{9}\div\left(-\dfrac{7}{18}\right)-(-2)$

172 $\left(-\dfrac{2}{5}\right)\times(-10)\div3-\left(-\dfrac{8}{3}\right)$

173 $9+\left(-\dfrac{3}{5}\right)\div\dfrac{16}{5}\times(-4)^2$

174 $(-5)\times(-2)^3+\dfrac{3}{4}\div\left(-\dfrac{1}{8}\right)$

괄호가 있는 덧셈, 뺄셈, 곱셈, 나눗셈의 혼합 계산 ★중요

[175~186] 다음 보기와 같이 계산 순서를 적고, 그 순서에 따라 계산하시오.

┤ 보기 ├
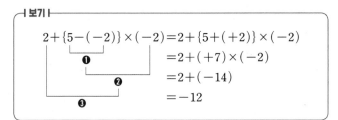

175 $2-\{3-(-1)\} \times 4$

176 $5 \div \{2-(-3)\} + 2$

177 $(-3) \times \{10-(-2)^2\}$

178 $\{13+(-3)^3\} \div (-2)$

179 $10 \div \{(-1)^{99} \times 3 + 2\}$

180 $\{4-2 \times (-1)^{100}\} \times (-4)$

181 $-1+\left\{\dfrac{1}{4} \times (-2)^2 + \dfrac{2}{5}\right\} \div \dfrac{1}{5}$

182 $(-2) \times \left\{\dfrac{3}{2} \times (-4)^2 - 3\right\} - 4$

183 $\dfrac{4}{19} \times \left[\left\{1-\left(-\dfrac{5}{2}\right)^2 \div \dfrac{25}{2}\right\} + 9\right]$

184 $\left[1-\left\{\left(-\dfrac{3}{2}\right)^2 \div \dfrac{3}{8} + 3\right\}\right] \div \dfrac{4}{7}$

185 $\dfrac{25}{3} \times \left[(-3) \div \left\{\left(\dfrac{2}{3}\right)^2 - \left(-\dfrac{7}{3}\right)\right\}\right]$

186 $\left[21+\left\{\dfrac{3}{5}-\left(-\dfrac{1}{5}\right)^2\right\} \times (-25)\right] \div \dfrac{7}{5}$

기본 문제 × 확인하기

1 다음을 계산하시오.

(1) $(+4)+(+6.5)$

(2) $\left(-\dfrac{3}{2}\right)+(-1)$

(3) $(+5)+(-8)$

(4) $\left(-\dfrac{1}{3}\right)+\left(+\dfrac{7}{3}\right)$

(5) $(-7.8)+(-1.1)$

(6) $(+2.3)+\left(-\dfrac{1}{5}\right)$

2 다음을 계산하시오.

(1) $(+1)-(+6)$

(2) $(-3.9)-(+7)$

(3) $(-5)-(-8)$

(4) $(+2)-\left(-\dfrac{1}{2}\right)$

(5) $(+0.2)-\left(+\dfrac{9}{10}\right)$

(6) $\left(+\dfrac{5}{6}\right)-\left(-\dfrac{5}{12}\right)$

3 다음을 계산하시오.

(1) $(+3)+(-8)-(-5)$

(2) $(-0.9)-(+2.4)+(-6)-(-1.2)$

(3) $\dfrac{3}{7}-2+\dfrac{4}{7}$

(4) $\dfrac{1}{2}+\dfrac{3}{5}-\dfrac{1}{4}-\dfrac{2}{5}$

4 다음을 구하시오.

(1) 6보다 -2만큼 큰 수

(2) $-\dfrac{2}{3}$보다 3만큼 작은 수

(3) -1보다 $-\dfrac{5}{4}$만큼 작은 수

5 다음을 계산하시오.

(1) $(+6)\times\left(+\dfrac{2}{3}\right)$

(2) $(-2)\times(-1.5)$

(3) $(+3)\times(-7)$

(4) $\left(-\dfrac{4}{5}\right)\times\left(+\dfrac{15}{8}\right)$

6 다음을 계산하시오.

(1) $(-1) \times (+2) \times (-3) \times (+4)$

(2) $\left(-\dfrac{2}{3}\right) \times (-1) \times \left(-\dfrac{9}{2}\right)$

(3) $(+1.4) \times \left(+\dfrac{5}{7}\right) \times (-5)$

7 다음을 계산하시오.

(1) -6^2

(2) $10 \times (-2)^4$

(3) $(-3)^2 \times (-1)^5 \times (-5)$

(4) $\left(\dfrac{1}{5}\right)^3 \times (-8) \times \left(-\dfrac{5}{2}\right)^2$

8 분배법칙을 이용하여 다음을 계산하시오.

(1) $7 \times (1000 - 1)$

(2) $19 \times \left(-\dfrac{6}{5}\right) + 19 \times \dfrac{1}{5}$

9 다음 수의 역수를 구하시오.

(1) $\dfrac{2}{7}$

(2) -8

(3) $3\dfrac{1}{3}$

10 다음을 계산하시오.

(1) $(-24) \div (-8)$

(2) $(-1.4) \div (+7)$

(3) $\left(+\dfrac{3}{5}\right) \div \left(-\dfrac{3}{10}\right)$

(4) $\left(+\dfrac{24}{5}\right) \div (+3.6)$

11 다음을 계산하시오.

(1) $(-3)^3 \times (-2)^2 \div 9$

(2) $\left(-\dfrac{3}{7}\right) \div 6 \times \left(-\dfrac{21}{2}\right)$

(3) $(-6)^2 \div \left(-\dfrac{9}{4}\right) \times \left(-\dfrac{5}{8}\right)$

12 다음을 계산하시오.

(1) $1 - \left(-\dfrac{3}{4}\right)^2 \times \dfrac{8}{9}$

(2) $3 \div \left(-\dfrac{5}{6} + \dfrac{3}{4}\right)$

(3) $\left\{10 - (-2)^3 \div \left(-\dfrac{4}{3}\right)\right\} \times \left(-\dfrac{1}{4}\right)$

(4) $3 - \left[\left(-\dfrac{2}{3}\right)^2 + 6 \div \{2 \times (-5) - 8\}\right]$

1 다음 그림으로 설명할 수 있는 덧셈식은?

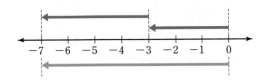

① $(+3)+(-4)=-1$ ② $(-3)+(-7)=-10$

③ $(-3)+(-4)=-7$ ④ $(-3)+(+7)=+4$

⑤ $(+7)+(-4)=+3$

2 다음 계산 과정의 ㉠~㉣ 중 덧셈의 교환법칙과 덧셈의 결합법칙이 이용된 곳을 차례로 말하시오.

$$
\begin{aligned}
&(+8.6)+(-5)+(-3.6) \\
&=(-5)+(+8.6)+(-3.6) \quad \leftarrow ㉠ \\
&=(-5)+\{(+8.6)+(-3.6)\} \quad \leftarrow ㉡ \\
&=(-5)+(+5) \quad \leftarrow ㉢ \\
&=0 \quad \leftarrow ㉣
\end{aligned}
$$

3 다음 중 계산 결과가 옳은 것은?

① $(-2)+(-13)=-11$

② $(+1.3)+(-2.7)=+1.4$

③ $(-4)-(-1)=-5$

④ $\left(+\dfrac{3}{4}\right)-\left(-\dfrac{5}{8}\right)=+\dfrac{11}{8}$

⑤ $(-2.1)-(+7.9)=+5.8$

4 다음 보기에서 계산 결과가 가장 작은 것을 고르시오.

┤보기├

ㄱ. $-4+\dfrac{21}{4}+\dfrac{1}{2}-\dfrac{5}{4}$ ㄴ. $\dfrac{1}{5}+\dfrac{2}{3}+3-\dfrac{7}{2}$

ㄷ. $\dfrac{1}{3}-1.5+\dfrac{8}{3}+0.5$ ㄹ. $\dfrac{1}{9}-3-\dfrac{3}{5}+\dfrac{7}{45}$

5 -3보다 -5만큼 작은 수를 a, 8보다 -12만큼 큰 수를 b라 할 때, $a-b$의 값을 구하시오.

6 다음 계산 과정에서 ㈎~㈐에 알맞은 것을 구하면?

$$
\begin{aligned}
&\left(-\frac{2}{5}\right)\times(-1.2)\times\left(-\frac{5}{2}\right) \\
&=\left(-\frac{2}{5}\right)\times\left(-\frac{5}{2}\right)\times(-1.2) \quad \leftarrow \text{곱셈의 } \boxed{㈎} \text{ 법칙} \\
&=\left\{\left(-\frac{2}{5}\right)\times\left(-\frac{5}{2}\right)\right\}\times(-1.2) \quad \leftarrow \text{곱셈의 } \boxed{㈏} \text{ 법칙} \\
&=\boxed{㈐}\times(-1.2) \\
&=\boxed{㈑}
\end{aligned}
$$

	㈎	㈏	㈐	㈑
①	교환	결합	1	1.2
②	교환	결합	1	-1.2
③	교환	결합	-1	-1.2
④	결합	교환	1	1.2
⑤	결합	교환	10	-12

7 다음 중 계산 결과가 옳지 <u>않은</u> 것은?

① $(-5)\times(-5)=+25$

② $(+9)\times\left(-\dfrac{5}{3}\right)=-15$

③ $\left(-\dfrac{3}{10}\right)\times\left(+\dfrac{1}{9}\right)=-\dfrac{1}{30}$

④ $\left(+\dfrac{3}{2}\right)\times\left(+\dfrac{2}{7}\right)\times\left(-\dfrac{7}{6}\right)=-2$

⑤ $\left(-\dfrac{25}{2}\right)\times\left(+\dfrac{14}{5}\right)\times(-0.2)=+7$

8 다음 중 가장 작은 수는?

① -2^2　　② $-(-2)^3$　　③ -2^3

④ $(-2)^4$　　⑤ $(-3)^2$

9 $(-1)^{30}-(-1)^{45}+(-1)^{27}$을 계산하시오.

10 다음 계산 과정에서 ㈎에 이용된 계산 법칙을 말하시오.

$$(-15)\times\left\{\frac{8}{3}+\left(-\frac{2}{5}\right)\right\}$$
$$=(-15)\times\frac{8}{3}+(-15)\times\left(-\frac{2}{5}\right) \quad \text{㈎}$$
$$=(-40)+(+6)$$
$$=-34$$

11 다음을 만족시키는 두 수 a, b에 대하여 $b-a$의 값은?

$$(-1.8)\times 36+(-1.8)\times 4=(-1.8)\times a=b$$

① -112　　② -32　　③ 32

④ 104　　⑤ 112

12 다음 그림과 같은 세 카드에 적혀 있는 수의 역수를 모두 곱하면?

① $-\dfrac{4}{25}$　　② $-\dfrac{1}{9}$　　③ $\dfrac{1}{9}$

④ $\dfrac{1}{3}$　　⑤ 1

13 $a=21\div\left(-\dfrac{3}{7}\right)$, $b=(-25)\div\dfrac{5}{2}$일 때, $a+b$의 값을 구하시오.

14 다음 중 계산 결과가 옳은 것을 모두 고르면? (정답 2개)

① $\dfrac{3}{7}\div\dfrac{3}{14}\div\left(-\dfrac{2}{5}\right)=-\dfrac{5}{4}$

② $-2\times\left(-\dfrac{2}{3}\right)^2\div\left(-\dfrac{14}{9}\right)=-\dfrac{4}{7}$

③ $7\div(-14)+\dfrac{5}{2}=2$

④ $(-2)^4+(-3)\times(-2)=10$

⑤ $3\times\left\{\left(-\dfrac{1}{3}\right)^2-(-2)\right\}=\dfrac{19}{3}$

15 다음 식에 대하여 물음에 답하시오.

$$5-\frac{2}{3}\times\left\{1+\left(-\frac{3}{2}\right)^2\div\frac{3}{4}\right\}$$
　　　　↑　　↑　　↑　　↑　　↑
　　　　㉠　㉡　㉢　㉣　㉤

(1) 주어진 식의 계산 순서를 나열하시오.

(2) 주어진 식을 계산하시오.

4

문자의 사용과
식의 계산

01.

곱셈 기호의 생략

수와 문자, 문자와 문자의 곱에서는 곱셈 기호 ×를 생략하고 다음과 같이 나타낼 수 있다.

(1) 수와 문자의 곱에서는 수를 문자 앞에 쓴다. **(예)** $a \times 3 = 3a$, $b \times (-5) = -5b$

(2) $1 \times$ (문자), $(-1) \times$ (문자)에서는 1을 생략한다. **(예)** $1 \times a = a$, $(-1) \times b = -b$

(3) 문자와 문자의 곱에서는 보통 알파벳 순서대로 쓴다. **(예)** $b \times a = ab$, $x \times a \times y = axy$

(4) 같은 문자의 곱은 거듭제곱으로 나타낸다. **(예)** $a \times a \times b \times b = a^2 b^2$

(5) 괄호가 있을 때는 수를 괄호 앞에 쓴다. **(예)** $(x-1) \times 2 = 2(x-1)$

주의 $0.1 \times a$는 $0.a$로 쓰지 않고 $0.1a$로 쓴다.

정답과 해설·**27**쪽

(곱셈 기호를 생략하여 나타내기) ★ 중요

[001~014] 다음을 곱셈 기호 ×를 생략한 식으로 나타내시오.

001 $(-1) \times a$

002 $b \times 5 \times a$

003 $x \times 0.1 \times y$

004 $a \times a \times a$

005 $\dfrac{1}{2} \times a \times b \times a$

006 $x \times y \times x \times y \times y$

007 $y \times x \times (-0.1) \times x \times y$

008 $(a+b) \times 3$

009 $(x-y) \times (-10)$

010 $(-6) \times (x+y) \times a$

011 $a + 5 \times b$

012 $2 \times x + 3 \times y$

013 $4 \times b \times c - 8 \times (a+b)$

014 $2 \times a \times a + (a-b) \times 5$

02. 나눗셈 기호의 생략

나눗셈 기호 ÷를 생략하고 **분수의 꼴**로 나타낸다.   예 $a \div b = \dfrac{a}{b}$ (단, $\underline{b \neq 0}$)
   $\llcorner$ b는 0이 아니다.

또는 나눗셈을 **역수의 곱셈**으로 고친 후 곱셈 기호를 생략한다.   예 $a \div 2 = a \times \dfrac{1}{2} = \dfrac{1}{2}a$

주의 · $a \div 1$은 $\dfrac{a}{1}$로 쓰지 않고 a로 쓴다.

     · $a \div (-1)$은 $\dfrac{a}{-1}$로 쓰지 않고 $-a$로 쓴다.

정답과 해설·27쪽

나눗셈 기호를 생략하여 나타내기 ★중요

[015~028] 다음을 나눗셈 기호 ÷를 생략한 식으로 나타내시오.

015 $5 \div a$

016 $b \div (-7)$

017 $x \div 3 \div y$

018 $a \div (-4) \div b$

019 $5 \div a \div b \div c$

020 $(x+y) \div 5$

021 $4 \div (x+2)$

022 $x \div (z-3) \div y$

023 $(a-b) \div (-1)$

024 $(a+b) \div x \div y$

025 $a+b \div 2$

026 $a \div 2 - b \div c$

027 $a \div 4 + (b+c) \div 7$

028 $(2+x) \div y - x \div (3-y)$

곱셈, 나눗셈 기호를 생략하여 나타내기 ★중요

[029~037] 다음을 기호 ×, ÷를 생략한 식으로 나타내시오.

029 $a \div 4 \times x$

030 $a \times b \div c$

031 $x \div y \times (-1)$

032 $x \times 5 - y \div z$

033 $a \times a - b \div (-2)$

034 $3 \div (2+y) \times x$

035 $-a \div (-b+c) \times b$

036 $x \times y \div (x+y) \times x$

037 $x \times y - x \div (y+1)$

생략된 곱셈, 나눗셈 기호를 다시 나타내기

[038~041] 다음을 곱셈 기호 ×를 사용한 식으로 나타내시오.

038 $4ab$

039 $-x^2 y$

040 $3a(x-y)$

041 $-2a^2 xy$

[042~046] 다음을 나눗셈 기호 ÷를 사용한 식으로 나타내시오.

042 $\dfrac{7}{x}$

043 $\dfrac{y}{-6}$

044 $\dfrac{a-b}{5}$

045 $\dfrac{-4}{a+b}$

046 $\dfrac{-x-y}{z+3}$

03. 문자의 사용

문자를 사용하면 수량이나 수량 사이의 관계를 간단한 식으로 나타낼 수 있다.

예 한 개에 100원인 사탕 x개의 가격

➡ (사탕 1개의 가격)×(사탕의 개수)$=100 \times x = 100x$(원)

└─ 단위를 반드시 쓴다.

참고 문자를 사용한 식에 자주 쓰이는 수량 사이의 관계

- (거스름돈)=(지불한 금액)−(물건의 가격)
- (두 자리의 자연수)=10×(십의 자리의 숫자)+1×(일의 자리의 숫자)
- (거리)=(속력)×(시간), (속력)$=\dfrac{(거리)}{(시간)}$, (시간)$=\dfrac{(거리)}{(속력)}$

정답과 해설·28쪽

문자를 사용한 식으로 나타내기 (1) – 점수, 개수

[047~051] 다음을 기호 ×, ÷를 생략한 식으로 나타내시오.

047 한 개에 4점인 수학 문제 x개를 맞혔을 때의 수학 점수

➡ (문제 1개의 점수)×(맞힌 개수)

➡ $4 \times x =$ _____ (점)

048 2점짜리 슛 a개와 3점짜리 슛 b개를 성공시켰을 때 얻은 점수

049 세 과목의 점수가 각각 a점, b점, c점일 때, 세 과목의 평균 점수

050 목장에 있는 소 x마리와 닭 y마리의 다리의 수의 총합

051 귤을 5명에게 a개씩 나누어 주었더니 1개가 남았을 때, 처음에 가지고 있던 귤의 전체 개수

문자를 사용한 식으로 나타내기 (2) – 금액 ★중요

[052~056] 다음을 기호 ×, ÷를 생략한 식으로 나타내시오.

052 x원짜리 연필을 5자루 살 때 내야 하는 금액

053 과자 8봉지의 가격이 a원일 때, 과자 1봉지의 가격

054 6장에 x원인 엽서 1장과 3000원짜리 스티커 1장을 사고 지불한 금액

055 한 권에 2000원인 공책 a권을 사고 10000원을 낼 때 받는 거스름돈

056 4명이 x원씩 모아서 1인분에 y원인 떡볶이를 3인분 사고 남은 돈

(문자를 사용한 식으로 나타내기(3) – 수, 비율)

[057~064] 다음을 기호 ×, ÷를 생략한 식으로 나타내시오.

057 x와 y의 곱에 1을 더한 수

058 a를 3배 한 것에서 b를 2배 한 것을 뺀 수

059 십의 자리의 숫자가 x, 일의 자리의 숫자가 y인 두 자리의 자연수

060 백의 자리의 숫자가 a, 십의 자리의 숫자가 b, 일의 자리의 숫자가 3인 세 자리의 자연수

061 a명의 33%

062 x원의 70%

063 59 kg의 b%

064 48시간의 y%

(문자를 사용한 식으로 나타내기(4) – 도형, 속력) ★중요

[065~072] 다음을 기호 ×, ÷를 생략한 식으로 나타내시오.

065 한 변의 길이가 x cm인 정삼각형의 둘레의 길이

066 한 변의 길이가 y cm인 정사각형의 넓이

067 가로의 길이가 a cm, 세로의 길이가 b cm인 직사각형의 둘레의 길이

068 밑변의 길이가 x cm, 높이가 y cm인 삼각형의 넓이

069 5 km를 가는 데 x시간이 걸릴 때의 속력

➡ (속력) $=\dfrac{(거리)}{(시간)}$

➡ 시속 _____ km

070 시속 60 km로 x시간 동안 달릴 때 달린 거리

071 시속 3 km로 b km를 걸을 때 걸리는 시간

072 a m를 가는 데 20초가 걸릴 때의 속력

04.

대입과 식의 값

(1) **대입**: 문자를 사용한 식에서 문자에 어떤 수를 바꾸어 넣는 것

(2) **식의 값**: 문자를 사용한 식에서 문자에 어떤 수를 대입하여 계산한 결과

(3) **식의 값을 구하는 방법**

① 문자에 수를 대입할 때는 생략된 곱셈 기호를 다시 쓴다.

특히 음수를 대입할 때는 반드시 괄호를 사용한다.

예 $x=-2$일 때, $2x-1$의 값 ➡ $2x-1=2\times(-2)-1=-5$

② 분모에 분수를 대입할 때는 생략된 나눗셈 기호를 다시 쓴다.

예 $x=\dfrac{1}{2}$일 때, $\dfrac{3}{x}$의 값 ➡ $\dfrac{3}{x}=3\div x=3\div\dfrac{1}{2}=3\times2=6$

정답과 해설·29쪽

식의 값 구하기 (1) ★중요

[073~077] a의 값이 다음과 같을 때, $6a+1$의 값을 구하려고 한다. □ 안에 알맞은 수를 쓰시오.

073 $a=0$일 때,

$$6a+1=6\times\boxed{}+1=\boxed{}$$

074 $a=4$일 때,

$$6a+1=6\times\boxed{}+1=\boxed{}$$

075 $a=\dfrac{1}{2}$일 때,

$$6a+1=6\times\boxed{}+1=\boxed{}$$

076 $a=-1$일 때,

$$6a+1=6\times(\boxed{})+1=\boxed{}$$

077 $a=-3$일 때,

$$6a+1=6\times(\boxed{})+1=\boxed{}$$

[078~084] $a=-2$일 때, 다음 식의 값을 구하시오.

078 $9a-1$

079 $-\dfrac{1}{2}a+3$

080 $\dfrac{8}{a}+7$

081 $-\dfrac{6}{a}-4$

082 $a^2=(\boxed{})^2=\boxed{}$

083 $-a^2$

084 $(-a)^2$

[085~089] $a=4$, $b=-3$일 때, 다음 식의 값을 구하시오.

085 $2a+b$

086 $-3a+2b$

087 $10-ab$

088 $-\dfrac{8}{a}-3b$

089 $\dfrac{a}{12}-\dfrac{1}{b}$

[090~093] $x=-\dfrac{1}{3}$, $y=2$일 때, 다음 식의 값을 구하시오.

090 $\dfrac{1}{3}x-\dfrac{5}{9}y$

091 $6x+y^2$

092 $-9x^2+\dfrac{1}{y}$

093 $-x(3x+y)$

식의 값 구하기 (2) – 분모에 분수를 대입하는 경우

[094~098] $a=\dfrac{1}{2}$일 때, 다음 식의 값을 구하시오.

094 $\dfrac{1}{a}=1\div a=1\div\boxed{}=1\times\boxed{}=\boxed{}$

095 $\dfrac{6}{a}+1$

096 $2-\dfrac{3}{a}$

097 $\dfrac{2}{a^2}$

098 $4a-\dfrac{4}{a}$

[099~102] $x=-\dfrac{1}{2}$, $y=\dfrac{1}{3}$일 때, 다음 식의 값을 구하시오.

099 $\dfrac{1}{x}+\dfrac{1}{y}$

100 $\dfrac{2}{x}-\dfrac{6}{y}$

101 $-\dfrac{3}{x}+\dfrac{4}{y}$

102 $\dfrac{5}{x^2}-\dfrac{1}{y^2}$

식의 값의 활용 (1) – 식이 주어진 경우

[103~104] 지구에서 어떤 물체의 무게가 w kg일 때, 달에서 그 물체의 무게는 $\frac{1}{6}w$ kg이라 한다. 다음 물음에 답하시오.

103 지구에서 무게가 30 kg인 물건은 달에서 무게가 몇 kg인지 구하시오.

➡ $\frac{1}{6}w$에 $w=$ ☐ 을 대입하면 $\frac{1}{6} \times$ ☐ $=$ ☐ (kg)

104 지구에서 몸무게가 54 kg인 사람은 달에서 몸무게가 몇 kg인지 구하시오.

[105~106] 개인의 키에 적절한 이상적인 체중을 표준 체중이라 하며, 키가 x cm인 사람의 표준 체중은 $0.9(x-100)$ kg이라 한다. 다음 물음에 답하시오.

105 키가 180 cm인 사람의 표준 체중을 구하시오.

106 키가 156 cm인 사람의 표준 체중을 구하시오.

[107~108] 일반적으로 나이가 x세인 사람이 빨리 걷기 운동을 한 후에 1분 동안 잰 맥박은 $0.6(220-x)$회라 한다. 다음 물음에 답하시오.

107 나이가 20세인 사람이 빨리 걷기 운동을 한 후의 1분당 맥박은 모두 몇 회인지 구하시오.

108 나이가 35세인 사람이 빨리 걷기 운동을 한 후의 1분당 맥박은 모두 몇 회인지 구하시오.

식의 값의 활용 (2) – 식이 주어지지 않은 경우

[109~111] 한 개에 a원인 사과 3개와 한 개에 1000원인 감 b개를 샀을 때, 다음 물음에 답하시오.

109 지불한 금액을 a, b를 사용한 식으로 나타내시오.

110 사과는 한 개에 500원이고 감은 2개 샀을 때, 지불한 금액을 구하시오.

111 사과는 한 개에 3000원이고 감은 4개 샀을 때, 지불한 금액을 구하시오.

[112~114] 오른쪽 그림과 같이 윗변의 길이가 a cm, 아랫변의 길이가 b cm이고 높이가 h cm인 사다리꼴에 대하여 다음 물음에 답하시오.

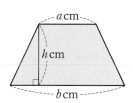

112 사다리꼴의 넓이를 a, b, h를 사용한 식으로 나타내시오.

113 $a=3$, $b=5$, $h=2$일 때, 사다리꼴의 넓이를 구하시오.

114 $a=5$, $b=9$, $h=4$일 때, 사다리꼴의 넓이를 구하시오.

05. 다항식

(1) 항과 계수

① 항: 수 또는 문자의 곱으로 이루어진 식

② 상수항: 문자 없이 수만으로 이루어진 항

③ 계수: 항에서 문자에 곱한 수

주의 $6x-1$의 항은 $6x$, 1이 아니라 $6x$, -1이다.

$$\underset{\text{항}}{\underbrace{\overset{x\text{의 계수}}{5x}\ \overset{y\text{의 계수}}{-4y}\ +\ \overset{\text{상수항}}{7}}}$$

(2) 다항식과 단항식

① 다항식: 한 개 또는 두 개 이상의 항의 합으로 이루어진 식 　예 $\underline{4x}$, $2a+3b$, $5x-y$

　└ 단항식도 다항식이다.

② 단항식: 다항식 중에서 항이 한 개뿐인 식 　예 $2x$, $-4y^3$

주의 $\dfrac{1}{x+1}$과 같이 분모에 문자가 있는 식은 다항식이 아니다.

정답과 해설·**31**쪽

다항식 　★중요

115 다음 표를 완성하시오.

다항식	항	상수항
$12a+3$		
$-2b-1$		
20		
$5-\dfrac{y^2}{9}$		
$\dfrac{3}{4}x-y+6$		
$x^3+\dfrac{1}{3}x-7$		

116 다음 표를 완성하시오.

다항식	계수		
$-3a+4b$	a의 계수: -3	b의 계수: 4
$\dfrac{a}{2}-6b-1$	a의 계수:	b의 계수:
$\dfrac{4}{3}x-7y$	x의 계수:	y의 계수:
x^2+3x+1	x^2의 계수:	x의 계수:
$-x^2-\dfrac{x}{5}+9$	x^2의 계수:	x의 계수:
$2x^2-y-3$	x^2의 계수:	y의 계수:

[117~123] 다음 중 단항식인 것은 ○표, 단항식이 <u>아닌</u> 것은 ×표를 ( ) 안에 쓰시오.

117 $3-2x$ 　　　　　(　)

118 -11 　　　　　(　)

119 $\dfrac{7x}{2}$ 　　　　　(　)

120 $5-\dfrac{a}{3}+b$ 　　　　　(　)

121 x^2+4 　　　　　(　)

122 $5y^3$ 　　　　　(　)

123 $a\times 6$ 　　　　　(　)

06. 일차식

(1) **항의 차수**: 어떤 항에서 문자가 곱해진 개수

예 $3x^2 = 3 \times \underset{2개}{\underline{x \times x}}$이므로 $3x^2$의 차수는 2이다.

$3x^{\overset{2}{}} \leftarrow$ 차수

(2) **다항식의 차수**: 다항식에서 차수가 가장 큰 항의 차수

예 다항식 $\underset{2차}{\underline{3x^2}} + \underset{1차}{\underline{2x}} + \underset{0차 (상수항의 차수는 0이다.)}{\underline{1}}$의 차수는 2이다.

(3) **일차식**: 차수가 1인 다항식 예 $x+2$, $\frac{1}{2}y+5$

주의 $\frac{1}{x}$과 같이 분모에 문자가 있는 식은 다항식이 아니므로 일차식이 아니다.

정답과 해설 · **31**쪽

다항식의 차수 / 일차식

[124~128] 다음 다항식의 차수를 구하고, 일차식인지 아닌지 판단하시오.

124 $2x-4$ $\xrightarrow{\text{다항식의 차수}}$ _____

➡ (일차식이다, 일차식이 아니다).

125 a^2+5a+6 $\xrightarrow{\text{다항식의 차수}}$ _____

➡ (일차식이다, 일차식이 아니다).

126 $10-\dfrac{y}{2}$ $\xrightarrow{\text{다항식의 차수}}$ _____

➡ (일차식이다, 일차식이 아니다).

127 b^3+7 $\xrightarrow{\text{다항식의 차수}}$ _____

➡ (일차식이다, 일차식이 아니다).

128 $\dfrac{1}{3}a-3$ $\xrightarrow{\text{다항식의 차수}}$ _____

➡ (일차식이다, 일차식이 아니다).

[129~135] 다음 중 일차식인 것은 ○표, 일차식이 <u>아닌</u> 것은 ×표를 ( ) 안에 쓰시오.

129 $1-3x$ ( )

130 $\dfrac{y}{7}$ ( )

131 -9 ( )

132 a^2+a ( )

133 $\dfrac{2}{y}+5$ ( )

134 $0.1a+2$ ( )

135 $x \times \dfrac{1}{2}x$ ( )

07

단항식과 수의 곱셈, 나눗셈

(1) **(단항식)×(수):** 곱셈의 교환법칙과 결합법칙을 이용하여 수끼리 곱한 후 문자 앞에 쓴다.

예 $3x \times 2 = 3 \times x \times 2$ ⎤ 곱셈의 교환법칙

$= 3 \times 2 \times x$ ⎤ 곱셈의 결합법칙

$= (3 \times 2) \times x$

$= 6x$

(2) **(단항식)÷(수):** 나누는 수의 역수를 곱한다.

예 $8x \div 2 = 8x \times \dfrac{1}{2} = 4x$

정답과 해설·31쪽

단항식과 수의 곱셈

[136~141] 다음을 계산하시오.

136 $4 \times 3a = 4 \times \boxed{} \times a$

$\qquad = \boxed{} a$

137 $7x \times 9$

138 $(-5) \times 6x$

139 $-4a \times (-6)$

140 $\dfrac{3}{4}x \times (-8)$

141 $\left(-\dfrac{5}{6}\right) \times 2a$

단항식과 수의 나눗셈

[142~147] 다음을 계산하시오.

142 $14a \div 2 = 14 \times a \times \boxed{}$

$\qquad = \boxed{} a$

143 $42a \div 7$

144 $(-6x) \div 3$

145 $(-15x) \div \left(-\dfrac{1}{3}\right)$

146 $\left(-\dfrac{3}{8}x\right) \div \dfrac{1}{4}$

147 $\dfrac{16}{25}a \div \left(-\dfrac{8}{5}\right)$

08.

일차식과 수의 곱셈, 나눗셈

(1) **(수)×(일차식):** 분배법칙을 이용하여 일차식의 각 항에 수를 곱한다.

예 $2\overset{\frown}{(3x+5)}=2\times3x+2\times5=6x+10$

(2) **(일차식)÷(수):** 분배법칙을 이용하여 일차식의 각 항에 나누는 수의 역수를 곱한다.

예 $(15x+9)\div3=(15x+9)\times\dfrac{1}{3}=15x\times\dfrac{1}{3}+9\times\dfrac{1}{3}=5x+3$

정답과 해설·**32**쪽

일차식과 수의 곱셈 ★중요

[148~160] 다음을 계산하시오.

148 $4\overset{\frown}{(x+3)}=\boxed{}\times x+\boxed{}\times3$

$=\boxed{}x+\boxed{}$

149 $3(7x+2)$

150 $-2(5a-1)$

151 $16\left(\dfrac{1}{4}a+1\right)$

152 $\dfrac{2}{3}(6x-9)$

153 $-\dfrac{1}{2}(-10x+8)$

154 $\overset{\frown}{(a+2)}\times3=a\times\boxed{}+2\times\boxed{}$

$=\boxed{}a+\boxed{}$

155 $(2a-3)\times2$

156 $(-4x+1)\times(-3)$

157 $(7-3b)\times(-5)$

158 $\left(-\dfrac{1}{3}x+1\right)\times9$

159 $\left(\dfrac{1}{4}x-\dfrac{3}{2}\right)\times(-8)$

160 $\left(\dfrac{5}{2}x-10\right)\times\dfrac{2}{5}$

일차식과 수의 나눗셈 ★중요

[161~175] 다음을 계산하시오.

161 $(9b-6)\div 3=(9b-6)\times \boxed{}$

$\qquad\qquad = 9b\times \boxed{} - 6\times \boxed{}$

$\qquad\qquad = \boxed{}\,b - \boxed{}$

162 $(10x+15)\div 5$

163 $(8-2a)\div 4$

164 $(12x+8)\div(-2)$

165 $(-9y+18)\div(-6)$

166 $(21-14a)\div(-7)$

167 $\left(-\dfrac{3}{2}x+15\right)\div 3$

168 $\left(\dfrac{2}{5}x-4\right)\div(-8)$

169 $(2y+4)\div\dfrac{1}{2}$

170 $(-15x+5)\div\dfrac{5}{4}$

171 $(6a+8)\div\left(-\dfrac{2}{3}\right)$

172 $\left(7x-\dfrac{14}{3}\right)\div\dfrac{7}{3}$

173 $\left(-\dfrac{4}{3}b+2\right)\div\dfrac{4}{9}$

174 $\left(\dfrac{9}{25}a-6\right)\div\left(-\dfrac{3}{5}\right)$

175 $\left(-5+\dfrac{5}{2}y\right)\div\left(-\dfrac{1}{10}\right)$

학교 시험 문제는 이렇게

176 다음 중 계산 결과가 $2x+6$과 같은 것은?

① $\dfrac{1}{2}(4x+6)$ ② $(2x+3)\times 2$ ③ $(4+12x)\div 2$

④ $(x+3)\div\dfrac{1}{2}$ ⑤ $(10x-30)\div 5$

09 동류항

(1) **동류항**: 문자가 같고 차수도 같은 항

참고 상수항끼리는 모두 동류항이다.

(2) **동류항의 덧셈과 뺄셈**: 분배법칙을 이용하여 동류항의 계수끼리 더하거나 뺀 후 문자 앞에 쓴다.

분배법칙
예 • $4a+2a=(4+2)\times a=6a$

분배법칙
• $5a-3a=(5-3)\times a=2a$

• 동류항 판별하기
• $3x$, $5x$ ➡ 동류항이다.
• $3x$, $5y$ ➡ 문자가 다르므로 동류항이 아니다.
• $3x^2$, $5x$ ➡ 차수가 다르므로 동류항이 아니다.

정답과 해설·33쪽

(동류항)

[177~179] 다음 중 동류항끼리 짝 지어진 것은 ○표, 짝 지어지지 <u>않은</u> 것은 ×표를 ( ) 안에 쓰시오.

177 $3x$, $3a$ ( )

178 $-5y$, $-\dfrac{1}{2}y^2$ ( )

179 7, -10 ( )

[180~182] 다음 다항식에서 동류항을 모두 말하시오.

180 $3+2x-2x-5$

181 $3a+3b-\dfrac{a}{3}+b$

182 $-4x+y+1+x-3y+\dfrac{1}{2}$

(동류항의 덧셈과 뺄셈)

[183~189] 다음을 계산하시오.

183 $2x+8x=(2+\boxed{})x=\boxed{}x$

184 $-5x-4x$

185 $3a-2a+a$

186 $\dfrac{3}{2}x+7x-\dfrac{5}{2}x$

187 $8x+10-9x-7$

188 $4a+5b-7b-3a$

189 $9x-4y-5x+7y$

10.

일차식의 덧셈과 뺄셈

❶ 괄호가 있으면 분배법칙을 이용하여 괄호를 푼다.

이때 괄호 앞에 ┌ +가 있으면 ➡ 괄호 안의 부호를 그대로
└ −가 있으면 ➡ 괄호 안의 부호를 반대로

❷ 동류항끼리 모아서 계산한다.

일차식의 덧셈	일차식의 뺄셈
$(2x+1)+(-3x+4)$ 괄호를 푼다. $=2x+1-3x+4$ $=2x-3x+1+4$ 동류항끼리 계산한다. $=-x+5$	$(7x-2)-(4x-3)$ 빼는 식의 각 항의 부호를 $=7x-2-4x+3$ 반대로 바꾸어 괄호를 푼다. $=7x-4x-2+3$ 동류항끼리 계산한다. $=3x+1$

정답과 해설·**34**쪽

(일차식의 덧셈과 뺄셈) ★중요

[190~195] 다음을 계산하시오.

190 $(3x-4)+(2x-5)$

191 $(5x+3)+4x$

192 $(-2a+1)+(7a-5)$

193 $(8a-6)+(-4a+1)$

194 $\left(\dfrac{2}{3}+\dfrac{3}{4}x\right)+\left(\dfrac{1}{3}+\dfrac{5}{4}x\right)$

195 $\left(\dfrac{7}{5}x+\dfrac{5}{6}\right)+\left(\dfrac{7}{6}-\dfrac{2}{5}x\right)$

[196~201] 다음을 계산하시오.

196 $(10a-3)-(7a+4)=10a-3-\boxed{}a-\boxed{}$
$\qquad\qquad\qquad\qquad\quad =\boxed{}a-\boxed{}$

197 $9a-(-2a+5)$

198 $(7x+3)-(4x-2)$

199 $(-x-2)-(2x+3)$

200 $\left(\dfrac{1}{2}x+\dfrac{1}{5}\right)-\left(-\dfrac{3}{2}x+\dfrac{6}{5}\right)$

201 $\left(\dfrac{9}{4}-\dfrac{5}{3}x\right)-\left(\dfrac{1}{3}x-\dfrac{7}{4}\right)$

[202~208] 다음을 계산하시오.

202 $2(5a+3)+(2a-7)=\boxed{}a+\boxed{}+2a-7$
$=\boxed{}a-\boxed{}$

203 $(6x-4)+5(-4x+2)$

204 $(8-3x)+\dfrac{1}{3}(3x-12)$

205 $2(7x+3)+3(2x+4)$

206 $\dfrac{1}{4}(12a-8)+\dfrac{1}{5}(5a-10)$

207 $\dfrac{1}{2}(4x+8)+\dfrac{2}{3}(3x-6)$

208 $5\left(-\dfrac{2}{3}a+\dfrac{7}{5}\right)+2\left(\dfrac{5}{3}a+\dfrac{1}{2}\right)$

[209~214] 다음을 계산하시오.

209 $(x+1)-3(2x+6)=x+1-\boxed{}x-\boxed{}$
$=\boxed{}x-\boxed{}$

210 $5(a-2)-(3a+3)$

211 $(7x-8)-\dfrac{1}{2}(-6x+2)$

212 $3(-4x+1)-2(-3x-2)$

213 $\dfrac{1}{3}(6x-9)-\dfrac{3}{2}(2x+8)$

214 $-8\left(\dfrac{3}{4}a+\dfrac{1}{2}\right)-4\left(\dfrac{1}{4}a-\dfrac{1}{2}\right)$

학교 시험 문제는 이렇게

215 $(4x-1)-\dfrac{1}{5}(5-10x)$를 계산했을 때, x의 계수와 상수항의 차를 구하시오.

여러 가지 괄호가 있는 일차식의 덧셈과 뺄셈

• 괄호는 (소괄호) → {중괄호} → [대괄호]의 순서로 푼다.

[216~222] 다음을 계산하시오.

216 $5x-\{3x-(x+2)\}=5x-(3x-\boxed{}-2)$
$$=5x-(\boxed{}-2)$$
$$=5x-\boxed{}+2$$
$$=\boxed{}+2$$

217 $9x+2-\{2(5x-2)+4x-3\}$

218 $10\{(3x-5)-(2x-3)\}+1$

219 $2x-[3x+\{4x-(1+5x)\}]$

220 $-6-[8x-\{7x-(x+4)\}+2]$

221 $x-\dfrac{1}{2}[3-6x+\{2x-(4x-5)\}]$

222 $4x-[3-\{5(x-4)+12\}+7x]$

분수 꼴인 일차식의 덧셈과 뺄셈 ★중요

❶ 분모의 최소공배수로 통분한다.
❷ 동류항끼리 모아서 계산한다.

[223~229] 다음을 계산하시오.

223 $\dfrac{8-3x}{3}+\dfrac{x-5}{2}=\dfrac{2(8-3x)+\boxed{}(x-5)}{6}$
$$=\dfrac{16-6x+\boxed{}x-\boxed{}}{6}$$
$$=\dfrac{\boxed{}x+\boxed{}}{6}$$

224 $\dfrac{a+1}{2}+\dfrac{3a-2}{5}$

225 $\dfrac{4x+1}{3}+\dfrac{3(x+3)}{4}$

226 $\dfrac{x+1}{5}-\dfrac{x-5}{4}$

227 $\dfrac{2a-1}{3}-\dfrac{a-5}{5}$

228 $\dfrac{3x-5}{2}-\dfrac{2(2x+1)}{3}$

229 $\left(\dfrac{x}{4}+\dfrac{4}{5}\right)-\left(\dfrac{x}{5}+\dfrac{1}{4}\right)$

(□ 안에 알맞은 식 구하기)

- $\square + A = B \Rightarrow \square = B - A$
- $\square - A = B \Rightarrow \square = B + A$

[230~236] 다음 □ 안에 알맞은 식을 구하시오.

230 $\boxed{} + (a-2) = -a-3$

231 $\boxed{} + (4x+4) = 6x-9$

232 $(-2x+3) + \boxed{} = 5x+2$

233 $(a+8) + \boxed{} = -5a+10$

234 $\boxed{} - (7a+4) = a+1$

235 $\boxed{} - (-6x-1) = -4x-8$

236 $\boxed{} - (-2a+9) = 3a-6$

[237~238] 어떤 다항식에 $3x-6$을 더했더니 $-2x-3$이 되었다. 다음 물음에 답하시오.

237 어떤 다항식을 $\boxed{}$로 놓고, 식을 세우시오.

238 237의 식을 이용하여 어떤 다항식을 구하시오.

[239~240] 어떤 다항식에서 $-4a+1$을 뺐더니 $a-7$이 되었다. 다음 물음에 답하시오.

239 어떤 다항식을 $\boxed{}$로 놓고, 식을 세우시오.

240 239의 식을 이용하여 어떤 다항식을 구하시오.

학교 시험 문제는 이렇게

241 어떤 다항식에 $3x+2$를 더했더니 $11x-3$이 되었다. 이때 어떤 다항식은?

① $-14x-5$ ② $8x-5$ ③ $8x-1$

④ $14x-1$ ⑤ $14x+5$

기본 문제 × 확인하기

1 다음을 기호 $\times$, $\div$를 생략한 식으로 나타내시오.

(1) $x \times (-1) \times y$

(2) $a + b \div 3$

(3) $5 \times x \div y$

(4) $b \times a - c \div a \times 4$

2 다음을 기호 $\times$, $\div$를 사용한 식으로 나타내시오.

(1) $-3ab^2$

(2) $\dfrac{x}{y-8}$

(3) $\dfrac{2a}{b}$

3 다음을 기호 $\times$, $\div$를 생략한 식으로 나타내시오.

(1) 오렌지주스 $2\,L$를 a명에게 똑같이 나누어 따라 줄 때, 한 사람이 받는 오렌지주스의 양

(2) $10\,kg$의 물건을 담을 수 있는 바구니에 $x\,kg$짜리 음료수를 2개 담았을 때, 더 담을 수 있는 물건의 전체 무게

(3) a세인 딸의 나이의 3배보다 4세 더 많은 어머니의 나이

(4) 100원짜리 동전 x개와 500원짜리 동전 y개를 합한 전체 금액

(5) 한 변의 길이가 $a\,cm$인 정사각형의 둘레의 길이

(6) $x\,m$를 가는 데 3분이 걸렸을 때의 속력

4 다음을 구하시오.

(1) $a=3$일 때, $-5a+8$의 값

(2) $x=-5$일 때, $x^2 + \dfrac{5}{x}$의 값

(3) $a=-6$, $b=2$일 때, $\dfrac{1}{2}a - 6b$의 값

(4) $x=2$, $y=-4$일 때, $-3x^2 - \dfrac{8}{y}$의 값

(5) $a=\dfrac{1}{3}$일 때, $\dfrac{3}{a}$의 값

(6) $a=\dfrac{2}{5}$, $b=-\dfrac{1}{6}$일 때, $\dfrac{2}{a} - \dfrac{1}{b}$의 값

5 온도를 나타내는 방법 중에는 섭씨온도($^\circ$C)와 화씨온도($^\circ$F)가 있다. 화씨 $x\,^\circ$F는 섭씨 $\dfrac{5}{9}(x-32)\,^\circ$C일 때, 다음 물음에 답하시오.

(1) 화씨 $59\,^\circ$F를 섭씨온도로 나타내시오.

(2) 화씨 $95\,^\circ$F를 섭씨온도로 나타내시오.

6 자동차가 시속 $120\,km$로 x시간 동안 달렸을 때, 다음 물음에 답하시오.

(1) 자동차가 달린 거리를 x를 사용한 식으로 나타내시오.

(2) 자동차가 5시간 동안 달렸을 때 이동한 거리를 구하시오.

(3) 자동차가 12시간 동안 달렸을 때 이동한 거리를 구하시오.

7 다항식 $-3x^2+5x-1$에 대하여 다음을 모두 구하시오.

(1) 항

(2) 상수항

(3) x^2의 계수

(4) x의 계수

(5) $5x$의 차수

(6) 다항식의 차수

8 다음 중 일차식인 것은 ○표, 일차식이 <u>아닌</u> 것은 ×표를 ( ) 안에 쓰시오.

(1) $2a$ ( )

(2) x^3+1 ( )

(3) $\dfrac{5}{b}$ ( )

(4) $6-0.3y$ ( )

9 다음을 계산하시오.

(1) $(-2)\times 5a$

(2) $12x\div 4$

(3) $3(8a+2)$

(4) $(6x-9)\times\left(-\dfrac{2}{3}\right)$

(5) $(-5a+20)\div 5$

(6) $\left(\dfrac{3}{4}x-5\right)\div\dfrac{1}{2}$

10 다음 다항식에서 동류항을 모두 말하시오.

(1) $2x+3+2y-5$

(2) $-a^2+2a-a+4a^2$

(3) $\dfrac{1}{5}b-2+3b+\dfrac{4}{5}$

11 다음을 계산하시오.

(1) $-2a+3+7a+1$

(2) $(3x-5)-(-x+8)$

(3) $(-4a+1)+2(2a+5)$

(4) $4\left(2x+\dfrac{1}{2}\right)-(5x-6)$

(5) $\dfrac{1}{3}(-6a+15)-\dfrac{3}{2}(4a-8)$

(6) $6-[4x-\{2x+5-3(x+1)\}]$

(7) $\dfrac{3a+2}{2}+\dfrac{-2a+5}{6}$

(8) $\dfrac{2x-7}{5}-\dfrac{4x-2}{3}$

12 다음 □ 안에 알맞은 식을 구하시오.

(1) $\boxed{}+(-3x+5)=7x+9$

(2) $\boxed{}-(4a-6)=-2a-1$

1 다음 중 기호 ✕, ÷를 생략하여 나타낸 식으로 옳은 것은?

① $x+3\times y=(x+3)y$

② $4\div a+b=\dfrac{4}{a+b}$

③ $a\times 0.1\times b=0.ab$

④ $x\div 5-2\times y\times y=\dfrac{x}{5}-2y^2$

⑤ $x\times 4-3\div(x-y)=4x-\dfrac{3}{x}+y$

2 다음 보기에서 $\dfrac{ab}{c}$와 같은 것을 모두 고르시오.

┤보기├

ㄱ. $a\div b\div c$ ㄴ. $(a\div b)\div c$ ㄷ. $a\times b\div c$

ㄹ. $a\div b\times c$ ㅁ. $a\div \dfrac{1}{b}\div c$ ㅂ. $a\div b\div \dfrac{1}{c}$

3 다음 중 문자를 사용하여 나타낸 식으로 옳지 <u>않은</u> 것을 모두 고르면? (정답 2개)

① x원의 30 % ➡ $\dfrac{3}{10}x$원

② 길이가 a cm인 테이프를 5등분 했을 때, 한 도막의 길이 ➡ $5a$ cm

③ 10명이 x원씩 내서 y원인 물건을 사고 남은 금액 ➡ $(10x-y)$원

④ 시속 b km로 100 km의 거리를 달렸을 때 걸린 시간 ➡ $\dfrac{100}{b}$시간

⑤ 십의 자리의 숫자가 3이고 일의 자리의 숫자가 x인 두 자리의 자연수 ➡ $3x$

4 오른쪽 그림과 같이 밑면의 가로의 길이가 x cm, 세로의 길이가 y cm, 높이가 z cm인 직육면체의 겉넓이를 x, y, z를 사용한 식으로 나타내시오.

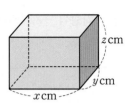

5 $a=-2$, $b=3$일 때, $-a^3+\dfrac{15}{b}$의 값을 구하시오.

6 $x=-\dfrac{1}{2}$일 때, 다음 중 식의 값이 가장 작은 것은?

① $\dfrac{1}{x}$ ② $-x^2$ ③ $-\dfrac{1}{x^2}$

④ $(-x)^2$ ⑤ $4x^3$

7 기온이 $x\,^{\circ}\text{C}$일 때, 공기 중에서 소리의 속력은 초속 $(0.6x+331)$ m라 한다. 기온이 $10\,^{\circ}\text{C}$일 때, 공기 중에서 소리의 속력은?

① 초속 336 m   ② 초속 337 m   ③ 초속 338 m

④ 초속 339 m   ⑤ 초속 340 m

8 한 대각선의 길이가 a cm, 다른 대각선의 길이가 b cm인 마름모에 대하여 다음 물음에 답하시오.

(1) 마름모의 넓이를 a, b를 사용한 식으로 나타내시오.

(2) $a=20$, $b=15$일 때, 마름모의 넓이를 구하시오.

9 다음 중 다항식 $x^2-\dfrac{2}{3}x-7$에 대한 설명으로 옳은 것을 모두 고르면? (정답 2개)

① x^2의 계수는 2이다.

② x의 계수는 $\dfrac{2}{3}$이다.

③ 상수항은 -7이다.

④ 다항식의 차수는 2이다.

⑤ 항은 x^2, $\dfrac{2}{3}x$, 7이다.

10 다음 보기에서 일차식은 모두 몇 개인지 구하시오.

┌─┤ 보기 ├─────────────────────────┐
│ ㄱ. $0.3x$ ㄴ. x^2+8x-x^2 ㄷ. -7 │
│ ㄹ. $-\dfrac{a}{5}$ ㅁ. $\dfrac{2}{x}-4$ ㅂ. x^2+1 │
└─────────────────────────────────┘

11 다음 중 옳은 것은?

① $6x\times\left(-\dfrac{7}{3}\right)=-14$

② $\left(1+\dfrac{1}{3}x\right)\times(-2)=2-6x$

③ $-3(4-3x)=12+9x$

④ $(4a-6)\div(-2)=-2a+3$

⑤ $(12x-6)\div\dfrac{4}{3}=16x-8$

12 다음 중 동류항끼리 짝 지어진 것은?

① $3x$, x^2 ② $2a$, $5b$ ③ $-2x^3$, $-3x^2$

④ $\dfrac{3y}{4}$, $\dfrac{4}{y}$ ⑤ $2b$, $-\dfrac{2}{3}b$

13 다음 중 옳지 <u>않은</u> 것은?

① $5x-3-2x-1=3x-4$

② $2(4-x)+3(x-1)=x+5$

③ $\dfrac{2}{3}(6x-3)-\dfrac{1}{2}(-2x+4)=5x$

④ $2-[-x-\{1-2(x+4)\}]=-x-5$

⑤ $\dfrac{2x-3}{5}-\dfrac{-x+5}{15}=\dfrac{7}{15}x-\dfrac{14}{15}$

14 $\dfrac{1}{4}(3x-1)-\dfrac{1}{3}(2x-5)$를 계산하면 $ax+b$일 때, 상수 a, b에 대하여 $b\div a$의 값을 구하시오.

15 어떤 다항식에 $-5a+7$을 더해야 할 것을 잘못하여 뺐더니 $2a-3$이 되었다. 이때 바르게 계산한 식을 구하시오.

01 등식

등식: 등호(=)를 사용하여 수량 사이의 관계를 나타낸 식

[참고] 등식에서 등호의 왼쪽 부분을 좌변, 오른쪽 부분을 우변이라 하고,
좌변과 우변을 통틀어 양변이라 한다.

$$\begin{array}{c} \overset{\text{등호}}{\downarrow} \\ x+3\underset{\uparrow}{=}4+2 \\ \text{좌변} \quad \text{우변} \\ \text{양변} \end{array}$$

(예) $x+3=10$, $1+4=5$ ➡ 등식이다.

$\underset{\text{다항식}}{3x+2}$, $\underset{\text{부등호를 사용한 식}}{3x+2>5-1}$ ➡ 등호가 없으므로 등식이 아니다.

정답과 해설·**39**쪽

(등식)

[001~007] 다음 중 등식인 것은 ○표, 등식이 <u>아닌</u> 것은 ×표를 ( ) 안에 쓰시오.

001 $6+4x=1-5x$　　　　　(　)

002 $2 \leq 3$　　　　　　　　(　)

003 $12x+5$　　　　　　　(　)

004 $7-1=6$　　　　　　　(　)

005 $3x+2x=5x$　　　　　　(　)

006 $4 \times 3 > -2$　　　　　(　)

007 $5x+2y-7$　　　　　　(　)

(문장을 등식으로 나타내기)

[008~013] 다음을 등식으로 나타내시오.

008 x에 7을 더하면 / 12와 같다. ➡ _____

$x+\boxed{} \quad = \quad \boxed{}$

009 6에서 x를 뺀 값에 2를 곱하면 / -8이다.

010 x의 2배에 5를 더한 값은 / x의 3배에서 2를 뺀 값과 같다.

011 길이가 a cm인 줄을 b cm만큼 잘라 내었더니 / 남은 줄의 길이가 32 cm가 되었다.

012 한 개에 700원인 아이스크림 x개와 한 개에 1000원인 과자 y개의 전체 가격은 / 9200원이다.

013 50개의 사탕을 / 한 상자에 x개씩 넣었더니 4상자가 되고 사탕은 2개가 남았다.

02.

방정식과 그 해

(1) **방정식**: 어떤 문자의 값에 따라 참이 되기도 하고, 거짓이 되기도 하는 등식

① **미지수**: 방정식에 있는 문자

② **방정식의 해(근)**: 방정식을 참이 되게 하는 미지수의 값

③ **방정식을 푼다**: 방정식의 해를 구하는 것

(2) $x=a$가 x에 대한 방정식의 해인지 확인할 때는 $x=a$를 그 방정식에 대입하여 (좌변)=(우변)인지 확인한다.

 등식 $x+2=3$은 $x=1$일 때, $1+2=3$이므로 참이 되고,

$x=-1$일 때, $-1+2\neq3$이므로 거짓이 된다.

➡ $x+2=3$은 방정식이고, $x=1$은 이 방정식의 해(근)이다.

정답과 해설·**40**쪽

방정식의 해 ★중요

[014~016] x의 값이 다음 표와 같을 때, 주어진 방정식에 대하여 표를 완성하고, 그 해를 구하시오.

014 $3x-1=2$

x의 값	$3x-1$의 값(좌변)	2(우변)	참/거짓
−1	$3\times(-1)-1=-4$	2	거짓
0		2	
1		2	

➡ 해: _____

015 $5x=x+8$

x의 값	$5x$의 값(좌변)	$x+8$의 값(우변)	참/거짓
0			
1			
2			

➡ 해: _____

016 $2x-1=3x-4$

x의 값	$2x-1$의 값(좌변)	$3x-4$의 값(우변)	참/거짓
1			
2			
3			

➡ 해: _____

[017~022] 다음 [ ] 안의 수가 주어진 방정식의 해이면 ○표, 해가 아니면 ×표를 ( ) 안에 쓰시오.

017 $2x-1=-3$ [−1] (   )

018 $7x=x+6$ [1] (   )

019 $6-3x=1$ [2] (   )

020 $2x-9=7-2x$ [4] (   )

021 $0.5x=10$ [3] (   )

022 $\dfrac{x}{5}-3=-\dfrac{3}{5}$ [12] (   )

03

항등식

(1) **항등식**: 미지수에 어떤 값을 대입해도 항상 참이 되는 등식

➡ 항등식인지 확인할 때는 좌변과 우변을 각각 정리하여 (좌변)=(우변)인지 확인한다.

⑩ 등식 $2x+x=3x$는 (좌변)$=2x+x=\underline{3x}$, (우변)$=\underline{3x}$이므로 x에 대한 항등식이다.

(2) **항등식이 되기 위한 조건**

▲$x+$●$=$■$x+$★가 x에 대한 항등식이면 ➡ ▲$=$■, ●$=$★

⑩ $ax+4=3x+b$가 x에 대한 항등식이면 ➡ $a=3$, $b=4$

정답과 해설•**40**쪽

(항등식) ★중요

[023~029] 다음 중 항등식인 것은 ○표, 항등식이 <u>아닌</u> 것은 ×표를 ( ) 안에 쓰시오.

023 $x-1=1-x$ ( )

024 $x+2=3$ ( )

025 $3x-x=2x$ ( )

026 $-5(x-3)=20$ ( )

027 $2x=2(x+1)-2$ ( )

028 $x-4=3x-2x-4$ ( )

029 $3x+4=x+4-4x$ ( )

(항등식이 되기 위한 조건)

[030~034] 다음 등식이 x에 대한 항등식이 되도록 하는 상수 a, b의 값을 각각 구하시오.

030 $ax+b=2x-1$ ➡ $a=2$, $b=\boxed{}$

031 $ax-5=x+b$

032 $2x+a=bx+3$

033 $ax-3=b-x$

034 $6-ax=4x+2b$

학교 시험 문제는 이렇게

035 등식 $-6x+a=2(bx-5)$가 x의 값에 관계없이 항상 성립할 때, 상수 a, b에 대하여 ab의 값을 구하시오.

04

등식의 성질

(1) 등식의 성질

① 등식의 양변에 같은 수를 더하여도 등식은 성립한다. ➡ $a=b$이면 $a+c=b+c$이다.

② 등식의 양변에서 같은 수를 빼어도 등식은 성립한다. ➡ $a=b$이면 $a-c=b-c$이다.

③ 등식의 양변에 같은 수를 곱하여도 등식은 성립한다. ➡ $a=b$이면 $ac=bc$이다.

④ 등식의 양변을 0이 아닌 같은 수로 나누어도 등식은 성립한다. ➡ $a=b$이고 $c\neq0$이면 $\dfrac{a}{c}=\dfrac{b}{c}$이다.

(2) 등식의 성질을 이용한 방정식의 풀이

등식의 성질을 이용하여 방정식을 $x=(수)$ 꼴로 고쳐서 해를 구한다.

예
$$2x-8=4$$
$$2x-8+8=4+8$$
등식의 성질 ①을 이용 ➡ 양변에 8을 더한다.
$$2x=12$$
$$\frac{2x}{2}=\frac{12}{2}$$
등식의 성질 ④를 이용 ➡ 양변을 2로 나눈다.
$$\therefore x=6$$

정답과 해설·**40**쪽

(등식의 성질) ★중요

[036~039] $a=b$일 때, 다음 □ 안에 알맞은 수를 쓰시오.

036 $a+4=b+\boxed{}$

037 $a-\dfrac{2}{3}=b-\boxed{}$

038 $2a=\boxed{}b$

039 $\dfrac{a}{8}=\dfrac{b}{\boxed{}}$

[040~043] $2a=b$일 때, 다음 □ 안에 알맞은 수를 쓰시오.

040 $2a+1=b+\boxed{}$

041 $4a=\boxed{}b$

042 $\dfrac{a}{2}=\dfrac{b}{\boxed{}}$

043 $6a-3=3b-\boxed{}$

[044~049] 다음 중 옳은 것은 ○표, 옳지 <u>않은</u> 것은 ×표를 ( ) 안에 쓰시오.

044 $a=b$이면 $a+7=b+7$이다. ( )

045 $a=b$이면 $4a=4b$이다. ( )

046 $a=b$이면 $-\dfrac{a}{5}=-\dfrac{b}{5}$이다. ( )

047 $a-6=6-b$이면 $a=b$이다. ( )

048 $\dfrac{a}{3}=\dfrac{b}{2}$이면 $2a=3b$이다. ( )

049 $a=b+2$이면 $a-3=b-3$이다. ( )

등식의 성질을 이용한 방정식의 풀이

[050~053] 다음은 등식의 성질을 이용하여 주어진 방정식을 푸는 과정이다. □ 안에 알맞은 수를 쓰시오.

050 $x-2=3$

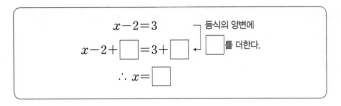

051 $x+3=-1$

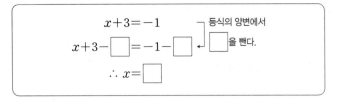

052 $\dfrac{x}{5}=2$

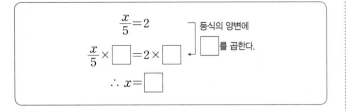

053 $2x=8$

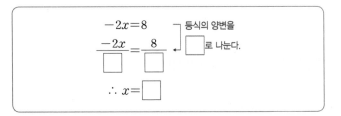

[054~057] 다음은 등식의 성질을 이용하여 주어진 방정식을 푸는 과정이다. 이때 ㈎, ㈏에 이용된 등식의 성질을 보기에서 각각 고르시오. (단, c는 자연수)

┤보기├

ㄱ. $a=b$이면 $a+c=b+c$ ㄴ. $a=b$이면 $a-c=b-c$

ㄷ. $a=b$이면 $ac=bc$ ㄹ. $a=b$이면 $\dfrac{a}{c}=\dfrac{b}{c}$

054

$$3x+2=-7$$
$$3x=-9 \quad \text{㈎}$$
$$\therefore x=-3 \quad \text{㈏}$$

055

$$\frac{x}{5}-5=1$$
$$\frac{x}{5}=6 \quad \text{㈎}$$
$$\therefore x=30 \quad \text{㈏}$$

056

$$2x-6=4$$
$$2x=10 \quad \text{㈎}$$
$$\therefore x=5 \quad \text{㈏}$$

057

$$\frac{x}{4}+1=-2$$
$$\frac{x}{4}=-3 \quad \text{㈎}$$
$$\therefore x=-12 \quad \text{㈏}$$

05 일차방정식

(1) **이항**: 등식의 성질을 이용하여 등식의 어느 한 변에 있는 항을 그 항의 부호를 바꾸어 다른 변으로 옮기는 것

참고 $+\blacktriangle$를 이항 ➡ $-\blacktriangle$

$-\blacktriangle$를 이항 ➡ $+\blacktriangle$

$$x-3=5$$
이항
$$x=5+3$$

(2) **일차방정식**: 등식의 모든 항을 좌변으로 이항하여 정리한 식이 (일차식)$=0$ 꼴로 나타나는 방정식

예 $3x+1=5$ $\xrightarrow{정리}$ $3x-4=0$ ➡ 일차방정식이다.

$2x-1=-1+2x$ $\xrightarrow{정리}$ $0=0$ ➡ 일차방정식이 아니다.

정답과 해설·**41**쪽

이항 ★중요

[058~061] 다음은 밑줄 친 부분을 이항한 것이다. ○ 안에는 부호 $+$, $-$ 중 알맞은 것을, □ 안에는 알맞은 수 또는 식을 쓰시오.

058 $x\underline{-2}=-7 \Rightarrow x=-7\bigcirc\square$

059 $2x\underline{+5}=3 \Rightarrow 2x=3\bigcirc\square$

060 $x=\underline{-2x}+9 \Rightarrow x\bigcirc\square=9$

061 $\underline{1}-3x=\underline{5x}-6 \Rightarrow -3x\bigcirc\square=-6\bigcirc\square$

[062~065] 다음 등식에서 밑줄 친 항을 이항하시오.

062 $x\underline{+1}=4$

063 $5x\underline{-8}=12$

064 $x=\underline{3x}+7$

065 $\underline{6}+2x=3\underline{-x}$

일차방정식

[066~071] 다음 중 일차방정식인 것은 ○표, 일차방정식이 아닌 것은 ×표를 ( ) 안에 쓰시오.

066 $3x-1$ (   )

067 $5x+2=2x$ (   )

068 $x^2+2x+1=0$ (   )

069 $2x-4=2(x-2)$ (   )

070 $4x-1=3(x+1)-2$ (   )

071 $x^2+3x-7=x^2+6x+7$ (   )

06

일차방정식의 풀이

[일차방정식의 풀이]

❶ 괄호가 있으면 분배법칙을 이용하여 먼저 괄호를 푼다.

❷ 일차항은 좌변으로, 상수항은 우변으로 이항하여 정리한다.

❸ 양변을 x의 계수로 나누어 $x=(수)$ 꼴로 나타낸다.

❹ 구한 해가 일차방정식을 참이 되게 하는지 확인한다.

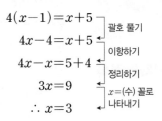

정답과 해설·**42**쪽

(일차방정식의 풀이)

[072~082] 다음 일차방정식을 푸시오.

072 $3x+2=11$

$$3x+2=11$$
$$3x=11-\boxed{}$$ 일차항은 좌변으로, 상수항은 우변으로 이항한다.
$$3x=\boxed{}$$
$$\therefore x=\boxed{}$$

073 $7-2x=19$

074 $-3x=-5x-16$

075 $24-4x=2x$

076 $2x+3=-3x+13$

077 $4x+3=5x-7$

078 $-x+10=-5x+18$

079 $12x+1=9x-1$

080 $2+5x=8+7x$

081 $16-3x=4+2x$

082 $-10x-3=5-2x$

괄호가 있는 일차방정식의 풀이 ★중요

[083~089] 다음 일차방정식을 푸시오.

083 $4(x-3)=x-9$

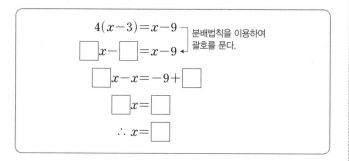

$$4(x-3)=x-9$$
$$\boxed{}x-\boxed{}=x-9 \quad \text{← 분배법칙을 이용하여 괄호를 푼다.}$$
$$\boxed{}x-x=-9+\boxed{}$$
$$\boxed{}x=\boxed{}$$
$$\therefore x=\boxed{}$$

084 $3(x+2)=4x$

085 $2(4-x)=-4x+10$

086 $-2x+5=3(2x+1)$

087 $5x-2(x-4)=5$

088 $x-2=7(x+1)+3$

089 $2(-x+5)=4(3-2x)$

비례식으로 주어진 일차방정식의 풀이

[090~096] 다음 비례식을 만족시키는 x의 값을 구하시오.

090 $(x+3):(2x+5)=2:3$

$$(x+3):(2x+5)=2:3$$
$$3(\boxed{})=2(\boxed{}) \quad \text{← } a:b=c:d \text{이면} \\ ad=bc \text{임을 이용한다.} \\ \text{(외항의 곱과 내항의 곱은 같다.)}$$
$$3x+\boxed{}=\boxed{}+10$$
$$3x-\boxed{}=10-\boxed{}$$
$$-x=\boxed{}$$
$$\therefore x=\boxed{}$$

091 $(x+1):(4x+3)=2:5$

092 $(1-x):(x-6)=3:2$

093 $(2x-1):4=(x-2):1$

094 $(x+2):3=(5-2x):6$

095 $2:(x-1)=5:(3x-1)$

096 $(x+3):9=\dfrac{2x+1}{3}:4$

07

여러 가지 일차방정식의 풀이

(1) 계수가 소수인 경우
  양변에 10, 100, 1000, … 중 적당한 수를 곱하여 계수를 정수로 고쳐서 푼다.
(2) 계수가 분수인 경우
  양변에 분모의 최소공배수를 곱하여 계수를 정수로 고쳐서 푼다.
(3) 소수인 계수와 분수인 계수가 모두 있는 경우
  일반적으로 소수를 분수로 고쳐서 푸는 것이 편리하다.

정답과 해설·**43**쪽

계수가 소수인 일차방정식의 풀이

[097~107] 다음 일차방정식을 푸시오.

097 $0.7x - 1.3 = x - 0.1$

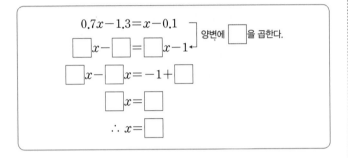

098 $0.4x - 2.7 = 0.1x$

099 $x + 0.3 = 0.3x + 1.7$

100 $1 - 0.9x = -2.9 + 0.4x$

101 $2x + 3.2 = 0.8x - 1.6$

102 $-0.04x + 0.38 = -0.23x$

103 $0.3x + 0.45 = 0.15$

104 $0.05x + 1.3 = 0.35x - 0.5$

105 $-0.2(x + 1) = -0.4x + 2$

106 $0.7x = 0.05(x - 2) + 0.75$

107 $0.25(x - 3) = 0.5x - 2$

계수가 분수인 일차방정식의 풀이 ★ 중요

[108~120] 다음 일차방정식을 푸시오.

108 $\dfrac{x-1}{2}-\dfrac{4x+1}{3}=5$

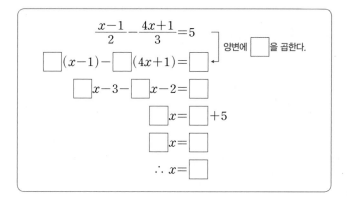

109 $\dfrac{3}{5}x-1=\dfrac{1}{3}x$

110 $-\dfrac{5}{4}x+3=\dfrac{1}{2}x-11$

111 $\dfrac{1}{3}x-2=\dfrac{3}{2}x+5$

112 $\dfrac{1}{2}x=-\dfrac{5}{4}+\dfrac{2}{3}x$

113 $\dfrac{3}{4}x+\dfrac{1}{3}=\dfrac{1}{2}x-\dfrac{1}{8}$

114 $\dfrac{3x+5}{7}=-1+x$

115 $\dfrac{x}{4}=\dfrac{x+3}{5}$

116 $\dfrac{x-1}{5}=\dfrac{1}{2}(x+2)$

117 $\dfrac{2-x}{3}=1-\dfrac{x}{5}$

118 $\dfrac{1}{2}(x+4)=\dfrac{2}{3}x-1$

119 $\dfrac{1}{2}(x-2)=\dfrac{x}{5}-\dfrac{1}{3}$

120 $\dfrac{4-x}{3}=\dfrac{3}{4}x-\dfrac{5}{6}$

소수인 계수와 분수인 계수가 모두 있는 일차방정식의 풀이 ★중요

[121~132] 다음 일차방정식을 푸시오.

121 $3 - 0.2x = \dfrac{x}{4} - 6$

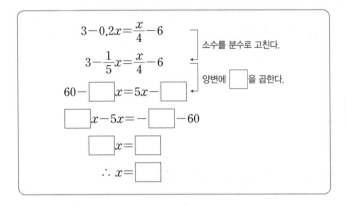

$$3 - 0.2x = \frac{x}{4} - 6$$
소수를 분수로 고친다.
$$3 - \frac{1}{5}x = \frac{x}{4} - 6$$
양변에 $\boxed{}$ 을 곱한다.
$$60 - \boxed{}\,x = 5x - \boxed{}$$
$$\boxed{}\,x - 5x = -\boxed{} - 60$$
$$\boxed{}\,x = \boxed{}$$
$$\therefore x = \boxed{}$$

122 $0.3x - \dfrac{2}{5} = 1.4$

123 $0.4x + 1 = \dfrac{x+1}{2}$

124 $\dfrac{x}{6} - 3 = 0.5x - 8$

125 $\dfrac{3}{5}x - 0.2x = \dfrac{1}{2}x - 1.3$

126 $\dfrac{x}{4} - 0.9 = 0.3x + \dfrac{2}{5}$

127 $\dfrac{2(x-4)}{5} = 0.5x - 1$

128 $\dfrac{1}{3}(4x+5) = 0.2x - 0.6$

129 $0.3x + 0.4 = \dfrac{1}{3}(x+2)$

130 $\dfrac{x+5}{4} = \dfrac{8-x}{6} + 0.5$

131 $0.1(x-1) = \dfrac{1}{4}x + \dfrac{1}{2}$

132 $\dfrac{5}{6}(x-3) = 0.2(3x+5)$

［학교 시험 문제는 이렇게］

133 다음 일차방정식 중 해가 나머지 넷과 <u>다른</u> 하나는?

① $2x + 6 = 10$

② $2(2x-1) = 3x$

③ $0.2x + 0.3 = 0.4x - 0.1$

④ $\dfrac{x}{5} - 1 = \dfrac{x}{2} - \dfrac{2}{5}$

⑤ $\dfrac{2x+5}{3} = 0.5(x+4)$

08

일차방정식에서 상수의 값 구하기

(1) 일차방정식의 해가 주어진 경우

주어진 해를 일차방정식에 대입하여 상수의 값을 구한다.

예 일차방정식 $2x+a=5$의 해가 $x=1$인 경우

➡ $2x+a=5$에 $x=1$을 대입하면

$2+a=5$ ∴ $a=3$

(2) 두 일차방정식의 해가 서로 같은 경우

❶ 두 일차방정식 중 해를 구할 수 있는 일차방정식을 먼저 푼다.

❷ ❶에서 구한 해를 다른 일차방정식에 대입하여 상수의 값을 구한다.

정답과 해설·45쪽

(일차방정식의 해가 주어질 때, 상수의 값 구하기)

[134~139] 다음 x에 대한 일차방정식의 해가 [ ] 안과 같을 때, 상수 a의 값을 구하시오.

134 $-3x+6=12x-a$ [$x=1$]

135 $7x-a=2x-10$ [$x=-4$]

136 $9-ax=-6x+15$ [$x=2$]

137 $a(2x-1)+5x=-x-7$ [$x=3$]

138 $-x+ax=4(x+a)-2$ [$x=-2$]

139 $2(x-1)=5-3(x-a)$ [$x=5$]

(두 일차방정식의 해가 서로 같을 때, 상수의 값 구하기)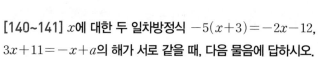

[140~141] x에 대한 두 일차방정식 $-5(x+3)=-2x-12$, $3x+11=-x+a$의 해가 서로 같을 때, 다음 물음에 답하시오.

140 일차방정식 $-5(x+3)=-2x-12$를 푸시오.

141 140에서 구한 해를 이용하여 일차방정식 $3x+11=-x+a$에서 상수 a의 값을 구하시오.

[142~144] 다음 x에 대한 두 일차방정식의 해가 서로 같을 때, 상수 a의 값을 구하시오.

142 $9-2x=3-4x,\ 5x-(2x+1)=a$

143 $3(x-2)=x+2,\ x-3=-(x+a)$

144 $x-2=-2(x+4),\ 0.5x-0.3(a+x)=-0.1$

09 일차방정식의 활용

[일차방정식을 활용하여 문제를 해결하는 과정]

미지수 정하기 ➡ 일차방정식 세우기 ➡ 일차방정식 풀기 ➡ 문제의 뜻에 맞는지 확인하기

└ 답을 쓸 때는 반드시 단위를 쓴다.

참고 문자를 사용하여 식 세우기
- 연속하는 두 자연수 ➡ x, $x+1$
- 연속하는 세 자연수 ➡ $x-1$, x, $x+1$
- 연속하는 두 짝수(홀수) ➡ x, $x+2$
- 연속하는 세 짝수(홀수) ➡ $x-2$, x, $x+2$
- 현재 a세인 사람의 x년 후의 나이 ➡ $(a+x)$세
- 가로의 길이가 x, 세로의 길이가 y인 직사각형의 둘레의 길이 ➡ $2(x+y)$

정답과 해설·46쪽

(일차방정식의 활용 (1) – 수)

[145~147] 어떤 수에 8을 더한 수가 처음 어떤 수의 3배와 같다고 한다. 어떤 수를 구하려고 할 때, 다음 물음에 답하시오.

145 어떤 수를 x라 할 때, 일차방정식을 세우시오.

➡ $x + \boxed{} = \boxed{}x$

146 145에서 세운 일차방정식을 푸시오.

147 어떤 수를 구하시오.

148 어떤 수에 5를 더하여 2배 한 수는 처음 어떤 수의 7배와 같을 때, 어떤 수를 구하시오.

149 어떤 수에서 3을 뺀 후에 7배 한 수는 처음 어떤 수의 5배보다 9만큼 작을 때, 어떤 수를 구하시오.

[150~152] 연속하는 세 자연수의 합이 48일 때, 세 자연수를 구하려고 한다. 다음 물음에 답하시오.

150 세 자연수 중 가운데 수를 x라 할 때, 다음 표를 완성하고 이를 이용하여 일차방정식을 세우시오.

가장 작은 수	가운데 수	가장 큰 수
	x	

➡ 일차방정식: _____

151 150에서 세운 일차방정식을 푸시오.

152 세 자연수를 구하시오.

153 연속하는 두 자연수의 합이 57일 때, 두 자연수를 구하시오.

154 연속하는 두 홀수의 합이 64일 때, 두 홀수를 구하시오.

일차방정식의 활용 (2) – 나이 ★중요

[155~157] 나이의 차가 2세인 형과 동생의 나이의 합이 28세일 때, 형과 동생의 나이를 각각 구하려고 한다. 다음 물음에 답하시오.

155 형의 나이를 x세라 할 때, 다음 표를 완성하고 이를 이용하여 일차방정식을 세우시오.

	형	동생
나이	x세	

➡ 일차방정식 : _____

156 155에서 세운 일차방정식을 푸시오.

157 형과 동생의 나이를 각각 구하시오.

158 나이의 차가 3세인 언니와 동생의 나이의 합이 31세일 때, 언니와 동생의 나이를 각각 구하시오.

159 삼촌의 나이가 조카의 나이의 3배이고 삼촌과 조카의 나이의 합이 44세일 때, 삼촌과 조카의 나이를 각각 구하시오.

[160~162] 현재 어머니의 나이는 40세이고 아들의 나이는 14세이다. 어머니의 나이가 아들의 나이의 2배가 되는 것은 몇 년 후인지 구하려고 할 때, 다음 물음에 답하시오.

160 x년 후에 어머니의 나이가 아들의 나이의 2배가 된다고 할 때, 다음 표를 완성하고 이를 이용하여 일차방정식을 세우시오.

	어머니	아들
현재의 나이	40세	14세
x년 후의 나이		

➡ 일차방정식 : _____

161 160에서 세운 일차방정식을 푸시오.

162 어머니의 나이가 아들의 나이의 2배가 되는 것은 몇 년 후인지 구하시오.

163 현재 아버지의 나이는 35세이고 딸의 나이는 9세이다. 이때 아버지의 나이가 딸의 나이의 3배가 되는 것은 몇 년 후인지 구하시오.

164 현재 이모의 나이는 45세이고 조카의 나이는 16세이다. 이때 이모의 나이가 조카의 나이의 2배보다 6세 더 많아지는 것은 몇 년 후인지 구하시오.

일차방정식의 활용 (3) – 개수, 가격

[165~167] 500원짜리 사탕과 1000원짜리 껌을 합하여 총 12개를 샀더니 8500원이 나왔다. 사탕과 껌을 각각 몇 개 샀는지 구하려고 할 때, 다음 물음에 답하시오.

165 사탕을 x개 샀다고 할 때, 다음 표를 완성하고 이를 이용하여 일차방정식을 세우시오.

	사탕	껌
개수	x	
전체 가격	$500x$원	

➡ 일차방정식: _____

166 165에서 세운 일차방정식을 푸시오.

167 사탕과 껌을 각각 몇 개 샀는지 구하시오.

168 2000원짜리 사과와 1000원짜리 자두를 합하여 총 9개를 샀더니 15000원이 나왔다. 이때 사과와 자두를 각각 몇 개 샀는지 구하시오.

169 민수가 농구 경기에서 2점짜리 슛과 3점짜리 슛을 합하여 총 14골을 넣고 34점을 얻었다. 이때 2점짜리 슛과 3점짜리 슛을 각각 몇 골 넣었는지 구하시오.

일차방정식의 활용 (4) – 도형

[170~172] 가로의 길이가 세로의 길이보다 4 cm 더 긴 직사각형의 둘레의 길이가 32 cm일 때, 이 직사각형의 가로, 세로의 길이를 각각 구하려고 한다. 다음 물음에 답하시오.

170 직사각형의 세로의 길이를 x cm라 할 때, 다음 표를 완성하고 이를 이용하여 일차방정식을 세우시오.

세로의 길이	가로의 길이	둘레의 길이
x cm		$2\{(\boxed{})+x\}$ cm

➡ 일차방정식: _____

171 170에서 세운 일차방정식을 푸시오.

172 직사각형의 가로, 세로의 길이를 각각 구하시오.

173 가로의 길이가 세로의 길이보다 6 cm 더 짧은 직사각형의 둘레의 길이가 44 cm일 때, 이 직사각형의 가로, 세로의 길이를 각각 구하시오.

174 가로의 길이가 세로의 길이의 3배인 직사각형의 둘레의 길이가 24 cm일 때, 이 직사각형의 가로, 세로의 길이를 각각 구하시오.

10

거리, 속력, 시간에 대한 문제는 다음 관계를 이용하여 방정식을 세운다.

$$(거리)=(속력)\times(시간), \quad (속력)=\frac{(거리)}{(시간)}, \quad (시간)=\frac{(거리)}{(속력)}$$

거리, 속력, 시간에 대한 일차방정식의 활용

주의 각각의 단위가 다른 경우에는 방정식을 세우기 전에 단위를 통일해야 한다.

➡ $1\,km=1000\,m$, 1시간=60분, 30분=$\frac{30}{60}$시간=$\frac{1}{2}$시간

정답과 해설·48쪽

(일차방정식의 활용 (5) – 거리, 속력, 시간)

[175~177] A 도시에서 B 도시까지 자동차를 타고 다녀오는데 갈 때는 시속 80 km로, 올 때는 같은 길을 시속 60 km로 이동했더니 총 7시간이 걸렸다. A, B 두 도시 사이의 거리를 구하려고 할 때, 다음 물음에 답하시오.

175 A, B 두 도시 사이의 거리를 $x\,km$라 할 때, 다음 표를 완성하고 이를 이용하여 일차방정식을 세우시오.

	갈 때	올 때
거리	$x\,km$	
속력	시속 80 km	
시간		

(갈 때 걸린 시간)+(올 때 걸린 시간)=□(시간)이므로

➡ 일차방정식: _____

176 175에서 세운 일차방정식을 푸시오.

177 A, B 두 도시 사이의 거리는 몇 km인지 구하시오.

178 우진이가 집에서 학교까지 갔다 오는데 갈 때는 시속 4 km로 걷고, 올 때는 같은 길을 시속 3 km로 걸어서 총 1시간 30분이 걸렸다고 한다. 우진이네 집과 학교 사이의 거리는 몇 km인지 구하시오.

[179~181] 등산을 하는데 올라갈 때는 시속 3 km로 걷고, 내려올 때는 올라갈 때보다 5 km 더 먼 길을 시속 2 km로 걸었더니 총 5시간이 걸렸다. 올라간 거리와 내려온 거리를 각각 구하려고 할 때, 다음 물음에 답하시오.

179 올라간 거리를 $x\,km$라 할 때, 다음 표를 완성하고 이를 이용하여 일차방정식을 세우시오.

	올라갈 때	내려올 때
거리	$x\,km$	
속력	시속 3 km	
시간		

$\left(\begin{array}{c}올라갈\ 때 \\ 걸린\ 시간\end{array}\right)+\left(\begin{array}{c}내려올\ 때 \\ 걸린\ 시간\end{array}\right)=$□(시간)이므로

➡ 일차방정식: _____

180 179에서 세운 일차방정식을 푸시오.

181 올라간 거리와 내려온 거리는 각각 몇 km인지 구하시오.

182 연지가 집에서 친구네 집에 다녀오는데 갈 때는 분속 50 m로 걷고, 올 때는 갈 때보다 400 m 더 먼 길을 분속 60 m로 걸어서 총 25분이 걸렸다. 연지가 집에서 친구네 집으로 갈 때 걸은 거리는 몇 m인지 구하시오.

1 다음 중 등식인 것은 ○표, 등식이 <u>아닌</u> 것은 ×표를 ( ) 안에 쓰시오.

(1) $5-8=-3$ (   )

(2) $10x \leq 20$ (   )

(3) $-x+7=9x$ (   )

2 다음을 등식으로 나타내시오.

(1) x에서 5를 뺀 수는 x의 8배와 같다.

(2) 참새 x마리가 있는 들판에 참새 4마리가 더 날아와서 총 13마리가 되었다.

(3) $100\,\mathrm{g}$에 x원인 삼겹살 $600\,\mathrm{g}$의 가격은 16800원이다.

3 다음 [ ] 안의 수가 주어진 방정식의 해이면 ○표, 해가 아니면 ×표를 ( ) 안에 쓰시오.

(1) $1-x=2x+1$ $[0]$ (   )

(2) $13=-3x-1$ $[-4]$ (   )

(3) $-\dfrac{7}{3}x-10=-4x$ $[6]$ (   )

4 다음 중 항등식인 것은 ○표, 항등식이 <u>아닌</u> 것은 ×표를 ( ) 안에 쓰시오.

(1) $4x=4$ (   )

(2) $x+1=2x+1-x$ (   )

(3) $3(2-4x)=12x-6$ (   )

5 다음 등식이 x에 대한 항등식이 되도록 하는 상수 a, b의 값을 각각 구하시오.

(1) $ax+7=-2x+b$

(2) $-5x+a=bx-4$

(3) $(a-3)x+1=3x+b$

6 등식의 성질을 이용하여 다음 □ 안에 알맞은 수를 쓰시오.

(1) $a+7=b$의 양변에 □을 더하면 $a+10=b+3$이다.

(2) $x-3=2$의 양변에서 □를 빼면 $x-7=-2$이다.

(3) $5a=-4b$의 양변에 □를 곱하면 $-10a=8b$이다.

(4) $-12x=24$의 양변을 □으로 나누면 $-2x=4$이다.

7 다음 등식에서 밑줄 친 항을 이항하시오.

(1) $-4x\underline{+2}=5$

(2) $-x=3\underline{-7x}$

(3) $2x\underline{-5}=1\underline{+12x}$

8 다음 중 일차방정식인 것은 ○표, 일차방정식이 <u>아닌</u> 것은 ×표를 ( ) 안에 쓰시오.

(1) $-x+7 \geq 1$ (   )

(2) $5+\dfrac{1}{3}x=4$ (   )

(3) $2x-x^2=-x^2+6$ (   )

9 다음 일차방정식을 푸시오.

(1) $7+6x=22+3x$

(2) $2x-3(x-1)=4$

(3) $4-2(3x+1)=-4(x-2)$

(4) $0.5x-2=0.2x+1.3$

(5) $1-\dfrac{x-1}{4}=\dfrac{2x+1}{3}$

(6) $0.3(x-2)=\dfrac{1}{2}(x-4)$

10 다음 x에 대한 일차방정식의 해가 [ ] 안과 같을 때, 상수 a의 값을 구하시오.

(1) $-2x+5=x+a$ $[x=-3]$

(2) $7x-a=3(x+4)$ $[x=2]$

11 다음 x에 대한 두 일차방정식의 해가 서로 같을 때, 상수 a의 값을 구하시오.

(1) $2x-3=11,\ 3x-5=2a$

(2) $8-3x=4-x,\ a(2x-1)=6x$

12 어떤 수에서 3을 빼고 7배 한 것은 처음 어떤 수의 5배보다 9만큼 작다고 한다. 어떤 수를 구하려고 할 때, 다음 물음에 답하시오.

(1) 어떤 수를 x라 할 때, 일차방정식을 세우시오.

(2) (1)에서 세운 일차방정식을 푸시오.

(3) 어떤 수를 구하시오.

13 어느 목장에서 양과 닭을 합하여 총 16마리의 다리를 모두 세었더니 50개이었다. 이 목장에 양과 닭이 각각 몇 마리 있는지 구하려고 할 때, 다음 물음에 답하시오.

(1) 양이 x마리 있다고 할 때, 일차방정식을 세우시오.

(2) (1)에서 세운 일차방정식을 푸시오.

(3) 양과 닭이 각각 몇 마리 있는지 구하시오.

14 두 지점 A, B 사이를 자전거를 타고 왕복하는 데 갈 때는 시속 $10\,\mathrm{km}$로, 올 때는 같은 길을 시속 $5\,\mathrm{km}$로 달려서 총 3시간이 걸렸다. 두 지점 A, B 사이의 거리를 구하려고 할 때, 다음 물음에 답하시오.

(1) 두 지점 A, B 사이의 거리를 $x\,\mathrm{km}$라 할 때, 일차방정식을 세우시오.

(2) (1)에서 세운 일차방정식을 푸시오.

(3) 두 지점 A, B 사이의 거리는 몇 km인지 구하시오.

1 다음 중 문장을 등식으로 나타낸 것으로 옳은 것은?

① 어떤 수 x를 3배 한 후 7을 더하면 11이다.
   ➡ $3(x+7)=11$

② 9권에 x원인 공책 한 권의 가격은 750원이다.
   ➡ $9x=750$

③ 100개의 야구공을 한 상자에 x개씩 넣었더니 8상자가 되고 야구공은 4개가 남았다.
   ➡ $100-8x=4$

④ 2와 x의 평균은 56이다. ➡ $2(2+x)=56$

⑤ 길이가 50 cm인 끈을 x cm씩 4번 잘랐더니 2 cm가 남았다. ➡ $50-\dfrac{x}{4}=2$

2 다음 보기에서 $x=2$가 해인 방정식을 모두 고르시오.

┤보기├
ㄱ. $-3x+1=-5$ ㄴ. $7x+4=5x$
ㄷ. $\dfrac{2}{3}x-2=x-1$ ㄹ. $-4(x-2)=9$
ㅁ. $6\left(x-\dfrac{1}{3}\right)=4x$ ㅂ. $1.8x+4=2x+3.6$

3 다음 중 모든 x의 값에 대하여 항상 참인 등식은?

① $x-5=4$
② $4x-7=7-4x$
③ $6x-1=-3(2x-1)$
④ $2(x-2)=-x-4+3x$
⑤ $2x+1=(x-3)+(3+x)$

4 등식 $ax-6=3(x+b)$가 x에 대한 항등식일 때, 상수 a, b에 대하여 $a+b$의 값을 구하시오.

5 다음 중 옳은 것을 모두 고르면? (정답 2개)

① $a=b$이면 $c-a=c-b$이다.
② $x=-y$이면 $6x-1=-6y+1$이다.
③ $5x=3y$이면 $\dfrac{x}{5}=\dfrac{y}{3}$이다.
④ $-4x=-4y+1$이면 $x=y-\dfrac{1}{4}$이다.
⑤ $a-3=b-2$이면 $a+1=b$이다.

6 오른쪽은 등식의 성질을 이용하여 방정식 $\dfrac{-2x+5}{3}=1$을 푸는 과정이다. (개), (내), (대) 중 등식의 성질 '$a=b$이면 $ac=bc$이다.'를 이용한 곳을 고르시오. (단, c는 자연수)

$$\dfrac{-2x+5}{3}=1 \quad \Big\}\text{(개)}$$
$$-2x+5=3 \quad \Big\}\text{(내)}$$
$$-2x=-2 \quad \Big\}\text{(대)}$$
$$\therefore x=1$$

7 다음 중 밑줄 친 항을 바르게 이항한 것은?

① $2x\underline{-6}=5$ ➡ $2x=5-6$
② $-10x=8\underline{-x}$ ➡ $-10x-x=8$
③ $-5x=\underline{3x}+2$ ➡ $-5x+3x=2$
④ $-x\underline{+5}=2x-3$ ➡ $-x+2x=-3-5$
⑤ $x\underline{+2}=6\underline{-9x}$ ➡ $x+9x=6-2$

8 다음 중 일차방정식을 모두 고르면? (정답 2개)

① $x-6=3-x$
② $-3x+5=x^2-3x$
③ $5x-9x=-\dfrac{4}{x}$
④ $4x-4=4(x-1)$
⑤ $2x^2-1=3(x+1)+2x^2$

9 다음 중 일차방정식의 해가 가장 작은 것은?

① $2x+8=-7x-10$

② $3(x-2)=x+8$

③ $0.2x+1.5=1.2-0.1x$

④ $\dfrac{3}{2}x-2=4x+\dfrac{1}{2}$

⑤ $0.36x+4=\dfrac{1}{10}\left(\dfrac{3}{5}x-2\right)$

10 다음 비례식을 만족시키는 x의 값을 구하시오.

$$3:(2x+1)=4:(-x+5)$$

11 x에 대한 일차방정식 $2(3x-6)=5x+a$의 해가 $x=4$일 때, 상수 a의 값은?

① -8　　② -4　　③ 2

④ 4　　⑤ 8

12 다음 x에 대한 두 일차방정식의 해가 서로 같을 때, 상수 a의 값을 구하시오.

$$x-1=a, \quad \dfrac{x}{2}-\dfrac{x-3}{3}=2$$

13 연속하는 세 짝수의 합이 66일 때, 세 짝수 중 가장 큰 수를 구하시오.

14 현재 선생님의 나이는 47세이고 학생의 나이는 13세이다. 이때 선생님의 나이가 학생의 나이의 3배보다 10세 적어지는 것은 몇 년 후인가?

① 6년 후　　② 7년 후　　③ 8년 후

④ 9년 후　　⑤ 10년 후

15 아랫변의 길이가 윗변의 길이보다 $3\,cm$ 더 긴 사다리꼴의 높이가 $4\,cm$이고 넓이가 $14\,cm^2$일 때, 이 사다리꼴의 윗변의 길이는?

① $2\,cm$　　② $3\,cm$　　③ $4\,cm$

④ $5\,cm$　　⑤ $6\,cm$

16 태현이네 집과 현장 학습지 사이의 거리는 $8\,km$이다. 태현이가 집에서 현장 학습지까지 가는 데 처음에는 시속 $3\,km$로 가다가 늦을 것 같아 중간에 시속 $6\,km$로 갔더니 총 2시간 20분이 걸렸다. 이때 시속 $3\,km$로 간 거리를 구하시오.

6

좌표와 그래프

01

수직선 위의 한 점에 대응하는 수를 그 점의 **좌표**라고 한다.

기호 점 P의 좌표가 a일 때 ➡ $\mathrm{P}(a)$

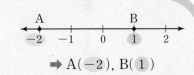

➡ A(-2), B(1)

**수직선 위의
점의 좌표**

정답과 해설·**52**쪽

수직선 위의 점의 좌표

[001~004] 다음 수직선 위의 세 점 A, B, C의 좌표를 각각 기호로 나타내시오.

001
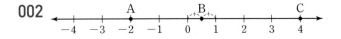

➡ A($\square$), B($\square$), C($\square$)

002
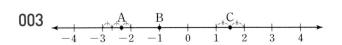

003
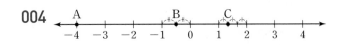

004

[005~008] 다음 세 점 A, B, C를 수직선 위에 각각 나타내시오.

005
A(-2), B(0), C(1.5)
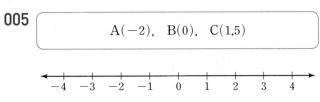

006
A(3), B($-\dfrac{7}{2}$), C(-1)

007
A($-\dfrac{5}{2}$), B(2), C($\dfrac{10}{3}$)
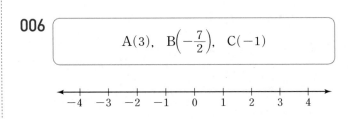

008
A(2.5), B(1), C($-\dfrac{5}{3}$)
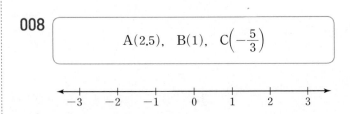

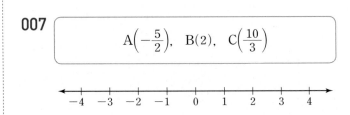

02. 좌표평면 위의 점의 좌표

(1) **순서쌍**: 순서를 생각하여 두 수를 짝 지어 나타낸 것

　　주의 $a \neq b$일 때, 순서쌍 (a, b)와 순서쌍 (b, a)는 서로 다르다.

(2) 두 수직선을 점 O에서 서로 수직으로 만나도록 그릴 때

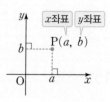

　① **좌표축** ⎡ x축: 가로의 수직선
　　　　　　 ⎣ y축: 세로의 수직선

　② **원점**: 두 좌표축이 만나는 점 O

　③ **좌표평면**: 좌표축이 정해져 있는 평면

(3) 좌표평면 위의 한 점 P에서 x축, y축에 각각 수선을 긋고 이 수선이 x축, y축과 만나는 점에 대응하는 수를 각각 a, b라 할 때, 순서쌍 (a, b)를 점 P의 **좌표**라고 한다. 이때 a를 점 P의 x**좌표**, b를 점 P의 y**좌표**라고 한다.

　　기호 점 P의 좌표가 (a, b)일 때 ➡ P(a, b)

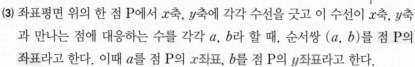

정답과 해설·**52**쪽

좌표평면 위의 점의 좌표　　★중요

[009~010] 다음 좌표평면 위의 네 점 A, B, C, D의 좌표를 각각 기호로 나타내시오.

009

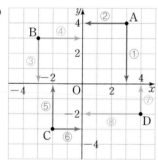

A(①, ②) ➡ A(☐, ☐)

B(③, ④) ➡ B(☐, ☐)

C(⑤, ⑥) ➡ C(☐, ☐)

D(⑦, ⑧) ➡ D(☐, ☐)

010

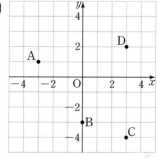

[011~012] 다음 좌표평면에 대하여 물음에 답하시오.

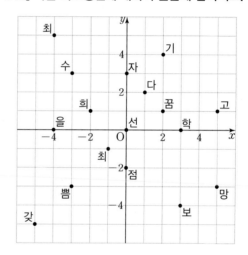

011 다음 점의 좌표가 나타내는 글자를 순서대로 찾아 문구를 완성하시오.

$$(-4, 5) \rightarrow (5, 1) \rightarrow (3, -4) \rightarrow (1, 2)$$
$$\rightarrow (-1, -1) \rightarrow (0, 0) \rightarrow (-4, 0)$$

012 '꿈을 갖자'라는 문구가 되도록 글자의 점의 좌표를 순서대로 찾아 쓰시오.

_____ → _____ → _____ → _____

[013~021] 다음 점의 좌표를 구하시오.

013 x좌표가 4이고 y좌표가 1인 점

014 x좌표가 −7이고 y좌표가 0인 점

015 x좌표가 3이고 y좌표가 −5인 점

016 x좌표가 −6이고 y좌표가 −2인 점

017 원점

018 x축 위에 있고, x좌표가 2인 점

019 x축 위에 있고, x좌표가 −3인 점

020 y축 위에 있고, y좌표가 7인 점

021 y축 위에 있고, y좌표가 −1인 점

좌표평면 위의 도형의 넓이 ★중요

[022~025] 다음 점들을 주어진 좌표평면 위에 각각 나타내어 각 점을 꼭짓점으로 하는 도형을 그리고, 그 넓이를 구하시오.

022 A(−4, −3),
B(2, −3),
C(2, 4)

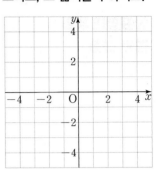

023 A(1, 2),
B(−2, −4),
C(3, −4)

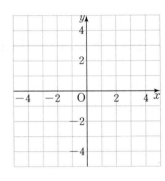

024 A(−3, 3),
B(−3, −2),
C(2, −2),
D(2, 3)

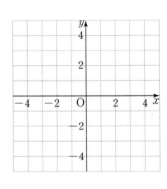

025 A(−4, 3),
B(−4, −3),
C(3, −3),
D(3, 3)

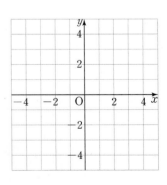

03.

사분면

좌표평면은 오른쪽 그림과 같이 좌표축에 의하여 네 부분으로 나뉜다.

이때 그 각각을 제1사분면, 제2사분면, 제3사분면, 제4사분면이라고 한다.

주의 좌표축 위의 점은 어느 사분면에도 속하지 않는다.
└ 원점, x축 위의 점, y축 위의 점

참고 좌표평면 위의 점 $P(a, b)$가

- 제1사분면 위의 점이면 ⇒ $a>0$, $b>0$ **예** 점 $(2, 3)$
- 제2사분면 위의 점이면 ⇒ $a<0$, $b>0$ **예** 점 $(-2, 3)$
- 제3사분면 위의 점이면 ⇒ $a<0$, $b<0$ **예** 점 $(-2, -3)$
- 제4사분면 위의 점이면 ⇒ $a>0$, $b<0$ **예** 점 $(2, -3)$

정답과 해설•52쪽

사분면 ★중요

[026~030] 아래 좌표평면 위의 9개의 점 A~I 중에서 다음을 모두 고르시오.

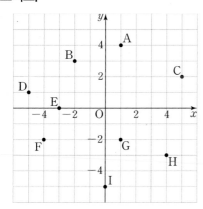

026 제1사분면 위의 점

027 제2사분면 위의 점

028 제3사분면 위의 점

029 제4사분면 위의 점

030 어느 사분면에도 속하지 않는 점

[031~036] 다음 점은 제몇 사분면 위의 점인지 구하시오.

031 A$(-7, -5)$

032 B$(4, -9)$

033 C$(-3, 6)$

034 D$(1, 5)$

035 E$(-2, 0)$

036 F$(0, 0)$

학교 시험 문제는 이렇게

037 다음 중 점의 좌표와 그 점이 속하는 사분면이 바르게 짝 지어진 것을 모두 고르면? (정답 2개)

① $(0, 4)$ → 제1사분면　　② $(-1, 1)$ → 제2사분면

③ $(3, -7)$ → 제4사분면　　④ $(-2, 5)$ → 제3사분면

⑤ $(-6, -1)$ → 제1사분면

사분면의 판단 (1) ★중요

[038~041] 점 $P(a, b)$가 제1사분면 위의 점일 때, 다음 ○ 안에 부호 +, − 중 알맞은 것을 쓰고, 주어진 점이 제몇 사분면 위의 점인지 구하시오.

038 $A(a, -b)$

> 점 $P(a, b)$가 제1사분면 위의 점이므로
> 점 $P(a, b)$의 좌표의 부호는 (○, ○)이다.
> 따라서 점 $A(a, -b)$의 좌표의 부호는 (○, ○)이므로
> 점 A는 제 □ 사분면 위의 점이다.

039 $B(-a, b)$ ➡ (○, ○) ➡ _____

040 $C(-a, -b)$ ➡ (○, ○) ➡ _____

041 $D(a+b, ab)$ ➡ (○, ○) ➡ _____

[042~045] 점 $P(a, b)$가 제2사분면 위의 점일 때, 다음 ○ 안에 부호 +, − 중 알맞은 것을 쓰고, 주어진 점이 제몇 사분면 위의 점인지 구하시오.

042 $A(a, -b)$ ➡ (○, ○) ➡ _____

043 $B(-a, b)$ ➡ (○, ○) ➡ _____

044 $C(-a, -b)$ ➡ (○, ○) ➡ _____

045 $D(a-b, ab)$ ➡ (○, ○) ➡ _____

사분면의 판단 (2)

[046~052] 두 수 a, b가 다음 조건을 만족시킬 때, 점 (a, b)는 제몇 사분면 위의 점인지 구하시오.

046 $ab<0$, $a>b$

> $ab<0$이므로 a, b의 부호는 서로 (같다, 다르다).
> 이때 $a>b$이므로 a○0, b○0
> 따라서 점 (a, b)는 제 □ 사분면 위의 점이다.

047 $ab<0$, $a<b$

048 $\dfrac{a}{b}<0$, $a-b>0$

049 $ab<0$, $a-b<0$

050 $ab>0$, $a+b<0$

051 $\dfrac{a}{b}>0$, $a+b>0$

052 $-2a<0$, $b-a>0$

학교 시험 문제는 이렇게

053 점 $P(ab, a+b)$가 제4사분면 위의 점일 때, 점 $Q(b, -a)$는 제몇 사분면 위의 점인지 구하시오.

04. 그래프와 그 해석

(1) **변수**: 여러 가지로 변하는 값을 나타내는 문자

예 드론이 움직인 지 x초 후의 높이를 ym라 하면 x, y의 값이 각각 변하므로 x, y는 변수이다.

(2) **그래프**: 두 변수 x, y의 순서쌍 (x, y)를 좌표로 하는 점 전체를 좌표평면 위에 나타낸 것

참고 그래프는 점, 직선, 꺾은 선, 곡선 등으로 나타낼 수 있다.

(3) **그래프의 해석**: 그래프를 해석하면 두 변수 사이의 변화 관계를 알 수 있다.

예 다음 표는 자동차의 속력을 시간에 따라 그래프로 나타내고, 속력의 변화를 해석한 것이다.

시간이 지나도 속력이 변함없다. (일정하다.)

시간에 따라 속력이 일정하게 증가한다.

시간에 따라 속력이 점점 느리게 증가한다.

시간에 따라 속력이 점점 빠르게 증가한다.

정답과 해설·**53**쪽

그래프의 해석

[054~057] 다음 그래프는 물의 온도를 시간에 따라 나타낸 것이다. 각 그래프에 알맞은 상황을 보기에서 고르시오.

┤ 보기 ├

ㄱ. 냉동실에 물을 넣으니 물의 온도가 시간에 따라 일정하게 낮아졌다.

ㄴ. 물을 끓였더니 물의 온도가 시간에 따라 점점 빠르게 높아졌다.

ㄷ. 진공 상태에서는 시간이 지나도 물의 온도가 변함없다.

ㄹ. 물의 온도가 시간에 따라 높아졌다가 다시 낮아졌다.

054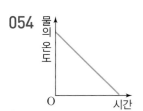

055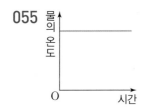

056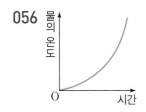

057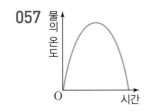

[058~061] 다음 보기의 그래프는 각각의 양초에 불을 붙였을 때 남아 있는 양초의 길이를 시간에 따라 나타낸 것이다. 각 상황에 알맞은 그래프를 보기에서 고르시오.

┤ 보기 ├

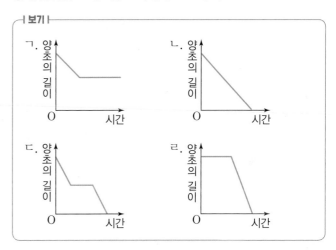

058 처음부터 양초에 불을 붙여 양초를 다 태웠다.

059 양초를 일부만 태우고 불을 껐다.

060 일정 시간이 지난 후 양초에 불을 붙여 양초를 다 태웠다.

061 양초를 태우는 도중에 불을 껐다가 잠시 후 남은 양초를 다 태웠다.

용기의 모양과 그래프의 해석

[062~065] 다음 보기의 그래프는 주어진 용기에 일정한 속력으로 물을 넣을 때 물의 높이를 시간에 따라 나타낸 것이다. 각 용기에 알맞은 그래프를 보기에서 고르시오.

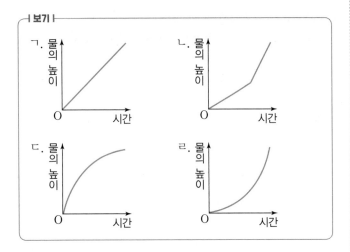

062

063

064

065

좌표가 주어진 그래프의 해석 ★중요

[066~070] 민지가 열기구를 타고 지면에서 출발한 지 x분 후에 열기구의 지면으로부터의 높이를 y m라 하자. 다음 그래프는 x와 y 사이의 관계를 나타낸 것이다. □ 안에 알맞은 수를 쓰시오.

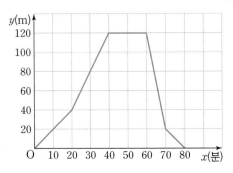

066 열기구의 지면으로부터의 높이가 처음 20분 동안 천천히 증가하다가 다음 □분 동안 처음보다 빠르게 증가했다.

067 열기구가 출발한 지 40분 후부터 □분 동안 열기구의 높이는 변함없었다.

068 열기구를 탄 시간은 총 □분이다.

069 열기구가 가장 높이 올라갔을 때 지면으로부터의 높이는 □m이다.

070 열기구가 출발한 지 70분 후에 열기구의 지면으로부터의 높이는 □m이다.

[071~075] 다음 그래프는 범규가 집에서 출발하여 친구네 집에 도착할 때까지 범규네 집으로부터 떨어진 거리를 시간에 따라 나타낸 것이다. 물음에 답하시오.
(단, 범규네 집에서 친구네 집까지의 길은 하나이고, 직선이다.)

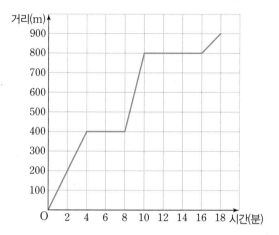

071 범규가 집에서 친구네 집까지 가는 데 걸린 시간은 몇 분인지 구하시오.

072 범규네 집에서 친구네 집까지의 거리는 몇 m인지 구하시오.

073 범규가 출발한 지 8분 후에 범규네 집으로부터 떨어진 거리는 몇 m인지 구하시오.

074 범규가 친구네 집에 가는 도중에 멈춘 것은 모두 몇 번인지 구하시오.

075 범규가 친구네 집에 가는 도중에 멈춘 시간은 모두 몇 분 동안인지 구하시오.

[076~080] 다음 그래프는 지은이와 민우가 자전거를 타고 학교에서 동시에 출발하여 도서관에 도착할 때까지 학교로부터 떨어진 거리를 시간에 따라 각각 나타낸 것이다. 물음에 답하시오. (단, 학교에서 도서관까지의 길은 하나이고, 직선이다.)

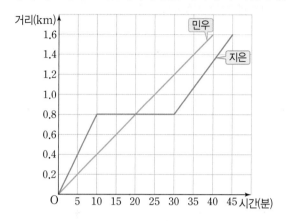

076 학교에서 도서관까지의 거리는 몇 km인지 구하시오.

077 지은이가 도서관에 가는 도중에 멈춘 시간은 몇 분 동안인지 구하시오.

078 지은이와 민우가 출발한 지 몇 분 후에 처음으로 다시 만났는지 구하시오.

079 출발한 지 30분 후에 지은이와 민우 사이의 거리는 몇 km인지 구하시오.

080 두 사람 중 누가 먼저 도서관에 도착했는지 구하시오.

기본 문제 × 확인하기

1 다음 수직선 또는 좌표평면 위의 네 점 A, B, C, D의 좌표를 각각 기호로 나타내시오.

(1)

(2)
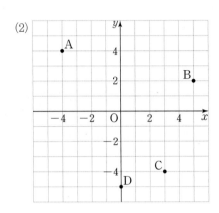

2 다음 네 점 A, B, C, D를 수직선 또는 좌표평면 위에 각각 나타내시오.

(1) $A\left(-\dfrac{3}{2}\right)$, $B(0)$, $C(1)$, $D\left(\dfrac{8}{3}\right)$

(2) $A(3, 1)$, $B(-1, 3)$, $C(2, -3)$, $D(-4, -2)$

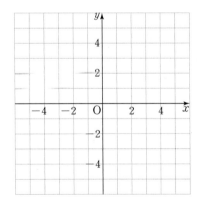

3 다음 점의 좌표를 구하시오.

(1) x좌표가 -2이고 y좌표가 6인 점

(2) x좌표가 0이고 y좌표가 8인 점

(3) x축 위에 있고, x좌표가 3인 점

(4) y축 위에 있고, y좌표가 -9인 점

4 다음 점들을 주어진 좌표평면 위에 각각 나타내어 각 점을 꼭짓점으로 하는 도형을 그리고, 그 넓이를 구하시오.

(1) $A(-2, 3)$,
 $B(3, -2)$,
 $C(3, 3)$

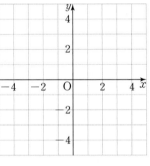

(2) $A(-1, 2)$,
 $B(-1, -4)$,
 $C(4, -4)$,
 $D(4, 2)$

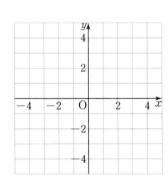

5 다음 점은 제몇 사분면 위의 점인지 구하시오.

(1) $(-1, 7)$

(2) $(5, 3)$

(3) $(-4, -2)$

(4) $(6, -9)$

6 점 P(a, b)가 제4사분면 위의 점일 때, 다음 점은 제 몇 사분면 위의 점인지 구하시오.

(1) A(b, a)

(2) B$(ab, -a)$

(3) C$(a, b-a)$

7 두 수 a, b가 다음 조건을 만족시킬 때, 점 (a, b)는 제몇 사분면 위의 점인지 구하시오.

(1) $ab<0$, $b-a>0$

(2) $\dfrac{b}{a}>0$, $a+b<0$

8 다음 보기의 그래프는 컵에 들어 있는 음료수의 양을 시간에 따라 나타낸 것이다. 각 상황에 알맞은 그래프를 보기에서 고르시오.

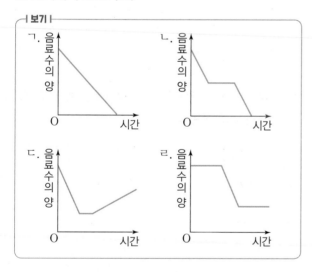

(1) 음료수를 약간 마시고 잠시 후에 나머지를 모두 마셨다.

(2) 음료수를 천천히 한 번에 다 마셨다.

(3) 음료수를 어느 정도 마시고 잠시 후에 음료수를 다시 적당히 채웠다.

9 다음 그래프는 영지네 가족이 집에서 출발하여 자동차를 타고 할머니 댁에 도착할 때까지 자동차에 남아 있는 휘발유의 양을 시각에 따라 나타낸 것이다. 물음에 답하시오.

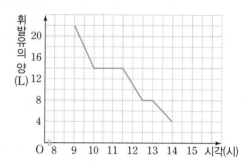

(1) 자동차를 타고 가는 도중에 멈춘 것은 모두 몇 번인지 구하시오.

(2) 집에서 출발하여 할머니 댁에 도착할 때까지 걸린 시간은 몇 시간인지 구하시오.

(3) 집에서 할머니 댁까지 가는 데 사용한 휘발유의 양은 몇 L인지 구하시오.

10 다음 그래프는 윤아와 유리가 학원에서 동시에 출발하여 공원에 도착할 때까지 학원으로부터 떨어진 거리를 시간에 따라 각각 나타낸 것이다. 물음에 답하시오.
(단, 학원에서 공원까지의 길은 하나이고, 직선이다.)

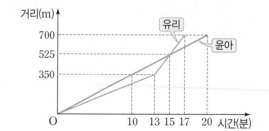

(1) 학원에서 공원까지의 거리는 몇 m인지 구하시오.

(2) 두 사람 중 누가 먼저 공원에 도착했는지 구하시오.

(3) 두 사람이 출발한 지 몇 분 후에 처음으로 다시 만났는지 구하시오.

1 다음 중 아래 수직선 위의 점의 좌표를 바르게 나타낸 것은 모두 몇 개인가?

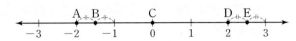

$$A(-2), \quad B\left(-\frac{1}{2}\right), \quad C(0), \quad D(1), \quad E(3.5)$$

① 1개   ② 2개   ③ 3개

④ 4개   ⑤ 5개

2 두 순서쌍 $(a-5, 7)$, $(8, 2b+1)$이 서로 같을 때, $a+b$의 값을 구하시오.

3 다음 중 오른쪽 좌표평면 위의 점의 좌표를 나타낸 것으로 옳지 <u>않은</u> 것은?

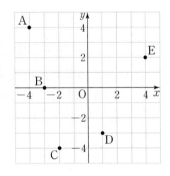

① $A(-4, 4)$

② $B(-3, 0)$

③ $C(-4, -2)$

④ $D(1, -3)$

⑤ $E(4, 2)$

4 점 $A(a+2, a-1)$은 x축 위의 점이고, 점 $B(4-2b, b+1)$은 y축 위의 점일 때, a, b의 값을 각각 구하시오.

5 좌표평면 위의 세 점 $A(0, 3)$, $B(-3, -2)$, $C(4, -2)$를 꼭짓점으로 하는 삼각형 ABC의 넓이를 구하시오.

6 다음 중 옳은 것은?

① 점 $(2, -4)$는 제3사분면 위의 점이다.

② 점 $(-1, 3)$은 제4사분면 위의 점이다.

③ 점 $(5, 0)$은 어느 사분면에도 속하지 않는다.

④ y축 위의 점의 y좌표는 0이다.

⑤ 제1사분면 위의 점과 제2사분면 위의 점의 x좌표는 모두 양수이다.

7 점 (a, b)가 제3사분면 위의 점일 때, 다음 중 제1사분면 위의 점은?

① (b, a) ② $(a, -b)$ ③ $(a+b, a)$

④ $\left(\dfrac{a}{b}, b\right)$ ⑤ $(-a, ab)$

8 $ab>0$, $b>0$일 때, 점 $(-b, -a)$는 제몇 사분면 위의 점인가?

① 제1사분면   ② 제2사분면   ③ 제3사분면

④ 제4사분면   ⑤ 어느 사분면에도 속하지 않는다.

9 수지가 무선 조종으로 모형 자동차를 A 지점에서 B 지점까지 이동시키려고 한다. 다음 중 아래 상황에 맞게 모형 자동차가 A 지점으로부터 떨어진 거리를 시간에 따라 나타낸 그래프로 알맞은 것은?
(단, A 지점에서 B 지점까지의 길은 하나이고, 직선이다.)

> 모형 자동차가 일정한 속력으로 움직이다가 중간에 접촉 불량으로 고장이 나서 잠깐 멈춘 후, 다시 움직여서 B 지점까지 갔다.

①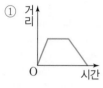
②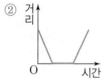
③
④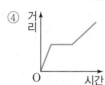
⑤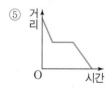

10 오른쪽 그림과 같은 원기둥 모양의 세 물통 A, B, C에 일정한 속력으로 물을 채울 때, 각 물통에 들어 있는 물의 높이를 시간에 따라 나타낸 그래프로 알맞은 것을 다음 보기에서 골라 바르게 짝 지으시오.

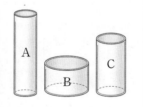

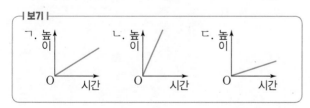

11 정호는 보드를 타고 집에서 출발하여 중간에 학교에 잠시 머물다가 한강에 도착하여 휴식한 후 집으로 돌아왔다. 아래 그래프는 정호가 집으로부터 떨어진 거리를 시간에 따라 나타낸 것이다. 다음 중 이 그래프에 대한 설명으로 옳지 <u>않은</u> 것은?

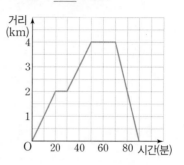

① 집에서 학교까지의 거리는 2 km이다.
② 정호는 학교에서 10분 동안 머물렀다.
③ 정호는 학교에서 출발하여 한강까지 가는 데 10분이 걸렸다.
④ 학교에서 한강까지의 거리는 2 km이다.
⑤ 정호는 집에서 출발한 지 1시간 30분 후에 집으로 돌아왔다.

12 다음 그래프는 성지와 종렬이가 학교에서 동시에 출발하여 4 km 떨어진 서점에 도착할 때까지 학교로부터 떨어진 거리를 시간에 따라 각각 나타낸 것이다. 종렬이가 서점에 도착한 지 몇 분 후에 성지가 도착했는지 구하시오.
(단, 학교에서 서점까지의 길은 하나이고, 직선이다.)

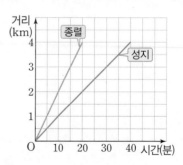

7

정비례와 반비례

01 정비례 관계

(1) **정비례:** 두 변수 x, y에 대하여 x의 값이 2배, 3배, 4배, ...로 변함에 따라 y의 값도 2배, 3배, 4배, ...로 변하는 관계가 있을 때, y는 x에 정비례한다고 한다.

(2) **정비례 관계식:** y가 x에 정비례하면 x와 y 사이의 관계식은 $y=ax\,(a\neq0)$로 나타낼 수 있다.

참고 y가 x에 정비례할 때, $\dfrac{y}{x}$의 값은 항상 일정하다.

➡ $y=ax\,(a\neq0)$에서 $\dfrac{y}{x}=a$ (일정)

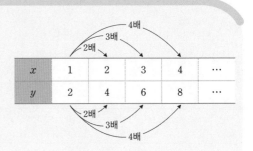

정답과 해설·56쪽

정비례 관계 ★중요

[001~003] 한 개에 500원인 물건 x개의 가격을 y원이라 할 때, 다음 물음에 답하시오.

001 다음 표를 완성하시오.

x	1	2	3	4	...
y					...

002 y가 x에 정비례하는지 말하시오.

003 x와 y 사이의 관계식을 구하시오.

[004~006] 1분에 10 L씩 물이 나오는 수도꼭지에서 x분 동안 나온 물의 양을 y L라 할 때, 다음 물음에 답하시오.

004 다음 표를 완성하시오.

x	1	2	3	4	...
y					...

005 y가 x에 정비례하는지 말하시오.

006 x와 y 사이의 관계식을 구하시오.

[007~013] 다음 중 y가 x에 정비례하는 것은 ○표, 정비례하지 <u>않는</u> 것은 ×표를 ( ) 안에 쓰시오.

007 $y=-3x$　　　　　　　　　　(　　　)

008 $y=\dfrac{1}{5}x$　　　　　　　　　(　　　)

009 $y=8x+2$　　　　　　　　　(　　　)

010 $y=\dfrac{1}{x}$　　　　　　　　　　(　　　)

011 $y=x$　　　　　　　　　　　(　　　)

012 $y=1-4x$　　　　　　　　　(　　　)

013 $\dfrac{y}{x}=3$　　　　　　　　　　(　　　)

[014~021] 다음 중 y가 x에 정비례하는 것은 ○표, 정비례하지 <u>않는</u> 것은 ×표를 ( ) 안에 쓰시오.

014 아이스크림 10개 중에서 x개를 먹고 남은 아이스크림 y개 ( )

015 가로의 길이가 15 cm, 세로의 길이가 x cm인 직사각형의 넓이 y cm² ( )

016 하루 중 낮의 길이가 x시간일 때, 밤의 길이 y시간 ( )

017 한 권의 두께가 8 mm인 문제집을 x권 쌓았을 때의 높이 y mm ( )

018 1분에 종이 16장을 인쇄할 수 있는 프린터로 x분 동안 인쇄할 수 있는 종이 y장 ( )

019 현재 14세인 주원이의 x년 후의 나이 y세 ( )

020 주스 500 mL를 x명이 똑같이 나누어 마셨을 때, 한 사람이 마신 주스의 양 y mL ( )

021 시속 60 km로 x km를 달릴 때, 걸리는 시간 y시간 ( )

정비례 관계식 구하기 (1)

[022~025] y가 x에 정비례하고 다음 조건을 만족시킬 때, x와 y 사이의 관계식을 구하시오.

022 $x=3$일 때, $y=6$이다.

> y가 x에 정비례하므로 $y=ax$로 놓고,
> 이 식에 $x=\boxed{}$, $y=\boxed{}$을 대입하면
> $\boxed{}=\boxed{}a$ ∴ $a=\boxed{}$
> ∴ $y=\boxed{}x$

023 $x=2$일 때, $y=14$이다.

024 $x=5$일 때, $y=-20$이다.

025 $x=-12$일 때, $y=4$이다.

[026~028] y가 x에 정비례하고, $x=-4$일 때 $y=-6$이다. 다음을 구하시오.

026 x와 y 사이의 관계식

027 $x=-6$일 때, y의 값

028 $y=3$일 때, x의 값

02

정비례 관계의
활용

[정비례 관계를 활용하여 문제를 해결하는 과정]
❶ 두 변수 x와 y 사이의 관계식을 구한다. ➡ $y=ax$ 꼴
❷ ❶에서 구한 관계식에 주어진 조건($x=m$ 또는 $y=n$)을 대입하여 필요한 값을 구한다.

정답과 해설·**57**쪽

정비례 관계의 활용

[029~031] 1 L의 휘발유로 10 km를 갈 수 있는 자동차가 있다. x L의 휘발유로 y km를 간다고 할 때, 다음 물음에 답하시오.

029 x와 y 사이의 관계식을 구하시오.

030 8 L의 휘발유로 몇 km를 갈 수 있는지 구하시오.

031 130 km를 가는 데 필요한 휘발유의 양을 구하시오.

[032~034] 어느 과자 1 g의 열량이 5 kcal라 한다. 이 과자 x g의 열량을 y kcal라 할 때, 다음 물음에 답하시오.

032 x와 y 사이의 관계식을 구하시오.

033 이 과자 215 g의 열량을 구하시오.

034 열량 430 kcal를 얻기 위해 필요한 과자의 양을 구하시오.

[035~036] 한 대에 6명이 탈 수 있는 배가 있다. 배 x대에 탈 수 있는 사람을 y명이라 할 때, 다음 물음에 답하시오.

035 x와 y 사이의 관계식을 구하시오.

036 120명이 타려면 배가 몇 대 필요한지 구하시오.

[037~038] 한 변의 길이가 x cm인 정오각형의 둘레의 길이를 y cm라 할 때, 다음 물음에 답하시오.

037 x와 y 사이의 관계식을 구하시오.

038 둘레의 길이가 75 cm인 정오각형의 한 변의 길이를 구하시오.

[039~040] 톱니가 각각 33개, 11개인 두 톱니바퀴 A, B가 서로 맞물려 돌고 있다. 톱니바퀴 A가 x번 회전하면 톱니바퀴 B가 y번 회전한다고 할 때, 다음 물음에 답하시오.

039 x와 y 사이의 관계식을 구하시오.

040 톱니바퀴 A가 12번 회전할 때, 톱니바퀴 B는 몇 번 회전하는지 구하시오.

03

정비례 관계 $y=ax(a \ne 0)$의 그래프

x의 값의 범위가 수 전체일 때, 정비례 관계 $y=ax(a \ne 0)$의 그래프는 원점을 지나는 직선이다.

	$a>0$일 때	$a<0$일 때
그래프	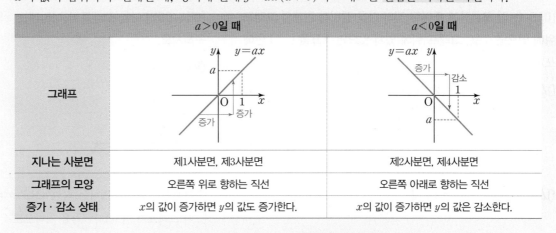	
지나는 사분면	제1사분면, 제3사분면	제2사분면, 제4사분면
그래프의 모양	오른쪽 위로 향하는 직선	오른쪽 아래로 향하는 직선
증가·감소 상태	x의 값이 증가하면 y의 값도 증가한다.	x의 값이 증가하면 y의 값은 감소한다.

참고 정비례 관계 $y=ax(a \ne 0)$의 그래프는 a의 절댓값이 ⎰ 클수록 y축에 가깝다. ⎱ 작을수록 x축에 가깝다.

정답과 해설·57쪽

정비례 관계 $y=ax$ $(a \ne 0)$의 그래프 ★중요

[041~042] x의 값의 범위가 다음 표와 같을 때, 주어진 정비례 관계에 대하여 표를 완성하고, 정비례 관계의 그래프를 좌표평면 위에 그리시오.

041 $y=2x$

x	-2	-1	0	1	2
y					

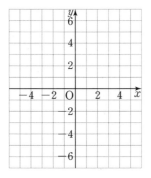

042 $y=-\dfrac{1}{3}x$

x	-6	-3	0	3	6
y					

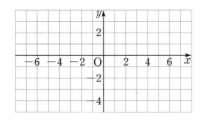

[043~044] x의 값의 범위가 수 전체일 때, 다음 정비례 관계의 그래프를 좌표평면 위에 그리고, ☐ 안에 알맞은 것을 쓰시오.

043 $y=\dfrac{3}{4}x$

➡ 그래프는 두 점 $(0, \boxed{})$, $(4, \boxed{})$을 지나는 직선이다.

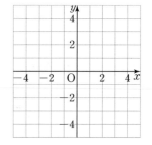

(1) 제☐사분면과 제☐사분면을 지난다.

(2) 오른쪽 ☐로 향하는 직선이다.

(3) x의 값이 증가하면 y의 값이 ☐한다.

044 $y=-2x$

➡ 그래프는 두 점 $(0, \boxed{})$, $(1, \boxed{})$를 지나는 직선이다.

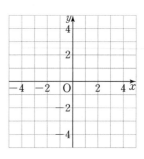

(1) 제☐사분면과 제☐사분면을 지난다.

(2) 오른쪽 ☐로 향하는 직선이다.

(3) x의 값이 증가하면 y의 값이 ☐한다.

(정비례 관계 $y=ax(a\neq0)$의 그래프 위의 점)

[045~048] 오른쪽에 주어진 점이 다음 정비례 관계의 그래프 위에 있으면 ○표, 그래프 위에 있지 않으면 ×표를 ( ) 안에 쓰시오.

045 $y=5x$ $(2, -10)$ (   )
     └ $y=5x$에 $x=2$, $y=-10$을 대입하여 등식이 성립하는지 확인한다.

046 $y=\dfrac{2}{7}x$ $(14, 4)$ (   )

047 $y=-11x$ $(-1, -11)$ (   )

048 $y=-\dfrac{5}{3}x$ $(9, -15)$ (   )

[049~053] 다음 정비례 관계의 그래프가 오른쪽에 주어진 점을 지날 때, 상수 a의 값을 구하시오.

049 $y=-x$ $(5, a)$

050 $y=\dfrac{5}{2}x$ $(a, 10)$

051 $y=-3x$ $(-2, a+3)$

052 $y=ax$ $(4, -1)$

053 $y=ax$ $\left(\dfrac{1}{2}, 3\right)$

(정비례 관계식 구하기 (2)) ★중요

[054~057] 다음 그래프가 나타내는 x와 y 사이의 관계식을 구하시오.

054
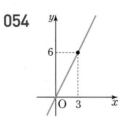

그래프가 원점을 지나는 직선이므로 $y=ax$로 놓자.
이 그래프가 점 $(3, \boxed{})$을 지나므로
$y=ax$에 $x=\boxed{}$, $y=\boxed{}$을 대입하면
$\boxed{}=\boxed{}a$ $\therefore a=\boxed{}$ $\therefore y=\boxed{}x$

055
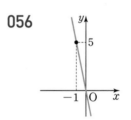

056
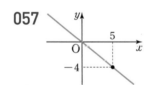

057
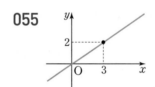

학교 시험 문제는 이렇게

058 오른쪽 그래프가 두 점 $(8, 6)$, $(k, -3)$을 지날 때, k의 값을 구하시오.
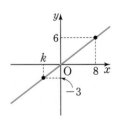

04 반비례 관계

(1) **반비례**: 두 변수 x, y에 대하여 x의 값이 2배, 3배, 4배, ...로 변함에 따라 y의 값이 $\frac{1}{2}$배, $\frac{1}{3}$배, $\frac{1}{4}$배, ...로 변하는 관계가 있을 때, y는 x에 반비례한다고 한다.

(2) **반비례 관계식**: y가 x에 반비례하면 x와 y 사이의 관계식은 $y=\dfrac{a}{x}$ $(a\neq0)$로 나타낼 수 있다.

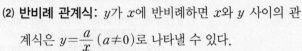

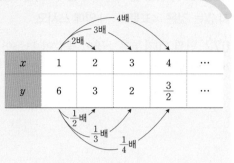

참고 y가 x에 반비례할 때, xy의 값은 항상 일정하다. ➡ $y=\dfrac{a}{x}$ $(a\neq0)$에서 $xy=a$ (일정)

정답과 해설·**58**쪽

반비례 관계 ★중요

[059~061] 음료수 $20\,\mathrm{L}$를 x명이 똑같이 $y\,\mathrm{L}$씩 나누어 마실 때, 다음 물음에 답하시오.

059 다음 표를 완성하시오.

x	1	2	3	4	...
y					...

060 y가 x에 반비례하는지 말하시오.

061 x와 y 사이의 관계식을 구하시오.

[062~064] 길이가 $100\,\mathrm{cm}$인 끈을 x등분 하여 잘린 끈 한 개의 길이를 $y\,\mathrm{cm}$라 할 때, 다음 물음에 답하시오.

062 다음 표를 완성하시오.

x	1	2	3	4	...
y					...

063 y가 x에 반비례하는지 말하시오.

064 x와 y 사이의 관계식을 구하시오.

[065~071] 다음 중 y가 x에 반비례하는 것은 ○표, 반비례하지 <u>않는</u> 것은 ×표를 ( ) 안에 쓰시오.

065 $y=-2x$　　　　　　　（　　　）

066 $y=\dfrac{3}{x}$　　　　　　　（　　　）

067 $y=5-x$　　　　　　（　　　）

068 $y=\dfrac{x}{7}$　　　　　　（　　　）

069 $y=-x$　　　　　　（　　　）

070 $y=-\dfrac{1}{x}$　　　　　　（　　　）

071 $xy=-4$　　　　　　（　　　）

[072~079] 다음 중 y가 x에 반비례하는 것은 ○표, 반비례하지 <u>않는</u> 것은 ×표를 ( ) 안에 쓰시오.

072 연필 20자루를 x명이 똑같이 나누어 가질 때, 한 명이 갖게 되는 연필 y자루 ( )

073 넓이가 $25\,cm^2$인 삼각형의 밑변의 길이 $x\,cm$와 높이 $y\,cm$ ( )

074 300쪽짜리 책 한 권을 읽을 때, 읽은 쪽수 x와 남은 쪽수 y ( )

075 시속 $x\,km$로 y시간 동안 달린 거리 $100\,km$ ( )

076 매달 2시간씩 봉사 활동을 할 때, x달 동안 봉사 활동을 한 시간 y시간 ( )

077 하루에 제품 x개를 만드는 기계로 제품 18개를 만드는 데 걸리는 기간 y일 ( )

078 길이가 $50\,cm$인 종이테이프에서 $x\,cm$를 잘라 내고 남은 길이 $y\,cm$ ( )

079 곱이 -120인 두 유리수 x와 y ( )

반비례 관계식 구하기 (1)

[080~083] y가 x에 반비례하고 다음 조건을 만족시킬 때, x와 y 사이의 관계식을 구하시오.

080 $x=4$일 때, $y=2$이다.

y가 x에 반비례하므로 $y=\dfrac{a}{x}$로 놓고,
이 식에 $x=\boxed{}$, $y=\boxed{}$를 대입하면
$\boxed{}=\dfrac{a}{\boxed{}}$ $\quad \therefore a=\boxed{}$ $\quad \therefore y=\dfrac{\boxed{}}{x}$

081 $x=2$일 때, $y=3$이다.

082 $x=3$일 때, $y=-5$이다.

083 $x=-6$일 때, $y=\dfrac{1}{3}$이다.

[084~086] y가 x에 반비례하고, $x=9$일 때 $y=2$이다. 다음을 구하시오.

084 x와 y 사이의 관계식

085 $x=-2$일 때, y의 값

086 $y=6$일 때, x의 값

05
반비례 관계의 활용

[반비례 관계를 활용하여 문제를 해결하는 과정]

❶ 두 변수 x와 y 사이의 관계식을 구한다. ➡ $y=\dfrac{a}{x}$ 꼴

❷ ❶에서 구한 관계식에 주어진 조건($x=m$ 또는 $y=n$)을 대입하여 필요한 값을 구한다.

정답과 해설·59쪽

〔 반비례 관계의 활용 〕

[087~089] 12조각으로 잘려 있는 케이크를 x명이 똑같이 나누어 먹으면 1명당 y조각씩 먹을 수 있을 때, 다음 물음에 답하시오.

087 x와 y 사이의 관계식을 구하시오.

088 6명이 똑같이 나누어 먹으면 1명당 몇 조각씩 먹을 수 있는지 구하시오.

089 1명당 3조각씩 먹으려면 몇 명이 똑같이 나누어 먹어야 하는지 구하시오.

[090~092] 해린이네 반 학생 28명이 모둠을 짜려고 한다. 한 모둠에 x명씩 속하면 y개의 모둠이 만들어질 때, 다음 물음에 답하시오.

090 x와 y 사이의 관계식을 구하시오.

091 한 모둠에 4명씩 속하면 몇 개의 모둠이 만들어지는지 구하시오.

092 2개의 모둠을 만들면 한 모둠에 몇 명씩 속하는지 구하시오.

[093~094] 450쪽짜리 책을 x일 동안 매일 y쪽씩 읽어서 다 읽으려고 할 때, 다음 물음에 답하시오.

093 x와 y 사이의 관계식을 구하시오.

094 책을 30일 동안 매일 읽어서 다 읽으려면 하루에 몇 쪽씩 읽어야 하는지 구하시오.

[095~096] 지수네 학교에서 강당에 의자 180개를 한 줄에 x개씩 y줄로 배열하려고 한다. 다음 물음에 답하시오.

095 x와 y 사이의 관계식을 구하시오.

096 의자를 30줄로 배열하려면 한 줄에 몇 개씩 놓아야 하는지 구하시오.

[097~098] A 지점에서 B 지점까지의 거리는 400 km이다. 자동차를 타고 A 지점에서 B 지점까지 시속 x km로 y시간 동안 간다고 할 때, 다음 물음에 답하시오.

097 x와 y 사이의 관계식을 구하시오.

098 A 지점에서 B 지점까지 가는 데 8시간이 걸렸다면 시속 몇 km로 간 것인지 구하시오.

반비례 관계 $y=\dfrac{a}{x}\,(a\neq0)$ 의 그래프

x의 값의 범위가 0이 아닌 수 전체일 때, 반비례 관계 $y=\dfrac{a}{x}\,(a\neq0)$의 그래프는 좌표축에 가까워지면서 한없이 뻗어 나가는 한 쌍의 매끄러운 곡선이다.

	$a>0$일 때	$a<0$일 때
그래프	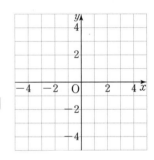	
지나는 사분면	제1사분면, 제3사분면	제2사분면, 제4사분면
증가 · 감소 상태	$x>0$ 또는 $x<0$일 때, x의 값이 증가하면 y의 값은 감소한다.	$x>0$ 또는 $x<0$일 때, x의 값이 증가하면 y의 값도 증가한다.

정답과 해설 · 60쪽

반비례 관계 $y=\dfrac{a}{x}\,(a\neq0)$의 그래프 ★중요

[099~100] x의 값의 범위가 다음 표와 같을 때, 주어진 반비례 관계에 대하여 표를 완성하고, 반비례 관계의 그래프를 좌표평면 위에 그리시오.

099 $y=\dfrac{4}{x}$

x	-4	-2	-1	1	2	4
y						

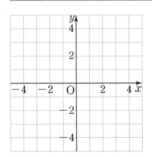

100 $y=-\dfrac{2}{x}$

x	-4	-2	-1	1	2	4
y						

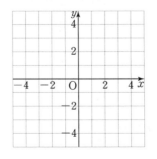

[101~102] x의 값의 범위가 0이 아닌 수 전체일 때, 다음 반비례 관계의 그래프를 좌표평면 위에 그리고, □ 안에 알맞은 것을 쓰시오.

101 $y=\dfrac{6}{x}$

➡ 그래프는 네 점 $(-3,\ \square)$, $(-2,\ \square)$, $(2,\ \square)$, $(3,\ \square)$를 지나는 한 쌍의 매끄러운 곡선이다.

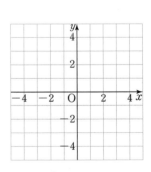

(1) 제□사분면과 제□사분면을 지난다.

(2) 원점을 (지나는, 지나지 않는) 한 쌍의 곡선이다.

(3) $x<0$일 때, x의 값이 증가하면 y의 값이 □한다.

102 $y=-\dfrac{3}{x}$

➡ 그래프는 네 점 $(-3,\ \square)$, $(-1,\ \square)$, $(1,\ \square)$, $(3,\ \square)$을 지나는 한 쌍의 매끄러운 곡선이다.

(1) 제□사분면과 제□사분면을 지난다.

(2) 좌표축과 (만나는, 만나지 않는) 한 쌍의 곡선이다.

(3) $x>0$일 때, x의 값이 증가하면 y의 값이 □한다.

반비례 관계 $y=\dfrac{a}{x}$ ($a\neq0$)의 그래프 위의 점

[103~106] 오른쪽에 주어진 점이 다음 반비례 관계의 그래프 위에 있으면 ◯표, 그래프 위에 있지 않으면 ×표를 ( ) 안에 쓰시오.

103 $y=\dfrac{10}{x}$ $(2,\ 5)$ (   )

       └→ $y=\dfrac{10}{x}$ 에 $x=2,\ y=5$를 대입하여 등식이 성립하는지 확인한다.

104 $y=\dfrac{12}{x}$ $(6,\ -2)$ (   )

105 $y=-\dfrac{6}{x}$ $(-1,\ -6)$ (   )

106 $y=-\dfrac{8}{x}$ $(16,\ -2)$ (   )

[107~111] 다음 반비례 관계의 그래프가 오른쪽에 주어진 점을 지날 때, 상수 a의 값을 구하시오.

107 $y=-\dfrac{1}{x}$ $(3,\ a)$

108 $y=\dfrac{9}{x}$ $(a,\ 3)$

109 $y=\dfrac{16}{x}$ $(-8,\ a-1)$

110 $y=\dfrac{a}{x}$ $\left(6,\ \dfrac{4}{3}\right)$

111 $y=\dfrac{a}{x}$ $(-5,\ 4)$

반비례 관계식 구하기 (2) ★중요

[112~115] 다음 그래프가 나타내는 x와 y 사이의 관계식을 구하시오.

112
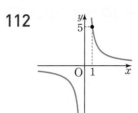

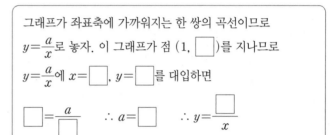

그래프가 좌표축에 가까워지는 한 쌍의 곡선이므로 $y=\dfrac{a}{x}$로 놓자. 이 그래프가 점 $\left(1,\ \boxed{}\right)$를 지나므로 $y=\dfrac{a}{x}$에 $x=\boxed{}$, $y=\boxed{}$를 대입하면

$\boxed{}=\dfrac{a}{\boxed{}}$ $\therefore a=\boxed{}$ $\therefore y=\dfrac{\boxed{}}{x}$

113
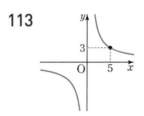

114
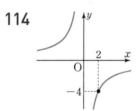

115
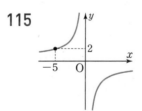

학교 시험 문제는 이렇게

116 오른쪽 그래프가 두 점 $(3,\ 2)$, $(-4,\ k)$를 지날 때, k의 값을 구하시오.

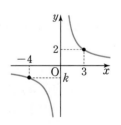

1 다음 중 y가 x에 정비례하는 것은 '정', 반비례하는 것은 '반', 정비례하지도 반비례하지도 <u>않는</u> 것은 ×표를 ( ) 안에 쓰시오.

(1) $y=2x$ ( )

(2) $y=-\dfrac{3}{x}$ ( )

(3) $y=\dfrac{x}{4}$ ( )

(4) $y=-0.1x$ ( )

(5) $y=5x+1$ ( )

(6) $xy=7$ ( )

(7) 합이 20인 두 자연수 x와 y ( )

(8) 넓이가 $16\,\text{cm}^2$인 직사각형의 가로의 길이가 $x\,\text{cm}$일 때, 세로의 길이 $y\,\text{cm}$ ( )

(9) 머리카락이 하루에 $0.5\,\text{mm}$씩 자랄 때, x일 동안 자란 머리카락의 길이 $y\,\text{mm}$ ( )

(10) 분속 $x\,\text{m}$로 $500\,\text{m}$를 달릴 때 걸리는 시간 y분   ( )

(11) 귤 30개 중에서 x개를 먹고 남은 귤 y개   ( )

(12) 찰흙 $x\,\text{g}$을 8명에게 똑같이 나누어 줄 때, 한 사람이 받는 찰흙의 무게 $y\,\text{g}$ ( )

2 y가 x에 정비례하고, $x=8$일 때 $y=-4$이다. 다음을 구하시오.

(1) x와 y 사이의 관계식

(2) $x=6$일 때, y의 값

(3) $y=-1$일 때, x의 값

3 드론이 초속 $5\,\text{m}$로 움직이고 있다. x초 동안 드론이 움직인 거리를 $y\,\text{m}$라 할 때, 다음 물음에 답하시오.

(1) x와 y 사이의 관계식을 구하시오.

(2) 3초 동안 드론이 움직인 거리는 몇 m인지 구하시오.

(3) 드론이 $35\,\text{m}$를 움직이는 데 걸리는 시간은 몇 초인지 구하시오.

4 x의 값의 범위가 수 전체일 때, 다음 정비례 관계의 그래프를 좌표평면 위에 그리시오.

(1) $y=3x$
➡ 그래프가 원점과 점 $(1,\ \boxed{})$을 지난다.

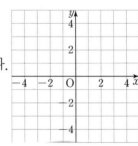

(2) $y=-\dfrac{2}{3}x$
➡ 그래프가 원점과 점 $(3,\ \boxed{})$를 지난다.

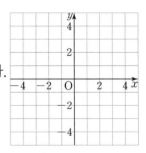

5 정비례 관계 $y=-4x$의 그래프가 다음 점을 지날 때, a의 값을 구하시오.

(1) $(-5, a)$

(2) $(a, 12)$

6 다음 그래프가 나타내는 x와 y 사이의 관계식을 구하시오.

(1)

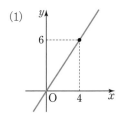

(2)

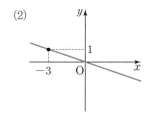

7 y가 x에 반비례하고, $x=-2$일 때 $y=-8$이다. 다음을 구하시오.

(1) x와 y 사이의 관계식

(2) $x=-4$일 때, y의 값

(3) $y=6$일 때, x의 값

8 매분 4 L씩 물을 넣으면 35분 만에 가득 차는 물탱크가 있다. 이 물탱크에 매분 x L씩 물을 넣으면 가득 채우는 데 y분이 걸린다고 할 때, 다음 물음에 답하시오.

(1) x와 y 사이의 관계식을 구하시오.

(2) 이 물탱크에 매분 5 L씩 물을 넣으면 가득 채우는데 몇 분이 걸리는지 구하시오.

(3) 20분 만에 이 물탱크에 물을 가득 채우려면 매분 몇 L씩 물을 넣어야 하는지 구하시오.

9 x의 값의 범위가 0이 아닌 수 전체일 때, 다음 반비례 관계의 그래프를 좌표평면 위에 그리시오.

(1) $y=\dfrac{8}{x}$

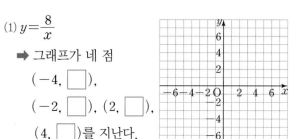

➡ 그래프가 네 점
$(-4, \boxed{})$,
$(-2, \boxed{})$, $(2, \boxed{})$,
$(4, \boxed{})$를 지난다.

(2) $y=-\dfrac{24}{x}$

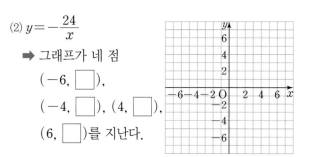

➡ 그래프가 네 점
$(-6, \boxed{})$,
$(-4, \boxed{})$, $(4, \boxed{})$,
$(6, \boxed{})$를 지난다.

10 반비례 관계 $y=\dfrac{6}{x}$의 그래프가 다음 점을 지날 때, a의 값을 구하시오.

(1) $(-2, a)$

(2) $\left(a, \dfrac{1}{4}\right)$

11 다음 그래프가 나타내는 x와 y 사이의 관계식을 구하시오.

(1)

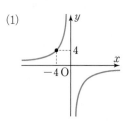

(2)

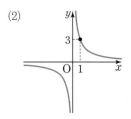

1 다음 중 x의 값이 2배, 3배, 4배, …가 될 때 y의 값도 2배, 3배, 4배, …가 되는 것을 모두 고르면? (정답 2개)

① $y=2x$　　② $xy=1$　　③ $y=x-1$

④ $y=-\dfrac{1}{4}x$　　⑤ $y=\dfrac{5}{x}$

2 y가 x에 정비례하고, $x=-1$일 때 $y=7$이다. $y=21$일 때, x의 값을 구하시오.

3 어느 주유소에서 자동차에 휘발유 1 L를 넣는 데 3초가 걸린다고 한다. 휘발유 x L를 넣는 데 걸리는 시간을 y초라 할 때, 휘발유 12 L를 넣는 데 몇 초가 걸리는지 구하시오.

4 다음 중 정비례 관계 $y=-\dfrac{7}{2}x$의 그래프에 대한 설명으로 옳은 것은?

① 원점을 지나지 않는다.
② 점 $(2, 7)$을 지난다.
③ 제1사분면과 제3사분면을 지난다.
④ x의 값이 증가하면 y의 값은 감소한다.
⑤ 한 쌍의 매끄러운 곡선이다.

5 다음 중 정비례 관계 $y=\dfrac{2}{3}x$의 그래프는?

① 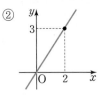　　②

③　　④

⑤

6 다음 중 정비례 관계 $y=\dfrac{3}{5}x$의 그래프 위의 점이 <u>아닌</u> 것은?

① $(5, 3)$　　② $(-10, -6)$　　③ $\left(-1, -\dfrac{3}{5}\right)$

④ $\left(\dfrac{5}{3}, 1\right)$　　⑤ $\left(\dfrac{7}{9}, \dfrac{7}{3}\right)$

7 정비례 관계 $y=ax$의 그래프가 오른쪽 그림과 같을 때, $a+b$의 값은? (단, a는 상수)

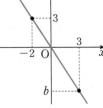

① -6　　② -4
③ -2　　④ 3
⑤ 5

8 다음 중 y가 x에 반비례하는 것을 모두 고르면?

(정답 2개)

① 무게가 $100\,\text{g}$인 컵에 물을 $x\,\text{g}$ 넣었을 때 전체 무게 $y\,\text{g}$

② x개에 5000원인 참외 한 개의 가격 y원

③ 선우네 반 학생 27명 중 남학생 수 x와 여학생 수 y

④ 시속 $x\,\text{km}$로 3시간 동안 달린 거리 $y\,\text{km}$

⑤ 24개의 사탕을 x명이 똑같이 나누어 먹을 때, 한 명이 먹을 수 있는 사탕 y개

9 y가 x에 반비례하고 x와 y 사이의 관계가 다음 표와 같을 때, $p+q$의 값을 구하시오.

x	1	2	q	6
y	p	-4	-2	$-\dfrac{4}{3}$

10 일정한 온도에서 기체의 부피 $y\,\text{cm}^3$는 압력 x기압에 반비례한다. 어떤 기체의 부피가 $15\,\text{cm}^3$일 때, 압력은 6기압이었다. 같은 온도에서 이 기체의 부피가 $45\,\text{cm}^3$일 때, 압력을 구하시오.

11 다음 중 반비례 관계 $y=\dfrac{10}{x}$의 그래프에 대한 설명으로 옳지 <u>않은</u> 것을 모두 고르면? (정답 2개)

① 원점을 지나지 않는 한 쌍의 매끄러운 곡선이다.

② 제1사분면과 제3사분면을 지난다.

③ 점 $\left(-4,\ -\dfrac{5}{2}\right)$를 지난다.

④ $x>0$일 때, x의 값이 증가하면 y의 값도 증가한다.

⑤ x의 값이 한없이 증가하면 그래프가 x축과 만난다.

12 다음 보기의 관계식 중 그 그래프가 제1사분면과 제3사분면을 지나는 것을 모두 고르시오.

┌보기┐
ㄱ. $y=-3x$ ㄴ. $y=\dfrac{2}{9}x$ ㄷ. $y=-\dfrac{1}{5}x$

ㄹ. $y=-\dfrac{1}{x}$ ㅁ. $y=\dfrac{8}{x}$ ㅂ. $y=\dfrac{11}{x}$

13 두 점 $(2,\ a)$, $(b,\ 1)$이 반비례 관계 $y=-\dfrac{2}{x}$의 그래프 위의 점일 때, $a-b$의 값은?

① -2 ② -1 ③ 1

④ 2 ⑤ 3

14 오른쪽 그림과 같은 그래프가 두 점 $(2,\ -2)$, $(-4,\ k)$를 지날 때, k의 값은?

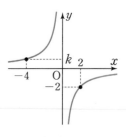

① $\dfrac{1}{4}$ ② $\dfrac{1}{3}$

③ $\dfrac{1}{2}$ ④ $\dfrac{3}{4}$

⑤ 1

개념^{PLUS}연산

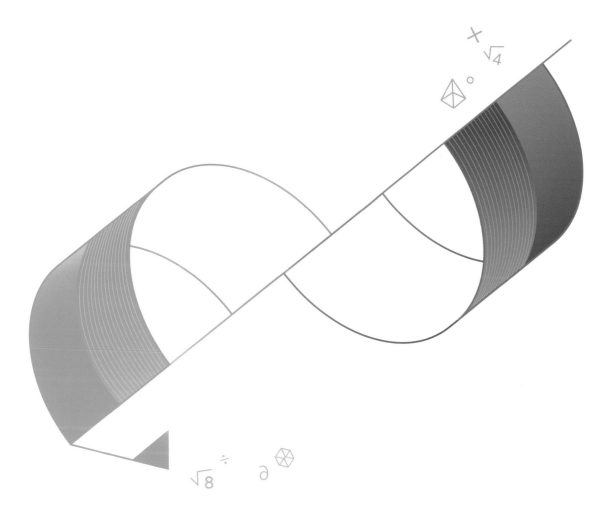

중학 수학

1·1

정답과 해설

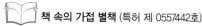

1 소인수분해

8~23쪽

001 답 1, 2, 3, 6

002 답 1, 5, 25

003 답 1, 2, 3, 5, 6, 10, 15, 30

004 답 4, 8, 12, 16

005 답 7, 14, 21, 28, 35, 42, 49

006 답 99

007 답 1, 2, 5, 10, 합성수

008 답 1, 11, 소수

009 답 1, 2, 4, 7, 14, 28, 합성수

010 답 1, 31, 소수

011 답 1, 47, 소수

012 답 2, 7, 17, 23, 29

013 답 21, 26

014 답 풀이 참조

주어진 방법을 이용하여 수를 계속 지워 나가면 다음 표와 같다.

$\cancel{1}$	2	3	$\cancel{4}$	5	$\cancel{6}$	7	$\cancel{8}$	$\cancel{9}$	$\cancel{10}$
11	$\cancel{12}$	13	$\cancel{14}$	$\cancel{15}$	$\cancel{16}$	17	$\cancel{18}$	19	$\cancel{20}$
$\cancel{21}$	$\cancel{22}$	23	$\cancel{24}$	$\cancel{25}$	$\cancel{26}$	$\cancel{27}$	$\cancel{28}$	29	$\cancel{30}$
31	$\cancel{32}$	$\cancel{33}$	$\cancel{34}$	$\cancel{35}$	$\cancel{36}$	37	$\cancel{38}$	$\cancel{39}$	$\cancel{40}$
41	$\cancel{42}$	43	$\cancel{44}$	$\cancel{45}$	$\cancel{46}$	47	$\cancel{48}$	$\cancel{49}$	$\cancel{50}$

➡ 소수: 2, 3, 5, 7, 11, 13, 17, 19, 23, 29, 31, 37, 41, 43, 47

015 답 ×

1은 소수도 아니고 합성수도 아니다.

016 답 ○

017 답 ×

가장 작은 합성수는 4이다.

018 답 ×

소수 2는 짝수이다.

019 답 ×

자연수 1은 소수도 아니고 합성수도 아니다.

020 답 ○

021 답 ○

022 답 ○

023 답 2, 4

024 답 7, 6

025 답 $\dfrac{1}{13}$, 10

026 답 4

027 답 6

028 답 $\dfrac{1}{5}$

029 답 5^4

030 답 7^7

031 답 10^5

032 답 11^6

033 답 $\left(\dfrac{1}{2}\right)^3$ 또는 $\dfrac{1}{2^3}$

034 답 $\dfrac{1}{3^4}$ 또는 $\left(\dfrac{1}{3}\right)^4$

035 답 $\dfrac{1}{17^5}$ 또는 $\left(\dfrac{1}{17}\right)^5$

036 답 $3^2 \times 5^5$

037 답 $7^3 \times 11^2 \times 13^3$

038 답 $5^2 \times 13^3$

039 답 $2^3 \times 3^2 \times 7^2$

$7 \times 2 \times 3 \times 3 \times 2 \times 7 \times 2 = \underline{2 \times 2 \times 2} \times \underline{3 \times 3} \times \underline{7 \times 7}$
$= 2^3 \times 3^2 \times 7^2$

040 답 $\left(\dfrac{1}{2}\right)^4 \times \dfrac{1}{3}$ 또는 $\dfrac{1}{2^4 \times 3}$

041 답 $\left(\dfrac{1}{2}\right)^2 \times \left(\dfrac{1}{3}\right)^3 \times \left(\dfrac{1}{11}\right)^2$ 또는 $\dfrac{1}{2^2 \times 3^3 \times 11^2}$

$\dfrac{1}{2} \times \dfrac{1}{3} \times \dfrac{1}{11} \times \dfrac{1}{2} \times \dfrac{1}{3} \times \dfrac{1}{3} \times \dfrac{1}{11} = \underline{\dfrac{1}{2} \times \dfrac{1}{2}} \times \underline{\dfrac{1}{3} \times \dfrac{1}{3} \times \dfrac{1}{3}} \times \underline{\dfrac{1}{11} \times \dfrac{1}{11}}$
$= \left(\dfrac{1}{2}\right)^2 \times \left(\dfrac{1}{3}\right)^3 \times \left(\dfrac{1}{11}\right)^2$

042 답 $\dfrac{1}{2^2\times 3^2\times 7^3}$ 또는 $\left(\dfrac{1}{2}\right)^2\times\left(\dfrac{1}{3}\right)^2\times\left(\dfrac{1}{7}\right)^3$

043 답 $\dfrac{1}{2^2\times 5^3\times 7^2}$ 또는 $\left(\dfrac{1}{2}\right)^2\times\left(\dfrac{1}{5}\right)^3\times\left(\dfrac{1}{7}\right)^2$

$\dfrac{1}{5\times5\times7\times5\times2\times7\times2}=\dfrac{1}{2\times2\times5\times5\times5\times7\times7}$

$=\dfrac{1}{2^2\times5^3\times7^2}$

044 답 2^4

045 답 3^3

046 답 5^3

047 답 10^5

048 답 $\left(\dfrac{1}{11}\right)^2$

049 답 $\left(\dfrac{1}{2}\right)^6$

050 답 $\left(\dfrac{1}{3}\right)^5$

051 답 1

$2\times5\times5\times2\times3\times5\times3=\underline{2\times2}\times\underline{3\times3}\times\underline{5\times5\times5}=2^2\times3^2\times5^3$

따라서 $a=2$, $b=2$, $c=3$이므로

$a+b-c=2+2-3=1$

052 답 풀이 참조

방법 ①

방법 ②

$\begin{array}{r}2\ )\underline{\ 20\ }\\ 2\ )\underline{\ 10\ }\\ \boxed{5}\end{array}$

따라서 20을 소인수분해하면 $20=2^2\times5$

053 답 풀이 참조

방법 ①

$36\ <\ \begin{array}{c}\boxed{2}\\ 18\end{array}\ <\ \begin{array}{c}\boxed{2}\\ 9\end{array}\ <\ \begin{array}{c}\boxed{3}\\ \boxed{3}\end{array}$

방법 ②

$\begin{array}{r}2\ )\underline{\ 36\ }\\ \boxed{2}\ )\underline{\ 18\ }\\ \boxed{3}\ )\underline{\ 9\ }\\ \boxed{3}\end{array}$

따라서 36을 소인수분해하면 $36=2^2\times3^2$

054 답 풀이 참조

방법 ①

$48\ <\ \begin{array}{c}\boxed{2}\\ 24\end{array}\ <\ \begin{array}{c}\boxed{2}\\ 12\end{array}\ <\ \begin{array}{c}\boxed{2}\\ 6\end{array}\ <\ \begin{array}{c}\boxed{2}\\ \boxed{3}\end{array}$

방법 ②

$\begin{array}{r}2\ )\underline{\ 48\ }\\ \boxed{2}\ )\underline{\ 24\ }\\ \boxed{2}\ )\underline{\ 12\ }\\ \boxed{2}\ )\underline{\ 6\ }\\ \boxed{3}\end{array}$

따라서 48을 소인수분해하면 $48=2^4\times3$

055 답 풀이 참조

방법 ①

$84\ <\ \begin{array}{c}\boxed{2}\\ 42\end{array}\ <\ \begin{array}{c}\boxed{2}\\ 21\end{array}\ <\ \begin{array}{c}\boxed{3}\\ \boxed{7}\end{array}$

방법 ②

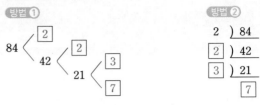

따라서 84를 소인수분해하면 $84=2^2\times3\times7$

056 답 풀이 참조

$\begin{array}{r}3\ )\underline{\ 27\ }\\ 3\ )\underline{\ 9\ }\\ 3\end{array}$ ➡ $27=3^3$

소인수: 3

057 답 풀이 참조

$\begin{array}{r}2\ )\underline{\ 32\ }\\ 2\ )\underline{\ 16\ }\\ 2\ )\underline{\ 8\ }\\ 2\ )\underline{\ 4\ }\\ 2\end{array}$ ➡ $32=2^5$

소인수: 2

058 답 풀이 참조

$\begin{array}{r}3\ )\underline{\ 45\ }\\ 3\ )\underline{\ 15\ }\\ 5\end{array}$ ➡ $45=3^2\times5$

소인수: 3, 5

059 답 풀이 참조

$\begin{array}{r}2\ )\underline{\ 50\ }\\ 5\ )\underline{\ 25\ }\\ 5\end{array}$ ➡ $50=2\times5^2$

소인수: 2, 5

060 답 풀이 참조

$\begin{array}{r}2\ )\underline{\ 56\ }\\ 2\ )\underline{\ 28\ }\\ 2\ )\underline{\ 14\ }\\ 7\end{array}$ ➡ $56=2^3\times7$

소인수: 2, 7

061 답 풀이 참조

$\begin{array}{r}3\ )\underline{\ 105\ }\\ 5\ )\underline{\ 35\ }\\ 7\end{array}$ ➡ $105=3\times5\times7$

소인수: 3, 5, 7

062 답 풀이 참조

$\begin{array}{r}2\ )\underline{\ 132\ }\\ 2\ )\underline{\ 66\ }\\ 3\ )\underline{\ 33\ }\\ 11\end{array}$ ➡ $132=2^2\times3\times11$

소인수: 2, 3, 11

063 답 풀이 참조

$\begin{array}{r}2\ )\underline{\ 150\ }\\ 3\ )\underline{\ 75\ }\\ 5\ )\underline{\ 25\ }\\ 5\end{array}$ ➡ $150=2\times3\times5^2$

소인수: 2, 3, 5

064　답 ④

$660 = 2^2 \times 3 \times 5 \times 11$이므로
660의 소인수는 2, 3, 5, 11이다.
따라서 660의 소인수가 아닌 것은 ④ 7이다.

065　답 짝수, 2

066　답 21

$3^5 \times 7 \times a$가 어떤 자연수의 제곱이 되려면 3과 7의 지수가 모두 짝수이어야 하므로 a의 값이 될 수 있는 가장 작은 자연수는
$3 \times 7 = 21$

067　답 10

$2^3 \times 5^3 \times a$가 어떤 자연수의 제곱이 되려면 2와 5의 지수가 모두 짝수이어야 하므로 a의 값이 될 수 있는 가장 작은 자연수는
$2 \times 5 = 10$

068　답 22

$2^5 \times 3^2 \times 11 \times a$가 어떤 자연수의 제곱이 되려면 2와 11의 지수가 모두 짝수이어야 하므로 a의 값이 될 수 있는 가장 작은 자연수는
$2 \times 11 = 22$

069　답 55

$2^2 \times 5 \times 11^3 \times a$가 어떤 자연수의 제곱이 되려면 5와 11의 지수가 모두 짝수이어야 하므로 a의 값이 될 수 있는 가장 작은 자연수는
$5 \times 11 = 55$

070　답 105

$3^5 \times 5^3 \times 7 \times a$가 어떤 자연수의 제곱이 되려면 3과 5와 7의 지수가 모두 짝수이어야 하므로 a의 값이 될 수 있는 가장 작은 자연수는
$3 \times 5 \times 7 = 105$

071　답 $2^2 \times 7$, 7

28을 소인수분해하면 $28 = 2^2 \times 7$
따라서 $2^2 \times 7 \times a$가 어떤 자연수의 제곱이 되려면 7의 지수가 짝수이어야 하므로 a의 값이 될 수 있는 가장 작은 자연수는 7이다.

072　답 $2^3 \times 5$, 10

40을 소인수분해하면 $40 = 2^3 \times 5$
따라서 $2^3 \times 5 \times a$가 어떤 자연수의 제곱이 되려면 2와 5의 지수가 모두 짝수이어야 하므로 a의 값이 될 수 있는 가장 작은 자연수는
$2 \times 5 = 10$

073　답 $3^2 \times 7$, 7

63을 소인수분해하면 $63 = 3^2 \times 7$
따라서 $3^2 \times 7 \times a$가 어떤 자연수의 제곱이 되려면 7의 지수가 짝수이어야 하므로 a의 값이 될 수 있는 가장 작은 자연수는 7이다.

074　답 $2 \times 5 \times 7$, 70

70을 소인수분해하면 $70 = 2 \times 5 \times 7$
따라서 $2 \times 5 \times 7 \times a$가 어떤 자연수의 제곱이 되려면 2와 5와 7의 지수가 모두 짝수이어야 하므로 a의 값이 될 수 있는 가장 작은 자연수는 $2 \times 5 \times 7 = 70$

075　답 $2^5 \times 3$, 6

96을 소인수분해하면 $96 = 2^5 \times 3$
따라서 $2^5 \times 3 \times a$가 어떤 자연수의 제곱이 되려면 2와 3의 지수가 모두 짝수이어야 하므로 a의 값이 될 수 있는 가장 작은 자연수는
$2 \times 3 = 6$

076　답 $2^3 \times 3 \times 5$, 30

120을 소인수분해하면 $120 = 2^3 \times 3 \times 5$
따라서 $2^3 \times 3 \times 5 \times a$가 어떤 자연수의 제곱이 되려면 2와 3과 5의 지수가 모두 짝수이어야 하므로 a의 값이 될 수 있는 가장 작은 자연수는 $2 \times 3 \times 5 = 30$

077　답 15

135를 소인수분해하면 $135 = 3^3 \times 5$
a가 자연수일 때, $3^3 \times 5 \times a$가 어떤 자연수의 제곱이 되려면 3과 5의 지수가 모두 짝수이어야 하므로 가장 작은 자연수 a는
$3 \times 5 = 15$

078　답 풀이 참조

×	1	2
1	1	2
3	3	6
3^2	9	18

➡ 18의 약수: 1, 2, 3, 6, 9, 18

079　답 풀이 참조

×	1	2	2^2	2^3
1	1	2	4	8
3	3	6	12	24
3^2	9	18	36	72

➡ 72의 약수: 1, 2, 3, 4, 6, 8, 9, 12, 18, 24, 36, 72

080　답 풀이 참조

×	1	2	2^2
1	1	2	4
5	5	10	20
5^2	25	50	100

➡ 100의 약수: 1, 2, 4, 5, 10, 20, 25, 50, 100

081　답 풀이 참조

$20 = 2^2 \times 5$

×	1	2	2^2
1	1	2	4
5	5	10	20

➡ 20의 약수: 1, 2, 4, 5, 10, 20

082 답 풀이 참조

$56=2^3 \times 7$

×	1	2	2^2	2^3
1	1	2	4	8
7	7	14	28	56

➡ 56의 약수: 1, 2, 4, 7, 8, 14, 28, 56

083 답 풀이 참조

$108=2^2 \times 3^3$

×	1	2	2^2
1	1	2	4
3	3	6	12
3^2	9	18	36
3^3	27	54	108

➡ 108의 약수: 1, 2, 3, 4, 6, 9, 12, 18, 27, 36, 54, 108

084 답 1, 3, 3^2, 3^3, 3^4(또는 1, 3, 9, 27, 81)

085 답 1, 3, 7, 9, 21, 63

$3^2 \times 7$의 약수는 (3²의 약수)×(7의 약수) 꼴이므로
⌐ 1, 3, 3² ⌐ 1, 7

1, 3, 7, 9, 21, 63이다.

086 답 1, 2, 4, 5, 8, 10, 20, 25, 40, 50, 100, 200

$2^3 \times 5^2$의 약수는 (2³의 약수)×(5²의 약수) 꼴이므로
⌐ 1, 2, 2², 2³ ⌐ 1, 5, 5²

1, 2, 4, 5, 8, 10, 20, 25, 40, 50, 100, 200이다.

087 답 1, 2, 3, 4, 6, 8, 12, 16, 24, 48

$48=2^4 \times 3$이므로 48의 약수는 (2⁴의 약수)×(3의 약수) 꼴이다.
⌐ 1, 2, 2², 2³, 2⁴ ⌐ 1, 3

따라서 48의 약수는 1, 2, 3, 4, 6, 8, 12, 16, 24, 48이다.

088 답 1, 3, 5, 15, 25, 75

$75=3 \times 5^2$이므로 75의 약수는 (3의 약수)×(5²의 약수) 꼴이다.
⌐ 1, 3 ⌐ 1, 5, 5²

따라서 75의 약수는 1, 3, 5, 15, 25, 75이다.

089 답 1, 3, 7, 9, 21, 27, 63, 189

$189=3^3 \times 7$이므로 189의 약수는 (3³의 약수)×(7의 약수) 꼴이다.
⌐ 1, 3, 3², 3³ ⌐ 1, 7

따라서 189의 약수는 1, 3, 7, 9, 21, 27, 63, 189이다.

090 답 1, 2, 4, 7, 14, 28, 49, 98, 196

$196=2^2 \times 7^2$이므로 196의 약수는 (2²의 약수)×(7²의 약수) 꼴이다.
⌐ 1, 2, 2² ⌐ 1, 7, 7²

따라서 196의 약수는 1, 2, 4, 7, 14, 28, 49, 98, 196이다.

091 답 ㄱ, ㄴ, ㅁ

$2^2 \times 3^2$의 약수는 (2²의 약수)×(3²의 약수) 꼴이다.
⌐ 1, 2, 2² ⌐ 1, 3, 3²

ㄷ. $2^3 \rightarrow$ 2²의 약수가 아니다. ㄹ. $3^4 \rightarrow$ 3²의 약수가 아니다.

ㅂ. 2×5 ㅅ. 2×3^3
⌐ 3²의 약수가 아니다. ⌐ 3²의 약수가 아니다.

ㅇ. $2^4 \times 3^2$ ㅈ. $2 \times 3 \times 5$
⌐ 2⁴의 약수가 아니다. ⌐ 2² 또는 3²의 약수가 아니다.

따라서 $2^2 \times 3^2$의 약수는 ㄱ, ㄴ, ㅁ이다.

092 답 1, 3, 8

093 답 8개

$(3+1) \times (1+1)=4 \times 2=8$(개)

094 답 12개

$(1+1) \times (2+1) \times (1+1)=2 \times 3 \times 2=12$(개)

095 답 풀이 참조

$90=2^{\boxed{1}} \times 3^{\boxed{2}} \times 5^{\boxed{1}}$

➡ $(\boxed{1}+1) \times (\boxed{2}+1) \times (\boxed{1}+1)=\boxed{12}$(개)

096 답 8개

$128=2^7$이므로 128의 약수는 모두 $7+1=8$(개)이다.

097 답 18개

$300=2^2 \times 3 \times 5^2$이므로 300의 약수는 모두
$(2+1) \times (1+1) \times (2+1)=3 \times 2 \times 3=18$(개)이다.

098 답 ②

① $2^2 \times 3^2$의 약수는 모두 $(2+1) \times (2+1)=3 \times 3=9$(개)이다.
② $2^4 \times 3^2$의 약수는 모두 $(4+1) \times (2+1)=5 \times 3=15$(개)이다.
③ $95=5 \times 19$이므로 95의 약수는 모두
$(1+1) \times (1+1)=2 \times 2=4$(개)이다.
④ $125=5^3$이므로 125의 약수는 모두 $3+1=4$(개)이다.
⑤ $175=5^2 \times 7$이므로 175의 약수는 모두
$(2+1) \times (1+1)=3 \times 2=6$(개)이다.

따라서 약수의 개수가 가장 많은 것은 ②이다.

099 답 1, 2, 3, 6, 9, 18

100 답 1, 3, 9, 27

101 답 1, 3, 9

102 답 9

103 답 1, 3, 5, 15

구하는 공약수는 최대공약수인 15의 약수이므로 1, 3, 5, 15이다.

104 답 1, 2, 3, 4, 6, 8, 12, 24

구하는 공약수는 최대공약수인 24의 약수이므로
1, 2, 3, 4, 6, 8, 12, 24이다.

105 답 ○

106 답 ○

107 답 ×

36과 54의 최대공약수는 18이므로 36과 54는 서로소가 아니다.

108 답 ○

109 답 ×

26과 65의 최대공약수는 13이므로 26과 65는 서로소가 아니다.

110 답 ×

77과 105의 최대공약수는 7이므로 77과 105는 서로소가 아니다.

111 답 풀이 참조

$$12 = \boxed{2}^2 \times 3$$
$$18 = 2 \times \boxed{3}^2$$
$$\text{(최대공약수)} = \boxed{2} \times \boxed{3} = \boxed{6}$$

112 답 풀이 참조

$$20 = \boxed{2}^2 \times 5$$
$$50 = 2 \times \boxed{5}^2$$
$$\text{(최대공약수)} = \boxed{2} \times \boxed{5} = \boxed{10}$$

113 답 풀이 참조

$$30 = 2 \times 3 \times \boxed{5}$$
$$48 = \boxed{2}^4 \times \boxed{3}$$
$$\text{(최대공약수)} = \boxed{2} \times \boxed{3} = \boxed{6}$$

114 답 풀이 참조

$$36 = \boxed{2}^2 \times 3^2$$
$$72 = 2^3 \times \boxed{3}^2$$
$$90 = \boxed{2} \times \boxed{3}^2 \times 5$$
$$\text{(최대공약수)} = \boxed{2} \times \boxed{3^2} = \boxed{18}$$

115 답 풀이 참조

$$70 = 2 \times \boxed{5} \times 7$$
$$84 = \boxed{2}^2 \times 3 \times \boxed{7}$$
$$98 = 2 \times \boxed{7}^2$$
$$\text{(최대공약수)} = \boxed{2} \times \boxed{7} = \boxed{14}$$

116 답 풀이 참조

$$75 = 3 \times \boxed{5}^2$$
$$125 = \boxed{5}^3$$
$$200 = \boxed{2}^3 \times \boxed{5}^2$$
$$\text{(최대공약수)} = \boxed{5^2} = \boxed{25}$$

117 답 3×5^2

$$3 \times 5^2$$
$$3^2 \times 5^2$$
$$\text{(최대공약수)} = 3 \times 5^2$$

118 답 $2 \times 3 \times 5$

$$2 \times 3^2 \times 5$$
$$2^2 \times 3 \times 5^2$$
$$\text{(최대공약수)} = 2 \times 3 \times 5$$

119 답 3×5^2

$$3^3 \times 5^2$$
$$3 \times 5^2 \times 7^2$$
$$\text{(최대공약수)} = 3 \times 5^2$$

120 답 2^2

$$2^2 \times 5$$
$$2^3 \times 3^2$$
$$2^3 \times 3^2 \times 5$$
$$\text{(최대공약수)} = 2^2$$

121 답 3×7^2

$$2 \times 3 \times 7^2$$
$$3^2 \times 7^2$$
$$3 \times 7^3$$
$$\text{(최대공약수)} = 3 \times 7^2$$

122 답 2×5

$$2^2 \times 3 \times 5$$
$$2 \times 5^3$$
$$2^2 \times 5^2 \times 7$$
$$\text{(최대공약수)} = 2 \times 5$$

123 답 2×3^2

$$2^3 \times 3^2$$
$$2^2 \times 3^2 \times 5^2$$
$$2 \times 3^3 \times 7$$
$$\text{(최대공약수)} = 2 \times 3^2$$

124 답 2×3

$$2^3 \times 3 \times 5$$
$$2 \times 3 \times 7$$
$$2 \times 3 \times 5^2$$
$$\text{(최대공약수)} = 2 \times 3$$

125 답 14

$$28 = 2^2 \times 7$$
$$42 = 2 \times 3 \times 7$$
$$\text{(최대공약수)} = 2 \times 7 = 14$$

126 답 8

$$40=2^3 \times 5$$
$$56=2^3 \quad\;\; \times 7$$
$$\text{(최대공약수)}=2^3 \qquad =8$$

127 답 18

$$54=2 \times 3^3$$
$$90=2 \times 3^2 \times 5$$
$$\text{(최대공약수)}=2 \times 3^2 \quad =18$$

128 답 27

$$108=2^2 \times 3^3$$
$$135=\qquad 3^3 \times 5$$
$$\text{(최대공약수)}=\qquad 3^3 \quad =27$$

129 답 12

$$24=2^3 \times 3$$
$$48=2^4 \times 3$$
$$84=2^2 \times 3 \times 7$$
$$\text{(최대공약수)}=2^2 \times 3 \quad =12$$

130 답 9

$$36=2^2 \times 3^2$$
$$45=\qquad 3^2 \times 5$$
$$72=2^3 \times 3^2$$
$$\text{(최대공약수)}=\qquad 3^2 \quad =9$$

131 답 6

$$48=2^4 \times 3$$
$$60=2^2 \times 3 \times 5$$
$$126=2 \times 3^2 \quad \times 7$$
$$\text{(최대공약수)}=2 \times 3 \qquad =6$$

132 답 6개

$$128=2^7$$
$$160=2^5 \times 5$$
$$\text{(최대공약수)}=2^5$$

128과 160의 최대공약수는 2^5이고, 공약수는 최대공약수의 약수이므로 128과 160의 공약수는 모두 $5+1=6$(개)이다.

133 답 2, 4, 6, 8, 10, 12, 14, 16, 18

134 답 3, 6, 9, 12, 15, 18

135 답 6, 12, 18

136 답 6

137 답 6, 12, 18, 24, 30, 36, 42, 48

138 답 8, 16, 24, 32, 40, 48

139 답 12, 24, 36, 48

140 답 24, 48

141 답 24

142 답 13, 26, 39

구하는 공배수는 최소공배수인 13의 배수이므로 13, 26, 39, …이다.

143 답 34, 68, 102

구하는 공배수는 최소공배수인 34의 배수이므로 34, 68, 102, …이다.

144 답 3개

A, B의 공배수는 A, B의 최소공배수인 32의 배수이므로
32, 64, 96, 128, …이다.
이 중에서 100 이하인 수는 32, 64, 96의 3개이다.

145 답 풀이 참조

$$16=\boxed{2}^4$$
$$24=\boxed{2}^3 \times 3$$
$$\text{(최소공배수)}=\boxed{2^4} \times \boxed{3}=\boxed{48}$$

146 답 풀이 참조

$$28=\boxed{2}^2 \qquad \times 7$$
$$70=\boxed{2} \times 5 \times 7$$
$$\text{(최소공배수)}=\boxed{2^2} \times \boxed{5} \times \boxed{7}=\boxed{140}$$

147 답 풀이 참조

$$36=2^2 \times \boxed{3}^2$$
$$120=2^3 \times \boxed{3} \times 5$$
$$\text{(최소공배수)}=2^{\boxed{3}} \times \boxed{3}^2 \times 5=\boxed{360}$$

148 답 풀이 참조

$$18=2 \times \boxed{3}^2$$
$$21=\qquad \boxed{3} \times 7$$
$$56=\boxed{2}^3 \qquad \times \boxed{7}$$
$$\text{(최소공배수)}=\boxed{2^3} \times \boxed{3}^2 \times \boxed{7}=\boxed{504}$$

149 답 풀이 참조

$$42=\boxed{2} \times 3 \qquad \times \boxed{7}$$
$$60=\boxed{2}^2 \times 3 \times \boxed{5}$$
$$72=\boxed{2}^3 \times \boxed{3}^2$$
$$\text{(최소공배수)}=\boxed{2^3} \times \boxed{3}^2 \times 5 \times \boxed{7}=\boxed{2520}$$

150 답 풀이 참조

$$45 = \boxed{3}^2 \times 5$$
$$54 = 2 \times \boxed{3}^3$$
$$81 = \boxed{3}^4$$

(최소공배수)$= 2 \times \boxed{3}^4 \times \boxed{5} = \boxed{810}$

151 답 $3^2 \times 5^2$

$$3^2 \times 5$$
$$3 \times 5^2$$

(최소공배수)$= 3^2 \times 5^2$

152 답 $2^2 \times 5^2 \times 7$

$$2^2 \qquad \times 7$$
$$2 \times 5^2$$

(최소공배수)$= 2^2 \times 5^2 \times 7$

153 답 $2^2 \times 3 \times 5^2$

$$2 \qquad \times 5^2$$
$$2^2 \times 3 \times 5^2$$

(최소공배수)$= 2^2 \times 3 \times 5^2$

154 답 $2^2 \times 3^3 \times 5$

$$2^2 \times 3^3 \times 5$$
$$2 \times 3^2 \times 5$$

(최소공배수)$= 2^2 \times 3^3 \times 5$

155 답 $2^2 \times 3^2 \times 7$

$$2^2 \times 3$$
$$2 \qquad \times 7$$
$$2 \times 3^2 \times 7$$

(최소공배수)$= 2^2 \times 3^2 \times 7$

156 답 $2^2 \times 3^2 \times 5 \times 7^2$

$$2^2 \times 3^2$$
$$2 \times 3 \times 5$$
$$2 \times 3^2 \qquad \times 7^2$$

(최소공배수)$= 2^2 \times 3^2 \times 5 \times 7^2$

157 답 $2^3 \times 3^2 \times 5^2 \times 7$

$$2 \times 3 \qquad \times 7$$
$$2^2 \times 3^2 \times 5$$
$$2^3 \qquad \times 5^2$$

(최소공배수)$= 2^3 \times 3^2 \times 5^2 \times 7$

158 답 $2 \times 3^2 \times 5^2 \times 7$

$$2 \times 3^2 \qquad \times 7$$
$$2 \times 3 \times 5$$
$$3 \times 5^2 \times 7$$

(최소공배수)$= 2 \times 3^2 \times 5^2 \times 7$

159 답 144

$$18 = 2 \times 3^2$$
$$48 = 2^4 \times 3$$

(최소공배수)$= 2^4 \times 3^2 = 144$

160 답 280

$$20 = 2^2 \times 5$$
$$56 = 2^3 \qquad \times 7$$

(최소공배수)$= 2^3 \times 5 \times 7 = 280$

161 답 168

$$24 = 2^3 \times 3$$
$$42 = 2 \times 3 \times 7$$

(최소공배수)$= 2^3 \times 3 \times 7 = 168$

162 답 60

$$10 = 2 \qquad \times 5$$
$$15 = \qquad 3 \times 5$$
$$20 = 2^2 \qquad \times 5$$

(최소공배수)$= 2^2 \times 3 \times 5 = 60$

163 답 180

$$12 = 2^2 \times 3$$
$$30 = 2 \times 3 \times 5$$
$$36 = 2^2 \times 3^2$$

(최소공배수)$= 2^2 \times 3^2 \times 5 = 180$

164 답 560

$$16 = 2^4$$
$$28 = 2^2 \qquad \times 7$$
$$40 = 2^3 \times 5$$

(최소공배수)$= 2^4 \times 5 \times 7 = 560$

165 답 360

$$24 = 2^3 \times 3$$
$$45 = \qquad 3^2 \times 5$$
$$60 = 2^2 \times 3 \times 5$$

(최소공배수)$= 2^3 \times 3^2 \times 5 = 360$

166 답 108

4, 6, 9의 최소공배수는 36이고,
공배수는 최소공배수의 배수이므로
4, 6, 9의 공배수는 36, 72, 108,
144, ...이다.
이 중에서 가장 작은 세 자리의 자연수는 108이다.

$$4 = 2^2$$
$$6 = 2 \times 3$$
$$9 = \qquad 3^2$$

(최소공배수)$= 2^2 \times 3^2 = 36$

167 답 2, 1

168 답 $a=1$, $b=3$

$$\begin{array}{r} 2^a \times 3^5 \quad\ \times 7 \\ 2^4 \times 3^b \times 5 \\ \hline (\text{최대공약수})=②\times③^3 \end{array}$$

➡ $2^a=2^1$, $3^b=3^3$이므로 $a=1$, $b=3$

169 답 $a=2$, $b=1$

$$\begin{array}{r} 2^a \times 3^2 \times 5 \\ 2^3 \times 3^b \times 5 \\ \hline (\text{최대공약수})=②^2\times③\times 5 \end{array}$$

➡ $2^a=2^2$, $3^b=3^1$이므로 $a=2$, $b=1$

170 답 $a=1$, $b=2$

$$\begin{array}{r} 2^a \times 3 \times 5^3 \\ 2^2 \quad\ \times 5^b \times 7^2 \\ \hline (\text{최대공약수})=②\quad\ \times⑤^2 \end{array}$$

➡ $2^a=2^1$, $5^b=5^2$이므로 $a=1$, $b=2$

171 답 $a=2$, $b=3$

$$\begin{array}{r} 3^5 \times 5^a \quad\ \times 11 \\ 3^b \times 5^4 \times 7 \times 11 \\ \hline (\text{최대공약수})=③^3\times⑤^2\quad\ \times 11 \end{array}$$

➡ $5^a=5^2$, $3^b=3^3$이므로 $a=2$, $b=3$

172 답 4, 3

173 답 $a=3$, $b=4$

$$\begin{array}{r} 2^2 \times 3^a \\ 2^b \times 3 \quad\ \times 5 \\ \hline (\text{최소공배수})=②^4\times③^3\times 5 \end{array}$$

➡ $3^a=3^3$, $2^b=2^4$이므로 $a=3$, $b=4$

174 답 $a=4$, $b=3$

$$\begin{array}{r} 2 \times 3^2 \times 5^2 \\ 2^a \times 3^b \quad\ \times 7 \\ \hline (\text{최소공배수})=②^4\times③^3\times 5^2 \times 7 \end{array}$$

➡ $2^a=2^4$, $3^b=3^3$이므로 $a=4$, $b=3$

175 답 $a=3$, $b=3$

$$\begin{array}{r} 3^a \times 5^2 \quad\ \times 11 \\ 3 \quad\ \times 5^b \times 7 \\ \hline (\text{최소공배수})=③^3\times⑤^3\times 7 \times 11 \end{array}$$

➡ $3^a=3^3$, $5^b=5^3$이므로 $a=3$, $b=3$

176 답 $a=1$, $b=2$

$$\begin{array}{r} 2 \quad\ \times 5^a \times 7^2 \\ 3^b \times 5 \quad\ \times 7^2 \\ \hline (\text{최소공배수})=2 \times③^2\times⑤\times 7^2 \end{array}$$

➡ $5^a=5^1$, $3^b=3^2$이므로 $a=1$, $b=2$

기본 문제 × 확인하기

24~25쪽

1

수	약수	소수 / 합성수
3	1, 3	소수
8	1, 2, 4, 8	합성수
25	1, 5, 25	합성수
53	1, 53	소수

2 (1) × (2) ○ (3) × (4) ○

3 (1) 3^5 (2) $\left(\dfrac{2}{5}\right)^4$ 또는 $\dfrac{2^4}{5^4}$ (3) $2^4 \times 7^2$

　　(4) $\dfrac{1}{3^3 \times 11^2}$ 또는 $\left(\dfrac{1}{3}\right)^3 \times \left(\dfrac{1}{11}\right)^2$

4 (1) $2^2 \times 11$, 소인수: 2, 11 (2) 2×3^4, 소인수: 2, 3

　　(3) $2 \times 3^3 \times 5$, 소인수: 2, 3, 5

5 (1) 3 (2) 14 (3) 3 (4) 6

6 (1) 2^5, 약수: 1, 2, 2^2, 2^3, 2^4, 2^5 (또는 1, 2, 4, 8, 16, 32)

　　(2) $3^3 \times 5$, 약수: 1, 3, 5, 9, 15, 27, 45, 135

7 (1) 16개 (2) 10개 (3) 6개 (4) 9개

8 (1) ○ (2) × (3) × (4) ○

9 (1) $3^2 \times 5$(또는 45) (2) 2×5^2(또는 50) (3) 12 (4) 18

10 (1) $2^5 \times 3^4 \times 7$ (2) $3^2 \times 5^2 \times 7$ (3) 90 (4) 300

11 (1) $a=4$, $b=2$ (2) $a=1$, $b=2$

　　(3) $a=3$, $b=5$ (4) $a=3$, $b=2$

---

2 (1) 자연수는 1, 소수, 합성수로 이루어져 있다.

(3) 1은 소수도 아니고 합성수도 아니다.

5 (1) $3^5 \times a$가 어떤 자연수의 제곱이 되려면 3의 지수가 짝수이어야 하므로 a의 값이 될 수 있는 가장 작은 자연수는 3이다.

(2) $2 \times 5^4 \times 7^3 \times a$가 어떤 자연수의 제곱이 되려면 2와 7의 지수가 모두 짝수이어야 하므로 a의 값이 될 수 있는 가장 작은 자연수는 $2 \times 7 = 14$

(3) 48을 소인수분해하면 $48 = 2^4 \times 3$

따라서 $2^4 \times 3 \times a$가 어떤 자연수의 제곱이 되려면 3의 지수가 짝수이어야 하므로 a의 값이 될 수 있는 가장 작은 자연수는 3이다.

(4) 150을 소인수분해하면 $150 = 2 \times 3 \times 5^2$

따라서 $2 \times 3 \times 5^3 \times a$가 어떤 자연수의 세곱이 되려면 2와 3의 지수가 모두 짝수이어야 하므로 a의 값이 될 수 있는 가장 작은 자연수는 $2 \times 3 = 6$

6 (2) $135 = 3^3 \times 5$이므로 135의 약수는

$\underset{\underset{1,\ 3,\ 3^2,\ 3^3}{\big\uparrow}}{(3^3\text{의 약수})} \times \underset{\underset{1,\ 5}{\big\uparrow}}{(5\text{의 약수})}$ 꼴이다.

따라서 135의 약수는 1, 3, 5, 9, 15, 27, 45, 135이다.

7 (1) $(3+1) \times (3+1) = 4 \times 4 = 16$(개)

(2) $80 = 2^4 \times 5$이므로 80의 약수는 모두

$(4+1) \times (1+1) = 5 \times 2 = 10$(개)이다.

(3) $147=3\times7^2$이므로 147의 약수는 모두
$(1+1)\times(2+1)=2\times3=6$(개)이다.

(4) $225=3^2\times5^2$이므로 225의 약수는 모두
$(2+1)\times(2+1)=3\times3=9$(개)이다.

8 (2) 10과 24의 최대공약수는 2이므로 10과 24는 서로소가 아니다.

(3) 15와 21의 최대공약수는 3이므로 15와 21은 서로소가 아니다.

9 (3)
$$96=2^5\times3$$
$$132=2^2\times3\times11$$
$$\text{(최대공약수)}=2^2\times3\qquad=12$$

(4)
$$36=2^2\times3^2$$
$$54=2\times3^3$$
$$126=2\times3^2\times7$$
$$\text{(최대공약수)}=2\times3^2\qquad=18$$

10 (3)
$$10=2\quad\times5$$
$$18=2\times3^2$$
$$\text{(최소공배수)}=2\times3^2\times5=90$$

(4)
$$12=2^2\times3$$
$$20=2^2\quad\times5$$
$$50=2\quad\times5^2$$
$$\text{(최소공배수)}=2^2\times3\times5^2=300$$

11 (1)
$$3^4\times5^a$$
$$2\times3^b\times5^6$$
$$\text{(최대공약수)}=\quad 3^2\times5^4$$
➡ $5^a=5^4$, $3^b=3^2$이므로 $a=4$, $b=2$

(2)
$$2\times3\times5^a\times7^3$$
$$2\quad\times5^2\times7^b$$
$$\text{(최대공약수)}=2\quad\times5\times7^2$$
➡ $5^a=5^1$, $7^b=7^2$이므로 $a=1$, $b=2$

(3)
$$2^a\times5^2\times7$$
$$2^2\quad\times7^5$$
$$\text{(최소공배수)}=2^3\times5^2\times7^5$$
➡ $2^a=2^3$, $7^b=7^5$이므로 $a=3$, $b=5$

(4)
$$2\quad\times5^a\times11$$
$$3^2\times5\times11^b$$
$$\text{(최소공배수)}=2\times3^2\times5^3\times11^2$$
➡ $5^a=5^3$, $11^b=11^2$이므로 $a=3$, $b=2$

1 3개	2 ㄷ, ㅁ	3 ④	4 ③	5 3
6 ⑤	7 15	8 ③	9 ②	
10 1, 2, 3, 4, 6, 9, 12, 18, 36		11 ①, ③	12 98	
13 ②	14 ④	15 11		

1 소수는 7, 19, 43의 3개이다.

2 ㄱ. 9는 홀수이지만 합성수이다.
ㄴ. 가장 작은 소수는 2이다.
ㄹ. 1의 약수는 1개이다.
ㅁ. 10 이하의 소수는 2, 3, 5, 7의 4개이다.
따라서 옳은 것은 ㄷ, ㅁ이다.

3 ① $3^2=9$
② $5\times5\times5\times5=5^4$
③ $2+2+2+2=2\times4=8$
④ $3\times7\times7\times3\times3=\underline{3\times3\times3}\times\underline{7\times7}=3^3\times7^2$
⑤ $\dfrac{3}{5}\times\dfrac{3}{5}\times\dfrac{3}{5}=\left(\dfrac{3}{5}\right)^3$
따라서 옳은 것은 ④이다.

4 ① $8=2^3$ \qquad ② $54=2\times3^3$
④ $81=3^4$ \qquad ⑤ $180=2^2\times3^2\times5$
따라서 소인수분해를 바르게 한 것은 ③이다.

5 720을 소인수분해하면 $720=2^4\times3^2\times5$
따라서 $2^a\times3^b\times5^c=2^4\times3^2\times5$이므로 $a=4$, $b=2$, $c=1$
∴ $a-b+c=4-2+1=3$

6 ① $42=2\times3\times7$ ➡ 소인수: 2, 3, 7
② $84=2^2\times3\times7$ ➡ 소인수: 2, 3, 7
③ $168=2^3\times3\times7$ ➡ 소인수: 2, 3, 7
④ $294=2\times3\times7^2$ ➡ 소인수: 2, 3, 7
⑤ $450=2\times3^2\times5^2$ ➡ 소인수: 2, 3, 5
따라서 소인수가 나머지 넷과 다른 하나는 ⑤이다.

7 540을 소인수분해하면 $540=2^2\times3^3\times5$
따라서 $2^2\times3^3\times5\times$(자연수)가 어떤 자연수의 제곱이 되려면 3과 5의 지수가 모두 짝수이어야 하므로 곱할 수 있는 가장 작은 자연수는 $3\times5=15$

8 $140=2^2\times5\times7$이므로 140의 약수는
$\underline{(2^2\text{의 약수})}\times\underline{(5\text{의 약수})}\times\underline{(7\text{의 약수})}$ 꼴이다.
ㄴ 1, 2, 2² \quad ㄴ 1, 5 \quad ㄴ 1, 7
③ 2^3은 2^2의 약수가 아니므로 $2^3\times5$는 140의 약수가 아니다.

9 ① $36=2^2\times3^2$이므로 약수는 모두
$(2+1)\times(2+1)=3\times3=9$(개)이다.
② $105=3\times5\times7$이므로 약수는 모두
$(1+1)\times(1+1)\times(1+1)=2\times2\times2=8$(개)이다.
③ $216=2^3\times3^3$이므로 약수는 모두
$(3+1)\times(3+1)=4\times4=16$(개)이다.
④ $4\times3^3=2^2\times3^3$이므로 약수는 모두
$(2+1)\times(3+1)=3\times4=12$(개)이다.
⑤ $2\times3\times25=2\times3\times5^2$이므로 약수는 모두
$(1+1)\times(1+1)\times(2+1)=2\times2\times3=12$(개)이다.
따라서 약수의 개수가 가장 적은 것은 ②이다.

10 두 수의 공약수는 두 수의 최대공약수인 36의 약수이므로
1, 2, 3, 4, 6, 9, 12, 18, 36이다.

11 12를 소인수분해하면 $12=2^2\times3$
즉, 12와 주어진 수의 최대공약수를 각각 구하면 다음과 같다.
① 1 　　② 3 　　③ 1 　　④ 3 　　⑤ $2^2\times3$
따라서 12와 서로소인 것은 ①, ③이다.

12 두 자연수의 공배수는 두 수의 최소공배수인 14의 배수이므로
14, 28, 42, 56, 70, 84, 98, 112, …이다.
따라서 두 자연수의 공배수 중 100에 가장 가까운 자연수는 98이다.

13　　　　　 $2^2\times3$
　　　　　　 $2\times3\quad\times7^3$
　　　　　　 $2^2\times3^2\times5$
────────────
(최대공약수)$=2\times3$
(최소공배수)$=2^2\times3^2\times5\times7^3$

14 ① $12=2^2\times3$과 $36=2^2\times3^2$에서 최대공약수는 $2^2\times3=12$이고
최소공배수는 $2^2\times3^2=36$이므로 두 수의 차는 $36-12=24$이다.
② $14=2\times7$과 $21=3\times7$에서 최대공약수는 7이고 최소공배수는
$2\times3\times7=42$이므로 두 수의 차는 $42-7=35$이다.
③ $15=3\times5$와 $45=3^2\times5$에서 최대공약수는 $3\times5=15$이고 최소
공배수는 $3^2\times5=45$이므로 두 수의 차는 $45-15=30$이다.
④ $16=2^4$과 $20=2^2\times5$에서 최대공약수는 $2^2=4$이고 최소공배수는
$2^4\times5=80$이므로 두 수의 차는 $80-4=76$이다.
⑤ $18=2\times3^2$과 $27=3^3$에서 최대공약수는 $3^2=9$이고 최소공배수는
$2\times3^3=54$이므로 두 수의 차는 $54-9=45$이다.
따라서 최대공약수와 최소공배수의 차가 가장 큰 두 수끼리 짝 지어
진 것은 ④이다.

15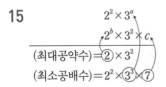

➡ $3^a=3^3$, $2^b=2$, $c=7$이므로 $a=3$, $b=1$, $c=7$
∴ $a+b+c=3+1+7=11$

---

001 답 -3명

002 답 -500원

003 답 $+13$점

004 답 $+2$시간

005 답 $-140\,\text{m}$

006 답 $+4$

007 답 -9

008 답 -2.5

009 답 $+\dfrac{3}{7}$

010 답 $+5$, $+0.2$

011 답 -1.7, $-\dfrac{1}{8}$, -3

012 답 10, $\dfrac{8}{2}$
양의 정수는 10, $\dfrac{8}{2}(=4)$이다.
참고 정수 또는 정수가 아닌 유리수를 찾을 때는 먼저 분수를 약분한다.

013 답 -9

014 답 -9, 0, 10, $\dfrac{8}{2}$

015 답 2.5, $1\dfrac{2}{3}$, 10, $\dfrac{8}{2}$

016 답 -9, $-\dfrac{5}{4}$

017 답 2.5, $1\dfrac{2}{3}$, $-\dfrac{5}{4}$

018 답 ○

019 답 ×
정수는 양의 정수, 0, 음의 정수로 이루어져 있다.

020 답 ○

021 답 ○

022 답 ×
0은 정수이다.

023 답 ○

024 답 ×
0과 1 사이에는 유리수가 무수히 많다.

025 답 A: -4, B: -1, C: $+2$, D: $+6$

026 답 A: -3, B: 0, C: $+1$, D: $+5$

027 답 A: -2, B: $-\dfrac{4}{3}$, C: $+\dfrac{7}{3}$, D: $+3$

028 답 A: $-\dfrac{7}{4}$, B: $+\dfrac{2}{3}$, C: $+\dfrac{3}{2}$, D: $+2$

029 답

030 답

031 답

032 답

033 답 1

034 답 9

035 답 5.1

036 답 8

037 답 $\dfrac{17}{6}$

038 답 2.54

039 답 -10, $+10$

040 답 $-\dfrac{2}{13}$, $+\dfrac{2}{13}$

041 답 0

042 답 $+6.7$

043 답 -4

044 답 $+\dfrac{3}{7}$

045 답 -2.6

046 답 ○

047 답 ×
절댓값은 항상 0 또는 0보다 크다.

048 답 ×
절댓값이 0인 수는 0뿐이다.

049 답 ○

050 답 2, 2, -2, 2, -2, 2

051 답 -3, 3
절댓값이 같고 부호가 반대인 두 수에 대응하는 두 점 사이의 거리
가 6이므로 두 점은 원점으로부터 각각 $3\left(=\dfrac{6}{2}\right)$만큼 떨어져 있다.
따라서 구하는 두 수는 -3, 3이다.

052 답 -5, 5
절댓값이 같고 부호가 반대인 두 수에 대응하는 두 점 사이의 거리
가 10이므로 두 점은 원점으로부터 각각 $5\left(=\dfrac{10}{2}\right)$만큼 떨어져 있다.
따라서 구하는 두 수는 -5, 5이다.

053 답 0, 1, 2 / -2, -1, 0, 1, 2

054 답 -1, 0, 1
절댓값이 1.5보다 작은 정수는 절댓값이 0, 1인 정수이므로
-1, 0, 1

055 답 -3, -2, -1, 0, 1, 2, 3
절댓값이 $\dfrac{7}{2}\left(=3\dfrac{1}{2}\right)$ 미만인 정수는 절댓값이 0, 1, 2, 3인 정수이므로
-3, -2, -1, 0, 1, 2, 3

056 답 -2, -1, 0, 1, 2
절댓값이 2 이하인 정수는 절댓값이 0, 1, 2인 정수이므로
-2, -1, 0, 1, 2

057 답 -2, -1, 0, 1, 2
절댓값이 3 미만인 정수는 절댓값이 0, 1, 2인 정수이므로
-2, -1, 0, 1, 2

058 답 -3, -2, -1, 0, 1, 2, 3
절댓값이 $\dfrac{9}{3}$ $(=3)$ 이하인 정수는 절댓값이 0, 1, 2, 3인 정수이므로
-3, -2, -1, 0, 1, 2, 3

059 답 $>$

060 답 $<$

061 답 $>$

062 답 $<$

063 답 $>$

064 답 $>$

065 답 $<$

066 답 $+\dfrac{27}{36}$, $+\dfrac{28}{36}$, $<$

067 답 8, 7, $>$

068 답 $<$

069 답 $>$

070 답 $<$

071 답 $-\dfrac{14}{21}$, $-\dfrac{15}{21}$, $>$

072 답 15, 8, $<$

073 답 $<$

074 답 $\geq$

075 답 $\geq$

076 답 $\leq$, $\leq$

077 답 $<$, $\leq$

078 답 $<$, $<$

079 답 $x \geq -3$

080 답 $x \leq \dfrac{3}{2}$

081 답 $x > -4.3$

082 답 $3 < x \leq 6$

083 답 $-1.2 \leq x < \dfrac{7}{4}$

084 답 $0 \leq x \leq 9$

085 답 $-\dfrac{1}{8} \leq x < 5.7$

086 답 1, 2, 3, 4, 5

087 답 $-3, -2, -1, 0, 1, 2$

088 답 $-1, 0, 1, 2$

089 답 $-2, -1, 0$

090 답 $-4, -3, -2, -1, 0, 1, 2$

091 답 0, 1, 2, 3, 4, 5
$\dfrac{11}{2}=5\dfrac{1}{2}$이므로 $-\dfrac{1}{7}<x\leq\dfrac{11}{2}$을 만족시키는 정수 x의 값은
0, 1, 2, 3, 4, 5

092 답 $-2, -1, 0, 1, 2, 3, 4$
$-\dfrac{5}{2}=-2\dfrac{1}{2}$이므로 $-\dfrac{5}{2}\leq x<5$를 만족시키는 정수 x의 값은
$-2, -1, 0, 1, 2, 3, 4$

093 답 $-3, -2, -1, 0, 1, 2$
$\dfrac{8}{3}=2\dfrac{2}{3}$이므로 $-3\leq x\leq\dfrac{8}{3}$을 만족시키는 정수 x의 값은
$-3, -2, -1, 0, 1, 2$

094 답 $-1, 0, 1, 2$

095 답 $-4.1 < x < 2$ / $-4, -3, -2, -1, 0, 1$

096 답 $-3 \leq x < 2.5$ / $-3, -2, -1, 0, 1, 2$

097 답 $-1 \leq x \leq \dfrac{4}{3}$ / $-1, 0, 1$
$\dfrac{4}{3}=1\dfrac{1}{3}$이므로 $-1<x<\dfrac{4}{3}$를 만족시키는 정수 x의 값은
$-1, 0, 1$

098 답 $-3 < x \leq \dfrac{15}{4}$ / $-2, -1, 0, 1, 2, 3$
$\dfrac{15}{4}=3\dfrac{3}{4}$이므로 $-3<x\leq\dfrac{15}{4}$를 만족시키는 정수 x의 값은
$-2, -1, 0, 1, 2, 3$

099 답 ①, ⑤
$\dfrac{13}{3}=4\dfrac{1}{3}$이므로 $-6<a\leq\dfrac{13}{3}$을 만족시키는 정수 a의 값은
$-5, -4, -3, -2, -1, 0, 1, 2, 3, 4$
따라서 정수 a의 값이 될 수 없는 것은 ① -6, ⑤ 5이다.

1 (1) -8걸음 (2) -6000원 (3) $+70$분 (4) $+17\,°\text{C}$

2 (1) $+\dfrac{16}{4}$, 1 (2) -7, $-\dfrac{3}{10}$ (3) $+6.3$, $-\dfrac{3}{10}$

3 (1) ○ (2) × (3) × (4) ○

4 (1) A: -5, B: -2, C: 0, D: $+4$

(2) A: -1, B: $-\dfrac{1}{2}$, C: $+\dfrac{5}{3}$, D: $+3$

5 (1)

(2)

6 (1) $|+2|$, 2 (2) $|-0.4|$, 0.4

(3) $\left|+\dfrac{7}{4}\right|$, $\dfrac{7}{4}$ (4) $\left|-\dfrac{5}{6}\right|$, $\dfrac{5}{6}$

7 (1) -5, $+5$ (2) -1.4, $+1.4$ (3) $+7$ (4) $-\dfrac{1}{11}$

8 (1) -1, 1 (2) -4, 4 (3) -9, 9

9 (1) -2, -1, 0, 1, 2 (2) -3, -2, -1, 0, 1, 2, 3

(3) -4, -3, -2, -1, 0, 1, 2, 3, 4 (4) -1, 0, 1

10 (1) $+3$ (2) $-\dfrac{1}{4}$ (3) $+2.4$

11 (1) $a\geq5$ (2) $-2\leq b\leq0$ (3) $\dfrac{1}{6}<x\leq3.5$ (4) $1\leq y<\dfrac{7}{3}$

12 (1) -1, 0, 1, 2, 3, 4 (2) -2, -1, 0, 1, 2, 3

(3) 0, 1, 2, 3, 4 (4) -4, -3, -2, -1, 0, 1, 2

2 (1) 양의 정수는 $+\dfrac{16}{4}(=+4)$, 1이다.

3 (2) 가장 작은 정수는 알 수 없다.
(3) 모든 정수는 유리수이다.

8 (1) 절댓값이 같고 부호가 반대인 두 수에 대응하는 두 점 사이의 거리가 2이므로 두 점은 원점으로부터 각각 $1\left(=\dfrac{2}{2}\right)$만큼 떨어져 있다. 따라서 구하는 두 수는 -1, 1이다.

(2) 절댓값이 같고 부호가 반대인 두 수에 대응하는 두 점 사이의 거리가 8이므로 두 점은 원점으로부터 각각 $4\left(=\dfrac{8}{2}\right)$만큼 떨어져 있다. 따라서 구하는 두 수는 -4, 4이다.

(3) 절댓값이 같고 부호가 반대인 두 수에 대응하는 두 점 사이의 거리가 18이므로 두 점은 원점으로부터 각각 $9\left(=\dfrac{18}{2}\right)$만큼 떨어져 있다. 따라서 구하는 두 수는 -9, 9이다.

9 (1) 절댓값이 2.4보다 작은 정수는 절댓값이 0, 1, 2인 정수이므로 -2, -1, 0, 1, 2

(2) 절댓값이 3 이하인 정수는 절댓값이 0, 1, 2, 3인 정수이므로 -3, -2, -1, 0, 1, 2, 3

(3) 절댓값이 $\dfrac{9}{2}\left(=4\dfrac{1}{2}\right)$ 미만인 정수는 절댓값이 0, 1, 2, 3, 4인 정수이므로 -4, -3, -2, -1, 0, 1, 2, 3, 4

(4) $|x|<2$를 만족시키는 정수 x는 절댓값이 0, 1인 정수이므로 -1, 0, 1

10 (1) $-9<-6<0<+1<+3$이므로 가장 큰 수는 $+3$이다.

(2) $-10<-4<-\dfrac{10}{3}<-3<-\dfrac{1}{4}$이므로 가장 큰 수는 $-\dfrac{1}{4}$이다.

(3) $-5.9<-2<+1<+\dfrac{23}{10}<+2.4$이므로 가장 큰 수는 $+2.4$이다.

12 (1) $-\dfrac{3}{2}=-1\dfrac{1}{2}$이므로 $-\dfrac{3}{2}<a\leq4$를 만족시키는 정수 a의 값은 -1, 0, 1, 2, 3, 4

1 ⑤　　2 ②　　3 ⑤　　4 ④

5 $a=9$, $b=-\dfrac{3}{4}$　　6 ③, ④　　7 ③　　8 -7

9 9개　　10 ⑤　　11 $\dfrac{5}{3}$　　12 ④　　13 ②

1 ① 축구 경기에서 2점을 득점했다. ➡ $+2$점
② 지하철 요금이 3 % 인상되었다. ➡ $+3\,\%$
③ 성준이는 2일 후에 수학여행을 간다. ➡ $+2$일
④ 지연이의 몸무게가 5 kg 증가했다. ➡ $+5$ kg
⑤ 은주는 용돈에서 10000원을 지출했다. ➡ -10000원
따라서 부호가 나머지 넷과 다른 하나는 ⑤이다.

2 ① 양의 유리수는 $+5$, $+\dfrac{3}{2}$, $+9$의 3개이다.

② 정수는 $+5$, 0, -8, 9, $-\dfrac{6}{3}(=-2)$의 5개이다.

③ 유리수는 $+5$, 0, $+\dfrac{3}{2}$, -8, -3.1, $+9$, $-\dfrac{6}{3}$의 7개이다.

④ 음의 정수는 -8, $-\dfrac{6}{3}(=-2)$의 2개이다.

⑤ 정수가 아닌 유리수는 $+\dfrac{3}{2}$, -3.1의 2개이다.

따라서 옳지 않은 것은 ②이다.

3 ① 0은 유리수이다.
② 0.5는 양의 유리수이지만 자연수가 아니다.
③ 자연수는 정수이다.
④ 양의 정수 중 가장 작은 수는 1이다.
따라서 옳은 것은 ⑤이다.
참고 ② 자연수는 모두 양의 유리수이다.
④ 0은 양의 정수도 아니고 음의 정수도 아니다.

4 ① A: -3　② B: $-\dfrac{4}{3}$　③ C: $-\dfrac{2}{3}$　⑤ E: $\dfrac{8}{3}$
따라서 옳은 것은 ④이다.

6 ③ 0의 절댓값은 0이므로 절댓값은 항상 0보다 크거나 같다.
④ 절댓값이 가장 작은 수는 0이다.

7 원점에서 가장 가까운 수는 절댓값이 가장 작은 수이다.

$|-7|=7$, $\left|-\dfrac{13}{4}\right|=\dfrac{13}{4}=3\dfrac{1}{4}$, $\left|-\dfrac{5}{3}\right|=\dfrac{5}{3}=1\dfrac{2}{3}$,

$\left|\dfrac{12}{5}\right|=\dfrac{12}{5}=2\dfrac{2}{5}$, $|5|=5$

주어진 수의 절댓값의 대소를 비교하면

$\left|-\dfrac{5}{3}\right|<\left|\dfrac{12}{5}\right|<\left|-\dfrac{13}{4}\right|<|5|<|-7|$

따라서 원점에서 가장 가까운 수는 $-\dfrac{5}{3}$이다.

8 a가 b보다 14만큼 작으므로 a, b에 대응하는 두 점 사이의 거리는 14이다.

이때 a, b의 절댓값이 같고 부호가 반대이므로 a, b에 대응하는 두 점은 원점으로부터 각각 $7\left(=\dfrac{14}{2}\right)$만큼 떨어져 있다.

이때 a가 b보다 작으므로 $a=-7$, $b=7$

9 $|x|\leq4$를 만족시키는 정수 x는 절댓값이 0, 1, 2, 3, 4인 정수이므로 -4, -3, -2, -1, 0, 1, 2, 3, 4의 9개이다.

10 ① (음수)<0이므로 $-\dfrac{1}{6}<0$

② (양수)>(음수)이므로 $1>-2.4$

③ $\dfrac{6}{5}=\dfrac{12}{10}$, $\dfrac{9}{2}=\dfrac{45}{10}$이므로 $\dfrac{6}{5}<\dfrac{9}{2}$

④ $\dfrac{1}{3}=\dfrac{4}{12}$, $\dfrac{1}{4}=\dfrac{3}{12}$에서 $\dfrac{1}{3}>\dfrac{1}{4}$이므로 $-\dfrac{1}{3}<-\dfrac{1}{4}$

⑤ $|-0.6|=0.6=\dfrac{6}{10}=\dfrac{18}{30}$,

$\quad\left|-\dfrac{2}{3}\right|=\dfrac{2}{3}=\dfrac{20}{30}$이므로

$\quad|-0.6|<\left|-\dfrac{2}{3}\right|$

따라서 옳은 것은 ⑤이다.

11 $|-5|=5$, $\dfrac{5}{3}=\dfrac{20}{12}$, $0.25=\dfrac{1}{4}=\dfrac{3}{12}$이므로

$+6>|-5|>\dfrac{5}{3}>0.25>-\dfrac{1}{3}>-2$

따라서 큰 수부터 차례로 나열할 때, 세 번째에 오는 수는 $\dfrac{5}{3}$이다.

12 ④ x는 -6보다 크고 $\dfrac{5}{2}$보다 크지 않다. ➡ $-6<x\leq\dfrac{5}{2}$
　　　　　　　　　　　　　　　　└작거나 같다.

13 $\dfrac{12}{7}=1\dfrac{5}{7}$이므로 -3과 $\dfrac{12}{7}$ 사이에 있는 정수는

-2, -1, 0, 1의 4개이다.

---

3 정수와 유리수의 계산

001 답 +, 6

002 답 −, 5

003 답 +, 1

004 답 +, 4

005 답 −, 7

006 답 −, 6

007 답 +, +, 9

008 답 $+8$

$(+1)+(+7)=+(1+7)=+8$

009 답 -14

$(-5)+(-9)=-(5+9)=-14$

010 답 -12

$(-8)+(-4)=-(8+4)=-12$

011 답 $-\dfrac{8}{5}$

$\left(-\dfrac{2}{5}\right)+\left(-\dfrac{6}{5}\right)=-\left(\dfrac{2}{5}+\dfrac{6}{5}\right)=-\dfrac{8}{5}$

012 답 $+6.1$

$(+3.2)+(+2.9)=+(3.2+2.9)=+6.1$

013 답 $-\dfrac{13}{12}$

$\left(-\dfrac{1}{3}\right)+\left(-\dfrac{3}{4}\right)=-\left(\dfrac{1}{3}+\dfrac{3}{4}\right)$

$\qquad\qquad\qquad=-\left(\dfrac{4}{12}+\dfrac{9}{12}\right)=-\dfrac{13}{12}$

014 답 $+\dfrac{31}{30}$

$(+0.2)+\left(+\dfrac{5}{6}\right)=\left(+\dfrac{2}{10}\right)+\left(+\dfrac{5}{6}\right)$

$\qquad\qquad\qquad=\left(+\dfrac{6}{30}\right)+\left(+\dfrac{25}{30}\right)$

$\qquad\qquad\qquad=+\left(\dfrac{6}{30}+\dfrac{25}{30}\right)=+\dfrac{31}{30}$

015 답 $-\dfrac{31}{20}$ (또는 -1.55)

$$\left(-\frac{1}{4}\right)+(-1.3)=\left(-\frac{1}{4}\right)+\left(-\frac{13}{10}\right)$$
$$=\left(-\frac{5}{20}\right)+\left(-\frac{26}{20}\right)$$
$$=-\left(\frac{5}{20}+\frac{26}{20}\right)=-\frac{31}{20}$$

다른 풀이 $\left(-\dfrac{1}{4}\right)+(-1.3)=(-0.25)+(-1.3)$
$$=-(0.25+1.3)=-1.55$$

016 답 $+,\ +,\ 2$

017 답 -8

$(-9)+(+1)=-(9-1)=-8$

018 답 -7

$(+4)+(-11)=-(11-4)=-7$

019 답 $+4$

$(+10)+(-6)=+(10-6)=+4$

020 답 $+\dfrac{4}{7}$

$$\left(+\frac{6}{7}\right)+\left(-\frac{2}{7}\right)=+\left(\frac{6}{7}-\frac{2}{7}\right)=+\frac{4}{7}$$

021 답 -0.8

$(+1.4)+(-2.2)=-(2.2-1.4)=-0.8$

022 답 $+\dfrac{7}{36}$

$$\left(-\frac{7}{12}\right)+\left(+\frac{7}{9}\right)=\left(-\frac{21}{36}\right)+\left(+\frac{28}{36}\right)=+\left(\frac{28}{36}-\frac{21}{36}\right)=+\frac{7}{36}$$

023 답 $+\dfrac{11}{10}$ (또는 $+1.1$)

$$(-0.4)+\left(+\frac{3}{2}\right)=\left(-\frac{4}{10}\right)+\left(+\frac{3}{2}\right)=\left(-\frac{4}{10}\right)+\left(+\frac{15}{10}\right)$$
$$=+\left(\frac{15}{10}-\frac{4}{10}\right)=+\frac{11}{10}$$

다른 풀이 $(-0.4)+\left(+\dfrac{3}{2}\right)=(-0.4)+(+1.5)$
$$=+(1.5-0.4)=+1.1$$

024 답 $-\dfrac{7}{10}$ (또는 -0.7)

$$(+0.7)+\left(-\frac{7}{5}\right)=\left(+\frac{7}{10}\right)+\left(-\frac{7}{5}\right)$$
$$=\left(+\frac{7}{10}\right)+\left(-\frac{14}{10}\right)$$
$$=-\left(\frac{14}{10}-\frac{7}{10}\right)=-\frac{7}{10}$$

다른 풀이 $(+0.7)+\left(-\dfrac{7}{5}\right)=(+0.7)+(-1.4)$
$$=-(1.4-0.7)=-0.7$$

025 답 ㈎: 덧셈의 교환법칙
ㄴ: 덧셈의 결합법칙

026 답 풀이 참조

$(+6)+(-3)+(+4)$
$=(-3)+(\boxed{+6})+(+4)$ ⟶ 덧셈의 $\boxed{교환}$법칙
$=(-3)+\{(\boxed{+6})+(+4)\}$ ⟶ 덧셈의 $\boxed{결합}$법칙
$=(-3)+(\boxed{+10})=\boxed{+7}$

027 답 풀이 참조

$\left(-\dfrac{1}{2}\right)+\left(+\dfrac{4}{3}\right)+\left(+\dfrac{3}{2}\right)$
$=\left(-\dfrac{1}{2}\right)+\left(\boxed{+\dfrac{3}{2}}\right)+\left(+\dfrac{4}{3}\right)$ ⟶ 덧셈의 $\boxed{교환}$법칙
$=\left\{\left(-\dfrac{1}{2}\right)+\left(\boxed{+\dfrac{3}{2}}\right)\right\}+\left(+\dfrac{4}{3}\right)$ ⟶ 덧셈의 $\boxed{결합}$법칙
$=(\boxed{+1})+\left(+\dfrac{4}{3}\right)=\boxed{+\dfrac{7}{3}}$

028 답 -8

$(-3)+(+5)+(-10)$
$=(-3)+(-10)+(+5)$ ⟶ 덧셈의 교환법칙
$=\{(-3)+(-10)\}+(+5)$ ⟶ 덧셈의 결합법칙
$=(-13)+(+5)$
$=-(13-5)=-8$

029 답 -3

$(+2.8)+(-4)+(-1.8)$
$=(+2.8)+(-1.8)+(-4)$ ⟶ 덧셈의 교환법칙
$=\{(+2.8)+(-1.8)\}+(-4)$ ⟶ 덧셈의 결합법칙
$=(+1)+(-4)$
$=-(4-1)=-3$

030 답 -0.9

$(-1.6)+(+1.1)+(-0.4)$
$=(-1.6)+(-0.4)+(+1.1)$ ⟶ 덧셈의 교환법칙
$=\{(-1.6)+(-0.4)\}+(+1.1)$ ⟶ 덧셈의 결합법칙
$=(-2)+(+1.1)$
$=-(2-1.1)=-0.9$

031 답 $+\dfrac{7}{4}$

$\left(+\dfrac{8}{3}\right)+\left(-\dfrac{5}{4}\right)+\left(+\dfrac{1}{3}\right)$
$=\left(+\dfrac{8}{3}\right)+\left(+\dfrac{1}{3}\right)+\left(-\dfrac{5}{4}\right)$ ⟶ 덧셈의 교환법칙
$=\left\{\left(+\dfrac{8}{3}\right)+\left(+\dfrac{1}{3}\right)\right\}+\left(-\dfrac{5}{4}\right)$ ⟶ 덧셈의 결합법칙
$=\left(+\dfrac{9}{3}\right)+\left(-\dfrac{5}{4}\right)$
$=(+3)+\left(-\dfrac{5}{4}\right)$
$=\left(+\dfrac{12}{4}\right)+\left(-\dfrac{5}{4}\right)$
$=+\left(\dfrac{12}{4}-\dfrac{5}{4}\right)=+\dfrac{7}{4}$

032 답 $+\dfrac{2}{3}$

$\left(-\dfrac{3}{4}\right)+\left(+\dfrac{1}{6}\right)+\left(+\dfrac{5}{4}\right)$　　　덧셈의 교환법칙

$=\left(-\dfrac{3}{4}\right)+\left(+\dfrac{5}{4}\right)+\left(+\dfrac{1}{6}\right)$　　덧셈의 결합법칙

$=\left\{\left(-\dfrac{3}{4}\right)+\left(+\dfrac{5}{4}\right)\right\}+\left(+\dfrac{1}{6}\right)$

$=\left(+\dfrac{2}{4}\right)+\left(+\dfrac{1}{6}\right)$

$=\left(+\dfrac{6}{12}\right)+\left(+\dfrac{2}{12}\right)$

$=+\left(\dfrac{6}{12}+\dfrac{2}{12}\right)$

$=+\dfrac{8}{12}=+\dfrac{2}{3}$

033 답 $-\dfrac{5}{3}$

$\left(+\dfrac{1}{5}\right)+\left(-\dfrac{2}{3}\right)+\left(-\dfrac{6}{5}\right)$　　덧셈의 교환법칙

$=\left(+\dfrac{1}{5}\right)+\left(-\dfrac{6}{5}\right)+\left(-\dfrac{2}{3}\right)$　　덧셈의 결합법칙

$=\left\{\left(+\dfrac{1}{5}\right)+\left(-\dfrac{6}{5}\right)\right\}+\left(-\dfrac{2}{3}\right)$

$=(-1)+\left(-\dfrac{2}{3}\right)$

$=\left(-\dfrac{3}{3}\right)+\left(-\dfrac{2}{3}\right)$

$=-\left(\dfrac{3}{3}+\dfrac{2}{3}\right)$

$=-\dfrac{5}{3}$

034 답 $-,\ 2,\ +,\ 2,\ +,\ 7$

035 답 -8

$(-5)-(+3)=(-5)+(-3)=-(5+3)=-8$

036 답 -2

$\left(-\dfrac{5}{6}\right)-\left(+\dfrac{7}{6}\right)=\left(-\dfrac{5}{6}\right)+\left(-\dfrac{7}{6}\right)$

$=-\left(\dfrac{5}{6}+\dfrac{7}{6}\right)$

$=-\dfrac{12}{6}=-2$

037 답 -5.5

$(-3.8)-(+1.7)=(-3.8)+(-1.7)=-(3.8+1.7)=-5.5$

038 답 $-\dfrac{1}{10}$

$\left(+\dfrac{1}{2}\right)-\left(+\dfrac{3}{5}\right)=\left(+\dfrac{1}{2}\right)+\left(-\dfrac{3}{5}\right)$

$=\left(+\dfrac{5}{10}\right)+\left(-\dfrac{6}{10}\right)$

$=-\left(\dfrac{6}{10}-\dfrac{5}{10}\right)=-\dfrac{1}{10}$

039 답 $+\dfrac{1}{20}$ (또는 $+0.05$)

$(+0.3)-\left(+\dfrac{1}{4}\right)=(+0.3)+\left(-\dfrac{1}{4}\right)$

$=\left(+\dfrac{3}{10}\right)+\left(-\dfrac{1}{4}\right)$

$=\left(+\dfrac{6}{20}\right)+\left(-\dfrac{5}{20}\right)$

$=+\left(\dfrac{6}{20}-\dfrac{5}{20}\right)=+\dfrac{1}{20}$

(다른 풀이) $(+0.3)-\left(+\dfrac{1}{4}\right)=(+0.3)+\left(-\dfrac{1}{4}\right)$

$=(+0.3)+(-0.25)$

$=+(0.3-0.25)=+0.05$

040 답 $+,\ 7,\ +,\ 7,\ +,\ 10$

041 답 -6

$(-11)-(-5)=(-11)+(+5)=-(11-5)=-6$

042 답 $+1$

$\left(+\dfrac{1}{4}\right)-\left(-\dfrac{3}{4}\right)=\left(+\dfrac{1}{4}\right)+\left(+\dfrac{3}{4}\right)=+\left(\dfrac{1}{4}+\dfrac{3}{4}\right)=+1$

043 답 -2.2

$(-2.7)-(-0.5)=(-2.7)+(+0.5)$

$=-(2.7-0.5)=-2.2$

044 답 $+\dfrac{7}{24}$

$\left(-\dfrac{1}{3}\right)-\left(-\dfrac{5}{8}\right)=\left(-\dfrac{1}{3}\right)+\left(+\dfrac{5}{8}\right)$

$=\left(-\dfrac{8}{24}\right)+\left(+\dfrac{15}{24}\right)$

$=+\left(\dfrac{15}{24}-\dfrac{8}{24}\right)=+\dfrac{7}{24}$

045 답 $+\dfrac{17}{10}$ (또는 $+1.7$)

$\left(+\dfrac{1}{2}\right)-(-1.2)=\left(+\dfrac{1}{2}\right)+(+1.2)$

$=\left(+\dfrac{1}{2}\right)+\left(+\dfrac{12}{10}\right)$

$=\left(+\dfrac{5}{10}\right)+\left(+\dfrac{12}{10}\right)$

$=+\left(\dfrac{5}{10}+\dfrac{12}{10}\right)=+\dfrac{17}{10}$

(다른 풀이) $\left(+\dfrac{1}{2}\right)-(-1.2)=\left(+\dfrac{1}{2}\right)+(+1.2)$

$=(+0.5)+(+1.2)$

$=+(0.5+1.2)=+1.7$

046 답 $+,\ 3,\ +,\ 3,\ +,\ 3,\ +,\ 5,\ +,\ 1$

047 답 $-\frac{4}{3}, -\frac{4}{3}, -\frac{4}{3}, -\frac{5}{3}, -\frac{25}{15}, -\frac{16}{15}$

048 답 -1

$(+5)+(-14)-(-8)=(+5)+(-14)+(+8)$
$=(+5)+(+8)+(-14)$
$=\{(+5)+(+8)\}+(-14)$
$=(+13)+(-14)$
$=-1$

049 답 -1

$(-3)+(+7)-(+6)-(-1)$
$=(-3)+(+7)+(-6)+(+1)$
$=(-3)+(-6)+(+7)+(+1)$
$=\{(-3)+(-6)\}+\{(+7)+(+1)\}$
$=(-9)+(+8)=-1$

050 답 -2.1

$(+4.3)-(+2.6)+(-3.8)=(+4.3)+(-2.6)+(-3.8)$
$=(+4.3)+\{(-2.6)+(-3.8)\}$
$=(+4.3)+(-6.4)$
$=-2.1$

051 답 $+\frac{1}{6}$

$\left(+\frac{1}{3}\right)-\left(-\frac{1}{4}\right)+\left(-\frac{5}{12}\right)=\left(+\frac{1}{3}\right)+\left(+\frac{1}{4}\right)+\left(-\frac{5}{12}\right)$
$=\left(+\frac{4}{12}\right)+\left(+\frac{3}{12}\right)+\left(-\frac{5}{12}\right)$
$=\left\{\left(+\frac{4}{12}\right)+\left(+\frac{3}{12}\right)\right\}+\left(-\frac{5}{12}\right)$
$=\left(+\frac{7}{12}\right)+\left(-\frac{5}{12}\right)$
$=+\frac{2}{12}=+\frac{1}{6}$

052 답 0

$\left(-\frac{7}{4}\right)-\left(-\frac{3}{2}\right)+(+1)-\left(+\frac{3}{4}\right)$
$=\left(-\frac{7}{4}\right)+\left(+\frac{3}{2}\right)+(+1)+\left(-\frac{3}{4}\right)$
$=\left(-\frac{7}{4}\right)+\left(-\frac{3}{4}\right)+\left(+\frac{3}{2}\right)+(+1)$
$=\left\{\left(-\frac{7}{4}\right)+\left(-\frac{3}{4}\right)\right\}+\left(+\frac{3}{2}\right)+(+1)$
$=\left(-\frac{10}{4}\right)+\left(+\frac{3}{2}\right)+(+1)$
$=\left\{\left(-\frac{5}{2}\right)+\left(+\frac{3}{2}\right)\right\}+(+1)$
$=(-1)+(+1)=0$

053 답 $+\frac{13}{5}$

$\left(-\frac{1}{2}\right)+(+2)+\left(-\frac{2}{5}\right)-(-1.5)$
$=\left(-\frac{1}{2}\right)+(+2)+\left(-\frac{2}{5}\right)+(+1.5)$
$=\left(-\frac{1}{2}\right)+\left(-\frac{2}{5}\right)+(+2)+(+1.5)$
$=\left\{\left(-\frac{1}{2}\right)+\left(-\frac{2}{5}\right)\right\}+\{(+2)+(+1.5)\}$
$=\left\{\left(-\frac{5}{10}\right)+\left(-\frac{4}{10}\right)\right\}+(+3.5)$
$=\left(-\frac{9}{10}\right)+\left(+\frac{35}{10}\right)$
$=+\frac{26}{10}=+\frac{13}{5}$

054 답 $+, +, 3, -, +, 3, 7$

$9-5+3=(+9)-(+5)+(+3)$
$=(+9)+(-5)+(+3)$
$=\{(+9)+(+3)\}+(-5)$
$=(+12)+(-5)=7$

055 답 -8

$-4-6+11-9=(-4)-(+6)+(+11)-(+9)$
$=(-4)+(-6)+(+11)+(-9)$
$=\{(-4)+(-6)\}+(+11)+(-9)$
$=(-10)+(+11)+(-9)$
$=\{(-10)+(-9)\}+(+11)$
$=(-19)+(+11)=-8$

056 답 -9

$2-12-6+7=(+2)-(+12)-(+6)+(+7)$
$=(+2)+(-12)+(-6)+(+7)$
$=\{(+2)+(+7)\}+\{(-12)+(-6)\}$
$=(+9)+(-18)=-9$

057 답 -3.5

$-5.7+6.1-3.9=(-5.7)+(+6.1)-(+3.9)$
$=(-5.7)+(+6.1)+(-3.9)$
$=\{(-5.7)+(-3.9)\}+(+6.1)$
$=(-9.6)+(+6.1)=-3.5$

058 답 -1.7

$-0.5+0.05+0.25-1.5$
$=(-0.5)+(+0.05)+(+0.25)-(+1.5)$
$=(-0.5)+(+0.05)+(+0.25)+(-1.5)$
$=\{(-0.5)+(-1.5)\}+\{(+0.05)+(+0.25)\}$
$=(-2)+(+0.3)=-1.7$

059 답 $\dfrac{2}{3}$

$$\dfrac{1}{2}-\dfrac{2}{3}+\dfrac{5}{6}=\left(+\dfrac{1}{2}\right)-\left(+\dfrac{2}{3}\right)+\left(+\dfrac{5}{6}\right)$$
$$=\left(+\dfrac{1}{2}\right)+\left(-\dfrac{2}{3}\right)+\left(+\dfrac{5}{6}\right)$$
$$=\left\{\left(+\dfrac{1}{2}\right)+\left(+\dfrac{5}{6}\right)\right\}+\left(-\dfrac{2}{3}\right)$$
$$=\left\{\left(+\dfrac{3}{6}\right)+\left(+\dfrac{5}{6}\right)\right\}+\left(-\dfrac{2}{3}\right)$$
$$=\left(+\dfrac{8}{6}\right)+\left(-\dfrac{2}{3}\right)$$
$$=\left(+\dfrac{4}{3}\right)+\left(-\dfrac{2}{3}\right)=\dfrac{2}{3}$$

060 답 $\dfrac{53}{30}$

$$\dfrac{3}{2}+\dfrac{3}{5}-\dfrac{1}{3}=\left(+\dfrac{3}{2}\right)+\left(+\dfrac{3}{5}\right)-\left(+\dfrac{1}{3}\right)$$
$$=\left(+\dfrac{3}{2}\right)+\left(+\dfrac{3}{5}\right)+\left(-\dfrac{1}{3}\right)$$
$$=\left\{\left(+\dfrac{3}{2}\right)+\left(+\dfrac{3}{5}\right)\right\}+\left(-\dfrac{1}{3}\right)$$
$$=\left\{\left(+\dfrac{15}{10}\right)+\left(+\dfrac{6}{10}\right)\right\}+\left(-\dfrac{1}{3}\right)$$
$$=\left(+\dfrac{21}{10}\right)+\left(-\dfrac{1}{3}\right)$$
$$=\left(+\dfrac{63}{30}\right)+\left(-\dfrac{10}{30}\right)=\dfrac{53}{30}$$

061 답 $-\dfrac{1}{6}$

$$-\dfrac{1}{4}-1+\dfrac{3}{4}+\dfrac{1}{3}=\left(-\dfrac{1}{4}\right)-(+1)+\left(+\dfrac{3}{4}\right)+\left(+\dfrac{1}{3}\right)$$
$$=\left(-\dfrac{1}{4}\right)+(-1)+\left(+\dfrac{3}{4}\right)+\left(+\dfrac{1}{3}\right)$$
$$=\left\{\left(-\dfrac{1}{4}\right)+\left(+\dfrac{3}{4}\right)\right\}+\left\{(-1)+\left(+\dfrac{1}{3}\right)\right\}$$
$$=\left(+\dfrac{2}{4}\right)+\left(-\dfrac{2}{3}\right)$$
$$=\left(+\dfrac{1}{2}\right)+\left(-\dfrac{2}{3}\right)$$
$$=\left(+\dfrac{3}{6}\right)+\left(-\dfrac{4}{6}\right)=-\dfrac{1}{6}$$

062 답 $+$, 7, 2

$-5+7=(-5)+(+7)=2$

063 답 $-$, 1, -8

$-7-1=(-7)+(-1)=-8$

064 답 5

$8+(-3)=(+8)+(-3)=5$

065 답 -4

$-10-(-6)=(-10)+(+6)=-4$

066 답 0.2

$-1.8+2=(-1.8)+(+2)=0.2$

067 답 $-\dfrac{7}{2}$

$-\dfrac{5}{2}+(-1)=\left(-\dfrac{5}{2}\right)+\left(-\dfrac{2}{2}\right)=-\dfrac{7}{2}$

068 답 $\dfrac{13}{3}$

$4-\left(-\dfrac{1}{3}\right)=(+4)+\left(+\dfrac{1}{3}\right)=\left(+\dfrac{12}{3}\right)+\left(+\dfrac{1}{3}\right)=\dfrac{13}{3}$

069 답 -10

$a=-3+4=(-3)+(+4)=1$
$b=5-(-6)=(+5)+(+6)=11$
$\therefore\ a-b=1-11=(+1)+(-11)=-10$

070 답 $+$, $+$, 15

071 답 $+90$

$(-9)\times(-10)=+(9\times10)=+90$

072 답 $+\dfrac{1}{2}$

$\left(+\dfrac{2}{3}\right)\times\left(+\dfrac{3}{4}\right)=+\left(\dfrac{2}{3}\times\dfrac{3}{4}\right)=+\dfrac{1}{2}$

073 답 $+\dfrac{2}{3}$

$\left(-\dfrac{1}{4}\right)\times\left(-\dfrac{8}{3}\right)=+\left(\dfrac{1}{4}\times\dfrac{8}{3}\right)=+\dfrac{2}{3}$

074 답 $+\dfrac{8}{5}$

$(+1.2)\times\left(+\dfrac{4}{3}\right)=+\left(1.2\times\dfrac{4}{3}\right)=+\left(\dfrac{12}{10}\times\dfrac{4}{3}\right)=+\dfrac{8}{5}$

075 답 $+\dfrac{1}{4}$

$\left(-\dfrac{5}{6}\right)\times(-0.3)=+\left(\dfrac{5}{6}\times0.3\right)=+\left(\dfrac{5}{6}\times\dfrac{3}{10}\right)=+\dfrac{1}{4}$

076 답 $-$, $-$, 12

077 답 -24

$(-6)\times(+4)=-(6\times4)=-24$

078 답 $-\dfrac{7}{4}$

$\left(+\dfrac{7}{10}\right)\times\left(-\dfrac{5}{2}\right)=-\left(\dfrac{7}{10}\times\dfrac{5}{2}\right)=-\dfrac{7}{4}$

079 답 $-\dfrac{5}{4}$

$\left(-\dfrac{3}{2}\right)\times\left(+\dfrac{5}{6}\right)=-\left(\dfrac{3}{2}\times\dfrac{5}{6}\right)=-\dfrac{5}{4}$

080 답 $-\dfrac{9}{8}$

$(+1.8)\times\left(-\dfrac{5}{8}\right)=-\left(1.8\times\dfrac{5}{8}\right)=-\left(\dfrac{18}{10}\times\dfrac{5}{8}\right)=-\dfrac{9}{8}$

081 답 $-\dfrac{1}{15}$

$$\left(-\dfrac{1}{6}\right)\times(+0.4)=-\left(\dfrac{1}{6}\times0.4\right)$$
$$=-\left(\dfrac{1}{6}\times\dfrac{4}{10}\right)$$
$$=-\dfrac{1}{15}$$

082 답 ㈎: 곱셈의 교환법칙
㈏: 곱셈의 결합법칙

083 답 풀이 참조

$$(+5)\times\left(+\dfrac{1}{4}\right)\times\left(-\dfrac{6}{5}\right)$$
$$=(+5)\times\left(\boxed{-\dfrac{6}{5}}\right)\times\left(+\dfrac{1}{4}\right)\quad\text{곱셈의 }\boxed{\text{교환}}\text{법칙}$$
$$=\left\{(+5)\times\left(\boxed{-\dfrac{6}{5}}\right)\right\}\times\left(+\dfrac{1}{4}\right)\quad\text{곱셈의 }\boxed{\text{결합}}\text{법칙}$$
$$=\left(\boxed{-6}\right)\times\left(+\dfrac{1}{4}\right)$$
$$=\boxed{-\dfrac{3}{2}}$$

084 답 -3.2

$$(+2)\times(-3.2)\times(+0.5)$$
$$=(+2)\times(+0.5)\times(-3.2)\quad\text{곱셈의 교환법칙}$$
$$=\{(+2)\times(+0.5)\}\times(-3.2)\quad\text{곱셈의 결합법칙}$$
$$=(+1)\times(-3.2)$$
$$=-3.2$$

085 답 -9

$$(-8)\times\left(-\dfrac{3}{10}\right)\times\left(-\dfrac{15}{4}\right)$$
$$=(-8)\times\left(-\dfrac{15}{4}\right)\times\left(-\dfrac{3}{10}\right)\quad\text{곱셈의 교환법칙}$$
$$=\left\{(-8)\times\left(-\dfrac{15}{4}\right)\right\}\times\left(-\dfrac{3}{10}\right)\quad\text{곱셈의 결합법칙}$$
$$=(+30)\times\left(-\dfrac{3}{10}\right)$$
$$=-9$$

086 답 $+2$

$$\left(-\dfrac{5}{14}\right)\times(-12)\times\left(+\dfrac{7}{15}\right)$$
$$=\left(-\dfrac{5}{14}\right)\times\left(+\dfrac{7}{15}\right)\times(-12)\quad\text{곱셈의 교환법칙}$$
$$=\left\{\left(-\dfrac{5}{14}\right)\times\left(+\dfrac{7}{15}\right)\right\}\times(-12)\quad\text{곱셈의 결합법칙}$$
$$=\left(-\dfrac{1}{6}\right)\times(-12)$$
$$=+2$$

087 답 $-\dfrac{3}{44}$

$$\left(-\dfrac{11}{7}\right)\times\left(-\dfrac{1}{4}\right)\times\left(-\dfrac{21}{121}\right)$$
$$=\left(-\dfrac{11}{7}\right)\times\left(-\dfrac{21}{121}\right)\times\left(-\dfrac{1}{4}\right)\quad\text{곱셈의 교환법칙}$$
$$=\left\{\left(-\dfrac{11}{7}\right)\times\left(-\dfrac{21}{121}\right)\right\}\times\left(-\dfrac{1}{4}\right)\quad\text{곱셈의 결합법칙}$$
$$=\left(+\dfrac{3}{11}\right)\times\left(-\dfrac{1}{4}\right)=-\dfrac{3}{44}$$

088 답 $+60$

$$(+2)\times\left(-\dfrac{9}{8}\right)\times(+5)\times\left(-\dfrac{16}{3}\right)$$
$$=(+2)\times(+5)\times\left(-\dfrac{9}{8}\right)\times\left(-\dfrac{16}{3}\right)\quad\text{곱셈의 교환법칙}$$
$$=\{(+2)\times(+5)\}\times\left\{\left(-\dfrac{9}{8}\right)\times\left(-\dfrac{16}{3}\right)\right\}\quad\text{곱셈의 결합법칙}$$
$$=(+10)\times(+6)=+60$$

089 답 -90

$$(-7)\times(+1.5)\times\left(-\dfrac{10}{7}\right)\times(-6)$$
$$=(-7)\times\left(-\dfrac{10}{7}\right)\times(+1.5)\times(-6)\quad\text{곱셈의 교환법칙}$$
$$=\left\{(-7)\times\left(-\dfrac{10}{7}\right)\right\}\times\{(+1.5)\times(-6)\}\quad\text{곱셈의 결합법칙}$$
$$=(+10)\times(-9)=-90$$

090 답 $+,\ +,\ 180$

091 답 $-,\ 2,\ 3,\ -,\ 192$

092 답 $-,\ \dfrac{4}{3},\ \dfrac{5}{8},\ -,\ \dfrac{1}{3}$

093 답 $+,\ \dfrac{4}{7},\ \dfrac{21}{8},\ +,\ 1$

094 답 -70

$$(-5)\times(+2)\times(+7)=-(5\times2\times7)=-70$$

095 답 -240

$$(-2)\times(+5)\times(-4)\times(-6)=-(2\times5\times4\times6)=-240$$

096 답 $+48$

$$(-3)\times(+8)\times(-0.5)\times(-4)\times(-1)$$
$$=+(3\times8\times0.5\times4\times1)=+48$$

097 답 $+\dfrac{2}{5}$

$$\left(+\dfrac{1}{2}\right)\times\left(-\dfrac{3}{5}\right)\times\left(-\dfrac{4}{3}\right)=+\left(\dfrac{1}{2}\times\dfrac{3}{5}\times\dfrac{4}{3}\right)=+\dfrac{2}{5}$$

098 답 $-\dfrac{1}{6}$

$\left(-\dfrac{6}{5}\right)\times\left(+\dfrac{5}{8}\right)\times\left(+\dfrac{2}{9}\right)=-\left(\dfrac{6}{5}\times\dfrac{5}{8}\times\dfrac{2}{9}\right)=-\dfrac{1}{6}$

099 답 $-\dfrac{8}{3}$

$\left(-\dfrac{8}{3}\right)\times\left(-\dfrac{6}{7}\right)\times\left(+\dfrac{7}{4}\right)\times\left(-\dfrac{2}{3}\right)=-\left(\dfrac{8}{3}\times\dfrac{6}{7}\times\dfrac{7}{4}\times\dfrac{2}{3}\right)$
$=-\dfrac{8}{3}$

100 답 $+\dfrac{2}{9}$

$\left(+\dfrac{7}{6}\right)\times(-0.3)\times\left(-\dfrac{5}{9}\right)\times\left(+\dfrac{8}{7}\right)$
$=\left(+\dfrac{7}{6}\right)\times\left(-\dfrac{3}{10}\right)\times\left(-\dfrac{5}{9}\right)\times\left(+\dfrac{8}{7}\right)$
$=+\left(\dfrac{7}{6}\times\dfrac{3}{10}\times\dfrac{5}{9}\times\dfrac{8}{7}\right)$
$=+\dfrac{2}{9}$

101 답 (1) 16   (2) -16

102 답 (1) 49   (2) -49

103 답 (1) -64 (2) -64

104 답 (1) 1   (2) -1

105 답 (1) $-\dfrac{1}{8}$ (2) $\dfrac{9}{4}$

106 답 (1) $\dfrac{1}{81}$ (2) $-\dfrac{1}{27}$

107 답 $+72$

$(+2)^3\times(-3)^2=(+8)\times(+9)=+72$

108 답 -108

$(-3^3)\times(-2)^2=(-27)\times(+4)=-108$

109 답 $+200$

$(+5)^2\times(-2)^3\times(-1)=(+25)\times(-8)\times(-1)$
$=+(25\times8\times1)=+200$

110 답 -49

$(-7^2)\times\left(-\dfrac{1}{2}\right)^3\times(-8)=(-49)\times\left(-\dfrac{1}{8}\right)\times(-8)$
$=-\left(49\times\dfrac{1}{8}\times8\right)=-49$

111 답 -6

$\left(-\dfrac{1}{2}\right)^2\times\left(-\dfrac{2}{3}\right)^3\times(+9)^2=\left(+\dfrac{1}{4}\right)\times\left(-\dfrac{8}{27}\right)\times(+81)$
$=-\left(\dfrac{1}{4}\times\dfrac{8}{27}\times81\right)=-6$

112 답 $+500$

$(-1^4)\times(+2)^2\times(-5)^3\times(-1)^{10}$
$=(-1)\times(+4)\times(-125)\times(+1)$
$=+(1\times4\times125\times1)=+500$

113 답 $+\dfrac{2}{3}$

$(-3)^2\times\left(-\dfrac{1}{3}\right)^3\times\left(+\dfrac{1}{2}\right)^3\times(-4^2)$
$=(+9)\times\left(-\dfrac{1}{27}\right)\times\left(+\dfrac{1}{8}\right)\times(-16)$
$=+\left(9\times\dfrac{1}{27}\times\dfrac{1}{8}\times16\right)=+\dfrac{2}{3}$

114 답 100, 4, 832

115 답 -1734

$(-17)\times(100+2)=(-17)\times100+(-17)\times2$
$=-1700-34=-1734$

116 답 13

$30\times\left(\dfrac{5}{6}-\dfrac{2}{5}\right)=30\times\dfrac{5}{6}-30\times\dfrac{2}{5}=25-12=13$

117 답 100, 1, 2727

118 답 1339

$(100+3)\times13=100\times13+3\times13=1300+39=1339$

119 답 11

$\left(\dfrac{3}{4}-\dfrac{1}{5}\right)\times20=\dfrac{3}{4}\times20-\dfrac{1}{5}\times20=15-4=11$

120 답 -43

$\left(\dfrac{7}{3}+\dfrac{5}{4}\right)\times(-12)=\dfrac{7}{3}\times(-12)+\dfrac{5}{4}\times(-12)=-28-15=-43$

121 답 37, 3700

122 답 321

$3.21\times54+3.21\times46=3.21\times(54+46)=3.21\times100=321$

123 답 45

$4.5\times\dfrac{46}{3}-4.5\times\dfrac{16}{3}=4.5\times\left(\dfrac{46}{3}-\dfrac{16}{3}\right)=4.5\times10=45$

124 답 -11, -1100

125 답 297

$102\times2.97-2\times2.97=(102-2)\times2.97=100\times2.97=297$

126 답 3.7

$\dfrac{1}{4}\times3.7+\dfrac{3}{4}\times3.7=\left(\dfrac{1}{4}+\dfrac{3}{4}\right)\times3.7=1\times3.7=3.7$

127 답 −16

$$27 \times \left(-\frac{2}{5}\right) + 13 \times \left(-\frac{2}{5}\right) = (27+13) \times \left(-\frac{2}{5}\right)$$
$$= 40 \times \left(-\frac{2}{5}\right) = -16$$

128 답 +, +, 3

129 답 +4

$(+12) \div (+3) = +(12 \div 3) = +4$

130 답 +2

$(-16) \div (-8) = +(16 \div 8) = +2$

131 답 +5

$(-25) \div (-5) = +(25 \div 5) = +5$

132 답 +0.5

$(+3.5) \div (+7) = +(3.5 \div 7) = +0.5$

133 답 +1.2

$(-9.6) \div (-8) = +(9.6 \div 8) = +1.2$

134 답 −, −, 5

135 답 −3

$(+18) \div (-6) = -(18 \div 6) = -3$

136 답 −9

$(-36) \div (+4) = -(36 \div 4) = -9$

137 답 −7

$(+21) \div (-3) = -(21 \div 3) = -7$

138 답 −0.3

$(-1.5) \div (+5) = -(1.5 \div 5) = -0.3$

139 답 −1.4

$(+8.4) \div (-6) = -(8.4 \div 6) = -1.4$

140 답 $\frac{5}{2}$

141 답 $-\frac{15}{7}$

142 답 $\frac{1}{3}$

143 답 $-\frac{10}{9}$

144 답 $\frac{5}{8}$

145 답 2

146 답 $-\frac{5}{7}$

147 답 $\frac{1}{4}$

$4 = \frac{4}{1}$이므로 4의 역수는 $\frac{1}{4}$이다.

148 답 $-\frac{10}{27}$

$-2.7 = -\frac{27}{10}$이므로 -2.7의 역수는 $-\frac{10}{27}$이다.

149 답 $-\frac{5}{12}$

$-2\frac{2}{5} = -\frac{12}{5}$이므로 $-2\frac{2}{5}$의 역수는 $-\frac{5}{12}$이다.

150 답 ②, ④

두 수의 곱이 1이 아닌 것을 찾는다.

② $\left(-\frac{1}{3}\right) \times 3 = -1$

④ $0.4 = \frac{2}{5}$이므로 $\frac{2}{5} \times 0.4 = \frac{2}{5} \times \frac{2}{5} = \frac{4}{25}$

151 답 +, $\frac{20}{3}$, +, $\frac{20}{3}$, 8

152 답 $\frac{3}{2}$

$\left(+\frac{1}{3}\right) \div \left(+\frac{2}{9}\right) = \left(+\frac{1}{3}\right) \times \left(+\frac{9}{2}\right) = +\left(\frac{1}{3} \times \frac{9}{2}\right) = \frac{3}{2}$

153 답 8

$\left(-\frac{12}{5}\right) \div \left(-\frac{3}{10}\right) = \left(-\frac{12}{5}\right) \times \left(-\frac{10}{3}\right) = +\left(\frac{12}{5} \times \frac{10}{3}\right) = 8$

154 답 3

$$(-0.8) \div \left(-\frac{4}{15}\right) = \left(-\frac{8}{10}\right) \times \left(-\frac{15}{4}\right)$$
$$= +\left(\frac{8}{10} \times \frac{15}{4}\right) = 3$$

155 답 $-\frac{4}{3}$

$$\left(+\frac{2}{5}\right) \div (-0.3) = \left(+\frac{2}{5}\right) \div \left(-\frac{3}{10}\right) = \left(+\frac{2}{5}\right) \times \left(-\frac{10}{3}\right)$$
$$= -\left(\frac{2}{5} \times \frac{10}{3}\right) = -\frac{4}{3}$$

156 답 $-\frac{1}{4}$

$$(-1.6) \div \left(+\frac{32}{5}\right) = \left(-\frac{16}{10}\right) \div \left(+\frac{32}{5}\right) = \left(-\frac{16}{10}\right) \times \left(+\frac{5}{32}\right)$$
$$= -\left(\frac{16}{10} \times \frac{5}{32}\right) = -\frac{1}{4}$$

157 답 6

$$(-12) \div \left(+\frac{4}{5}\right) \div \left(-\frac{5}{2}\right) = (-12) \times \left(+\frac{5}{4}\right) \times \left(-\frac{2}{5}\right)$$
$$= +\left(12 \times \frac{5}{4} \times \frac{2}{5}\right) = 6$$

158 답 -1

$$\left(+\frac{3}{4}\right)\div\left(-\frac{5}{6}\right)\div(+0.9)=\left(+\frac{3}{4}\right)\div\left(-\frac{5}{6}\right)\div\left(+\frac{9}{10}\right)$$
$$=\left(+\frac{3}{4}\right)\times\left(-\frac{6}{5}\right)\times\left(+\frac{10}{9}\right)$$
$$=-\left(\frac{3}{4}\times\frac{6}{5}\times\frac{10}{9}\right)=-1$$

159 답 $\frac{1}{4},\ +,\ \frac{1}{4},\ 4$

160 답 -24

$$(-12)\times\left(-\frac{4}{3}\right)\div\left(-\frac{2}{3}\right)=(-12)\times\left(-\frac{4}{3}\right)\times\left(-\frac{3}{2}\right)$$
$$=-\left(12\times\frac{4}{3}\times\frac{3}{2}\right)=-24$$

161 답 -4

$$\left(+\frac{3}{7}\right)\div\left(-\frac{5}{14}\right)\times\left(+\frac{10}{3}\right)=\left(+\frac{3}{7}\right)\times\left(-\frac{14}{5}\right)\times\left(+\frac{10}{3}\right)$$
$$=-\left(\frac{3}{7}\times\frac{14}{5}\times\frac{10}{3}\right)=-4$$

162 답 $\frac{9}{5}$

$$\frac{3}{4}\times\left(-\frac{2}{5}\right)\div\left(-\frac{1}{6}\right)=\frac{3}{4}\times\left(-\frac{2}{5}\right)\times(-6)$$
$$=+\left(\frac{3}{4}\times\frac{2}{5}\times6\right)=\frac{9}{5}$$

163 답 $-\frac{12}{7}$

$$\frac{8}{7}\div(-1.2)\times\frac{9}{5}=\frac{8}{7}\div\left(-\frac{12}{10}\right)\times\frac{9}{5}$$
$$=\frac{8}{7}\times\left(-\frac{10}{12}\right)\times\frac{9}{5}$$
$$=-\left(\frac{8}{7}\times\frac{10}{12}\times\frac{9}{5}\right)=-\frac{12}{7}$$

164 답 $-\frac{9}{4}$

$$\left(-\frac{3}{8}\right)\div\frac{3}{2}\times(-3)^2=\left(-\frac{3}{8}\right)\times\frac{2}{3}\times9=-\left(\frac{3}{8}\times\frac{2}{3}\times9\right)=-\frac{9}{4}$$

165 답 $-\frac{4}{5}$

$$\left(-\frac{7}{5}\right)\times(-2)^3\div(-14)=\left(-\frac{7}{5}\right)\times(-8)\times\left(-\frac{1}{14}\right)$$
$$=-\left(\frac{7}{5}\times8\times\frac{1}{14}\right)=-\frac{4}{5}$$

166 답 10

$$\left(-\frac{2}{3}\right)\times\left(-\frac{9}{2}\right)-(-7)=3+(+7)$$
$$=3+7$$
$$=10$$

167 답 -15

$$(-8)+(-3)\div\frac{3}{7}=(-8)+(-3)\times\frac{7}{3}$$
$$=-8-7$$
$$=-15$$

168 답 3

$$(-9)-(-1)^5\div\left(-\frac{1}{6}\right)\times(-2)=(-9)-(-1)\times(-6)\times(-2)$$
$$=(-9)-6\times(-2)$$
$$=-9+12$$
$$=3$$

169 답 -1

$$\frac{1}{3}+(-2)^4\times\left(-\frac{1}{4}\right)\div3=\frac{1}{3}+16\times\left(-\frac{1}{4}\right)\div3$$
$$=\frac{1}{3}+(-4)\times\frac{1}{3}$$
$$=\frac{1}{3}-\frac{4}{3}$$
$$=-1$$

170 답 18

$$15+(-24)\times\left(-\frac{1}{8}\right)=15+3$$
$$=18$$

171 답 0

$$\frac{7}{9}\div\left(-\frac{7}{18}\right)-(-2)=\frac{7}{9}\times\left(-\frac{18}{7}\right)+(+2)$$
$$=-2+2$$
$$=0$$

172 답 4

$$\left(-\frac{2}{5}\right)\times(-10)\div3-\left(-\frac{8}{3}\right)=4\div3+\left(+\frac{8}{3}\right)$$
$$=\frac{4}{3}+\frac{8}{3}$$
$$=4$$

173 답 6

$$9+\left(-\frac{3}{5}\right)\div\frac{16}{5}\times(-4)^2=9+\left(-\frac{3}{5}\right)\times\frac{5}{16}\times16$$
$$=9+\left(-\frac{3}{16}\right)\times16$$
$$=9-3$$
$$=6$$

174 답 34

$$(-5)\times(-2)^3+\frac{3}{4}\div\left(-\frac{1}{8}\right)=(-5)\times(-8)+\frac{3}{4}\times(-8)$$
$$=40-6$$
$$=34$$

175 답 계산 순서는 풀이 참조, -14

$2-\{3-(-1)\}\times 4 = 2-(3+1)\times 4$
$\qquad\qquad\qquad = 2-4\times 4$
$\qquad\qquad\qquad = 2-16$
$\qquad\qquad\qquad = -14$

176 답 계산 순서는 풀이 참조, 3

$5\div\{2-(-3)\}+2 = 5\div(2+3)+2$
$\qquad\qquad\qquad = 5\div 5+2$
$\qquad\qquad\qquad = 1+2$
$\qquad\qquad\qquad = 3$

177 답 계산 순서는 풀이 참조, -18

$(-3)\times\{10-(-2)^2\} = (-3)\times(10-4)$
$\qquad\qquad\qquad\quad = (-3)\times 6$
$\qquad\qquad\qquad\quad = -18$

178 답 계산 순서는 풀이 참조, 7

$\{13+(-3)^3\}\div(-2) = \{13+(-27)\}\div(-2)$
$\qquad\qquad\qquad\quad = (-14)\div(-2)$
$\qquad\qquad\qquad\quad = 7$

179 답 계산 순서는 풀이 참조, -10

$10\div\{(-1)^{99}\times 3+2\} = 10\div\{(-1)\times 3+2\}$
$\qquad\qquad\qquad\qquad = 10\div(-3+2)$
$\qquad\qquad\qquad\qquad = 10\div(-1)$
$\qquad\qquad\qquad\qquad = -10$

180 답 계산 순서는 풀이 참조, -8

$\{4-2\times(-1)^{100}\}\times(-4) = (4-2\times 1)\times(-4)$
$\qquad\qquad\qquad\qquad = (4-2)\times(-4)$
$\qquad\qquad\qquad\qquad = 2\times(-4)$
$\qquad\qquad\qquad\qquad = -8$

181 답 계산 순서는 풀이 참조, 6

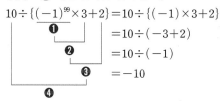

$-1+\left\{\dfrac{1}{4}\times(-2)^2+\dfrac{2}{5}\right\}\div\dfrac{1}{5} = -1+\left(\dfrac{1}{4}\times 4+\dfrac{2}{5}\right)\div\dfrac{1}{5}$
$\qquad\qquad\qquad\qquad\qquad = -1+\left(1+\dfrac{2}{5}\right)\div\dfrac{1}{5}$
$\qquad\qquad\qquad\qquad\qquad = -1+\dfrac{7}{5}\times 5$
$\qquad\qquad\qquad\qquad\qquad = -1+7$
$\qquad\qquad\qquad\qquad\qquad = 6$

182 답 계산 순서는 풀이 참조, -46

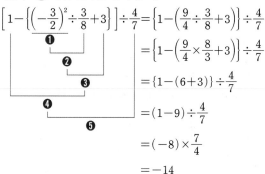

$(-2)\times\left\{\dfrac{3}{2}\times(-4)^2-3\right\}-4 = (-2)\times\left(\dfrac{3}{2}\times 16-3\right)-4$
$\qquad\qquad\qquad\qquad\qquad = (-2)\times(24-3)-4$
$\qquad\qquad\qquad\qquad\qquad = (-2)\times 21-4$
$\qquad\qquad\qquad\qquad\qquad = -42-4$
$\qquad\qquad\qquad\qquad\qquad = -46$

183 답 계산 순서는 풀이 참조, 2

$\dfrac{4}{19}\times\left[\left\{1-\left(-\dfrac{5}{2}\right)^2\div\dfrac{25}{2}\right\}+9\right] = \dfrac{4}{19}\times\left\{\left(1-\dfrac{25}{4}\div\dfrac{25}{2}\right)+9\right\}$
$\qquad\qquad\qquad\qquad\qquad = \dfrac{4}{19}\times\left\{\left(1-\dfrac{25}{4}\times\dfrac{2}{25}\right)+9\right\}$
$\qquad\qquad\qquad\qquad\qquad = \dfrac{4}{19}\times\left\{\left(1-\dfrac{1}{2}\right)+9\right\}$
$\qquad\qquad\qquad\qquad\qquad = \dfrac{4}{19}\times\left(\dfrac{1}{2}+9\right)$
$\qquad\qquad\qquad\qquad\qquad = \dfrac{4}{19}\times\dfrac{19}{2}$
$\qquad\qquad\qquad\qquad\qquad = 2$

184 답 계산 순서는 풀이 참조, -14

$\left[1-\left\{\left(-\dfrac{3}{2}\right)^2\div\dfrac{3}{8}+3\right\}\right]\div\dfrac{4}{7} = \left\{1-\left(\dfrac{9}{4}\div\dfrac{3}{8}+3\right)\right\}\div\dfrac{4}{7}$
$\qquad\qquad\qquad\qquad\qquad = \left\{1-\left(\dfrac{9}{4}\times\dfrac{8}{3}+3\right)\right\}\div\dfrac{4}{7}$
$\qquad\qquad\qquad\qquad\qquad = \{1-(6+3)\}\div\dfrac{4}{7}$
$\qquad\qquad\qquad\qquad\qquad = (1-9)\div\dfrac{4}{7}$
$\qquad\qquad\qquad\qquad\qquad = (-8)\times\dfrac{7}{4}$
$\qquad\qquad\qquad\qquad\qquad = -14$

185 답 계산 순서는 풀이 참조, -9

$\dfrac{25}{3}\times\left[(-3)\div\left\{\left(\dfrac{2}{3}\right)^2-\left(-\dfrac{7}{3}\right)\right\}\right]$

$= \dfrac{25}{3}\times\left[(-3)\div\left\{\dfrac{4}{9}-\left(-\dfrac{7}{3}\right)\right\}\right]$
$= \dfrac{25}{3}\times\left\{(-3)\div\left(\dfrac{4}{9}+\dfrac{21}{9}\right)\right\}$
$= \dfrac{25}{3}\times\left\{(-3)\div\dfrac{25}{9}\right\}$
$= \dfrac{25}{3}\times\left\{(-3)\times\dfrac{9}{25}\right\}$
$= \dfrac{25}{3}\times\left(-\dfrac{27}{25}\right)$
$= -9$

186 📍 계산 순서는 풀이 참조, 5

$$\left[21+\left\{\frac{3}{5}-\left(-\frac{1}{5}\right)^2\right\}\times(-25)\right]\div\frac{7}{5}$$

(계산 순서 화살표 도식: ❶ ❷ ❸ ❹ ❺)

$$=\left\{21+\left(\frac{3}{5}-\frac{1}{25}\right)\times(-25)\right\}\div\frac{7}{5}$$

$$=\left\{21+\left(\frac{15}{25}-\frac{1}{25}\right)\times(-25)\right\}\div\frac{7}{5}$$

$$=\left\{21+\frac{14}{25}\times(-25)\right\}\div\frac{7}{5}$$

$$=(21-14)\div\frac{7}{5}$$

$$=7\times\frac{5}{7}$$

$$=5$$

기본 문제 × 확인하기

60~61쪽

1 (1) 10.5 (2) $-\dfrac{5}{2}$ (3) -3 (4) 2 (5) -8.9

  (6) $\dfrac{21}{10}$ (또는 2.1)

2 (1) -5 (2) -10.9 (3) 3 (4) $\dfrac{5}{2}$

  (5) $-\dfrac{7}{10}$ (또는 -0.7) (6) $\dfrac{5}{4}$

3 (1) 0 (2) -8.1 (3) -1 (4) $\dfrac{9}{20}$

4 (1) 4 (2) $-\dfrac{11}{3}$ (3) $\dfrac{1}{4}$

5 (1) 4 (2) 3 (3) -21 (4) $-\dfrac{3}{2}$

6 (1) 24 (2) -3 (3) -5

7 (1) -36 (2) 160 (3) 45 (4) $-\dfrac{2}{5}$

8 (1) 6993 (2) -19

9 (1) $\dfrac{7}{2}$ (2) $-\dfrac{1}{8}$ (3) $\dfrac{3}{10}$

10 (1) 3 (2) -0.2 (3) -2 (4) $\dfrac{4}{3}$

11 (1) -12 (2) $\dfrac{3}{4}$ (3) 10

12 (1) $\dfrac{1}{2}$ (2) -36 (3) -1 (4) $\dfrac{26}{9}$

1 (1) $(+4)+(+6.5)=+(4+6.5)=10.5$

(2) $\left(-\dfrac{3}{2}\right)+(-1)=-\left(\dfrac{3}{2}+1\right)=-\left(\dfrac{3}{2}+\dfrac{2}{2}\right)=-\dfrac{5}{2}$

(3) $(+5)+(-8)=-(8-5)=-3$

(4) $\left(-\dfrac{1}{3}\right)+\left(+\dfrac{7}{3}\right)=+\left(\dfrac{7}{3}-\dfrac{1}{3}\right)=\dfrac{6}{3}=2$

(5) $(-7.8)+(-1.1)=-(7.8+1.1)=-8.9$

(6) $(+2.3)+\left(-\dfrac{1}{5}\right)=\left(+\dfrac{23}{10}\right)+\left(-\dfrac{2}{10}\right)$

$\qquad=+\left(\dfrac{23}{10}-\dfrac{2}{10}\right)=\dfrac{21}{10}$

다른 풀이 $(+2.3)+\left(-\dfrac{1}{5}\right)=(+2.3)+(-0.2)$

$\qquad=+(2.3-0.2)=2.1$

2 (1) $(+1)-(+6)=(+1)+(-6)=-(6-1)=-5$

(2) $(-3.9)-(+7)=(-3.9)+(-7)=-(3.9+7)=-10.9$

(3) $(-5)-(-8)=(-5)+(+8)=+(8-5)=3$

(4) $(+2)-\left(-\dfrac{1}{2}\right)=(+2)+\left(+\dfrac{1}{2}\right)$

$\qquad=+\left(2+\dfrac{1}{2}\right)$

$\qquad=+\left(\dfrac{4}{2}+\dfrac{1}{2}\right)=\dfrac{5}{2}$

(5) $(+0.2)-\left(+\dfrac{9}{10}\right)=\left(+\dfrac{2}{10}\right)+\left(-\dfrac{9}{10}\right)$

$\qquad=-\left(\dfrac{9}{10}-\dfrac{2}{10}\right)=-\dfrac{7}{10}$

다른 풀이 $(+0.2)-\left(+\dfrac{9}{10}\right)=(+0.2)+(-0.9)$

$\qquad=-(0.9-0.2)=-0.7$

(6) $\left(+\dfrac{5}{6}\right)-\left(-\dfrac{5}{12}\right)=\left(+\dfrac{10}{12}\right)+\left(+\dfrac{5}{12}\right)$

$\qquad=+\left(\dfrac{10}{12}+\dfrac{5}{12}\right)=\dfrac{15}{12}=\dfrac{5}{4}$

3 (1) $(+3)+(-8)-(-5)=(+3)+(-8)+(+5)$

$\qquad=\{(+3)+(+5)\}+(-8)$

$\qquad=(+8)+(-8)=0$

(2) $(-0.9)-(+2.4)+(-6)-(-1.2)$

$\quad=(-0.9)+(-2.4)+(-6)+(+1.2)$

$\quad=\{(-0.9)+(-2.4)\}+(-6)+(+1.2)$

$\quad=(-3.3)+(-6)+(+1.2)$

$\quad=\{(-3.3)+(-6)\}+(+1.2)$

$\quad=(-9.3)+(+1.2)=-8.1$

(3) $\dfrac{3}{7}-2+\dfrac{4}{7}$

$\quad=\left(+\dfrac{3}{7}\right)-(+2)+\left(+\dfrac{4}{7}\right)$

$\quad=\left(+\dfrac{3}{7}\right)+(-2)+\left(+\dfrac{4}{7}\right)$

$\quad=\left\{\left(+\dfrac{3}{7}\right)+\left(+\dfrac{4}{7}\right)\right\}+(-2)$

$\quad=(+1)+(-2)=-1$

(4) $\frac{1}{2}+\frac{3}{5}-\frac{1}{4}-\frac{2}{5}=\left(+\frac{1}{2}\right)+\left(+\frac{3}{5}\right)-\left(+\frac{1}{4}\right)-\left(+\frac{2}{5}\right)$

$\quad=\left(+\frac{1}{2}\right)+\left(+\frac{3}{5}\right)+\left(-\frac{1}{4}\right)+\left(-\frac{2}{5}\right)$

$\quad=\left\{\left(+\frac{2}{4}\right)+\left(-\frac{1}{4}\right)\right\}+\left\{\left(+\frac{3}{5}\right)+\left(-\frac{2}{5}\right)\right\}$

$\quad=\left(+\frac{1}{4}\right)+\left(+\frac{1}{5}\right)$

$\quad=\left(+\frac{5}{20}\right)+\left(+\frac{4}{20}\right)=\frac{9}{20}$

4 (1) $6+(-2)=(+6)+(-2)=4$

(2) $-\frac{2}{3}-3=\left(-\frac{2}{3}\right)-(+3)=\left(-\frac{2}{3}\right)+\left(-\frac{9}{3}\right)=-\frac{11}{3}$

(3) $-1-\left(-\frac{5}{4}\right)=(-1)+\left(+\frac{5}{4}\right)=\left(-\frac{4}{4}\right)+\left(+\frac{5}{4}\right)=\frac{1}{4}$

5 (1) $(+6)\times\left(+\frac{2}{3}\right)=+\left(6\times\frac{2}{3}\right)=4$

(2) $(-2)\times(-1.5)=+(2\times1.5)=3$

(3) $(+3)\times(-7)=-(3\times7)=-21$

(4) $\left(-\frac{4}{5}\right)\times\left(+\frac{15}{8}\right)=-\left(\frac{4}{5}\times\frac{15}{8}\right)=-\frac{3}{2}$

6 (1) $(-1)\times(+2)\times(-3)\times(+4)=+(1\times2\times3\times4)=24$

(2) $\left(-\frac{2}{3}\right)\times(-1)\times\left(-\frac{9}{2}\right)=-\left(\frac{2}{3}\times1\times\frac{9}{2}\right)=-3$

(3) $(+1.4)\times\left(+\frac{5}{7}\right)\times(-5)=-\left(\frac{14}{10}\times\frac{5}{7}\times5\right)=-5$

7 (2) $10\times(-2)^4=10\times16=160$

(3) $(-3)^2\times(-1)^5\times(-5)=9\times(-1)\times(-5)=45$

(4) $\left(\frac{1}{5}\right)^3\times(-8)\times\left(-\frac{5}{2}\right)^2=\frac{1}{125}\times(-8)\times\frac{25}{4}$

$\quad=-\left(\frac{1}{125}\times8\times\frac{25}{4}\right)=-\frac{2}{5}$

8 (1) $7\times(1000-1)=7\times1000-7\times1$

$\quad=7000-7=6993$

(2) $19\times\left(-\frac{6}{5}\right)+19\times\frac{1}{5}=19\times\left(-\frac{6}{5}+\frac{1}{5}\right)$

$\quad=19\times(-1)=-19$

9 (3) $3\frac{1}{3}=\frac{10}{3}$이므로 $3\frac{1}{3}$의 역수는 $\frac{3}{10}$이다.

10 (1) $(-24)\div(-8)=+(24\div8)=3$

(2) $(-1.4)\div(+7)=-(1.4\div7)=-0.2$

(3) $\left(+\frac{3}{5}\right)\div\left(-\frac{3}{10}\right)=\left(+\frac{3}{5}\right)\times\left(-\frac{10}{3}\right)$

$\quad=-\left(\frac{3}{5}\times\frac{10}{3}\right)=-2$

(4) $\left(+\frac{24}{5}\right)\div(+3.6)=\left(+\frac{24}{5}\right)\div\left(+\frac{36}{10}\right)$

$\quad=\left(+\frac{24}{5}\right)\times\left(+\frac{10}{36}\right)$

$\quad=+\left(\frac{24}{5}\times\frac{10}{36}\right)=\frac{4}{3}$

11 (1) $(-3)^3\times(-2)^2\div9=(-27)\times4\times\frac{1}{9}$

$\quad=-\left(27\times4\times\frac{1}{9}\right)=-12$

(2) $\left(-\frac{3}{7}\right)\div6\times\left(-\frac{21}{2}\right)=\left(-\frac{3}{7}\right)\times\frac{1}{6}\times\left(-\frac{21}{2}\right)$

$\quad=+\left(\frac{3}{7}\times\frac{1}{6}\times\frac{21}{2}\right)=\frac{3}{4}$

(3) $(-6)^2\div\left(-\frac{9}{4}\right)\times\left(-\frac{5}{8}\right)=36\times\left(-\frac{4}{9}\right)\times\left(-\frac{5}{8}\right)$

$\quad=+\left(36\times\frac{4}{9}\times\frac{5}{8}\right)=10$

12 (1) $1-\left(-\frac{3}{4}\right)^2\times\frac{8}{9}=1-\frac{9}{16}\times\frac{8}{9}$

$\quad=1-\frac{1}{2}=\frac{1}{2}$

(2) $3\div\left(-\frac{5}{6}+\frac{3}{4}\right)=3\div\left(-\frac{10}{12}+\frac{9}{12}\right)$

$\quad=3\div\left(-\frac{1}{12}\right)$

$\quad=3\times(-12)=-36$

(3) $\left\{10-(-2)^3\div\left(-\frac{4}{3}\right)\right\}\times\left(-\frac{1}{4}\right)$

$\quad=\left\{10-(-8)\times\left(-\frac{3}{4}\right)\right\}\times\left(-\frac{1}{4}\right)$

$\quad=(10-6)\times\left(-\frac{1}{4}\right)$

$\quad=4\times\left(-\frac{1}{4}\right)=-1$

(4) $3-\left[\left(-\frac{2}{3}\right)^2+6\div\{2\times(-5)-8\}\right]$

$\quad=3-\left\{\frac{4}{9}+6\div(-10-8)\right\}$

$\quad=3-\left\{\frac{4}{9}+6\div(-18)\right\}$

$\quad=3-\left\{\frac{4}{9}+6\times\left(-\frac{1}{18}\right)\right\}$

$\quad=3-\left\{\frac{4}{9}+\left(-\frac{1}{3}\right)\right\}$

$\quad=3-\left(\frac{4}{9}-\frac{3}{9}\right)$

$\quad=3-\frac{1}{9}$

$\quad=\frac{27}{9}-\frac{1}{9}=\frac{26}{9}$

학교 시험 문제 ✕ 확인하기　62~63쪽

1 ③　**2** ㉠, ㉡　**3** ④　**4** ㉣　**5** 6

6 ②　**7** ④　**8** ③　**9** 1

10 분배법칙　**11** ①　**12** ③　**13** -59

14 ③, ⑤　**15** (1) ㉣, ㉤, ㉢, ㉡, ㉠　(2) $\frac{7}{3}$

1 0에서 왼쪽으로 3칸 움직였으므로 -3이고,
다시 왼쪽으로 4칸 움직였으므로 -4를 더한 것이다.
따라서 주어진 그림으로 설명할 수 있는 덧셈식은
$(-3)+(-4)=-7$이다.

3 ① $(-2)+(-13)=-(2+13)=-15$
② $(+1.3)+(-2.7)=-(2.7-1.3)=-1.4$
③ $(-4)-(-1)=(-4)+(+1)$
$\qquad\qquad\quad =-(4-1)=-3$
④ $\left(+\dfrac{3}{4}\right)-\left(-\dfrac{5}{8}\right)=\left(+\dfrac{3}{4}\right)+\left(+\dfrac{5}{8}\right)$
$\qquad\qquad\quad =+\left(\dfrac{3}{4}+\dfrac{5}{8}\right)$
$\qquad\qquad\quad =+\left(\dfrac{6}{8}+\dfrac{5}{8}\right)=+\dfrac{11}{8}$
⑤ $(-2.1)-(+7.9)=(-2.1)+(-7.9)$
$\qquad\qquad\quad =-(2.1+7.9)=-10$
따라서 옳은 것은 ④이다.

4 ㄱ. $-4+\dfrac{21}{4}+\dfrac{1}{2}-\dfrac{5}{4}$
$\quad =(-4)+\left(+\dfrac{21}{4}\right)+\left(+\dfrac{1}{2}\right)-\left(+\dfrac{5}{4}\right)$
$\quad =(-4)+\left(+\dfrac{21}{4}\right)+\left(+\dfrac{1}{2}\right)+\left(-\dfrac{5}{4}\right)$
$\quad =\left\{(-\dfrac{8}{2})+\left(+\dfrac{1}{2}\right)\right\}+\left\{\left(+\dfrac{21}{4}\right)+\left(-\dfrac{5}{4}\right)\right\}$
$\quad =\left(-\dfrac{7}{2}\right)+\left(+\dfrac{16}{4}\right)$
$\quad =\left(-\dfrac{7}{2}\right)+(+4)$
$\quad =\left(-\dfrac{7}{2}\right)+\left(+\dfrac{8}{2}\right)$
$\quad =\dfrac{1}{2}$
ㄴ. $\dfrac{1}{5}+\dfrac{2}{3}+3-\dfrac{7}{2}=\left(+\dfrac{1}{5}\right)+\left(+\dfrac{2}{3}\right)+(+3)-\left(+\dfrac{7}{2}\right)$
$\qquad\qquad\qquad =\left(+\dfrac{1}{5}\right)+\left(+\dfrac{2}{3}\right)+(+3)+\left(-\dfrac{7}{2}\right)$
$\qquad\qquad\qquad =\left\{\left(+\dfrac{3}{15}\right)+\left(+\dfrac{10}{15}\right)\right\}+\left\{\left(+\dfrac{6}{2}\right)+\left(-\dfrac{7}{2}\right)\right\}$
$\qquad\qquad\qquad =\left(+\dfrac{13}{15}\right)+\left(-\dfrac{1}{2}\right)$
$\qquad\qquad\qquad =\left(+\dfrac{26}{30}\right)+\left(-\dfrac{15}{30}\right)$
$\qquad\qquad\qquad =\dfrac{11}{30}$
ㄷ. $\dfrac{1}{3}-1.5+\dfrac{8}{3}+0.5$
$\quad =\left(+\dfrac{1}{3}\right)-(+1.5)+\left(+\dfrac{8}{3}\right)+(+0.5)$
$\quad =\left(+\dfrac{1}{3}\right)+(-1.5)+\left(+\dfrac{8}{3}\right)+(+0.5)$
$\quad =\left\{\left(+\dfrac{1}{3}\right)+\left(+\dfrac{8}{3}\right)\right\}+\{(-1.5)+(+0.5)\}$
$\quad =\left(+\dfrac{9}{3}\right)+(-1)$
$\quad =(+3)+(-1)=2$

ㄹ. $\dfrac{1}{9}-3-\dfrac{3}{5}+\dfrac{7}{45}$
$\quad =\left(+\dfrac{1}{9}\right)-(+3)-\left(+\dfrac{3}{5}\right)+\left(+\dfrac{7}{45}\right)$
$\quad =\left(+\dfrac{1}{9}\right)+(-3)+\left(-\dfrac{3}{5}\right)+\left(+\dfrac{7}{45}\right)$
$\quad =\left\{\left(+\dfrac{1}{9}\right)+\left(+\dfrac{7}{45}\right)\right\}+\left\{(-3)+\left(-\dfrac{3}{5}\right)\right\}$
$\quad =\left\{\left(+\dfrac{5}{45}\right)+\left(+\dfrac{7}{45}\right)\right\}+\left\{\left(-\dfrac{15}{5}\right)+\left(-\dfrac{3}{5}\right)\right\}$
$\quad =\left(+\dfrac{12}{45}\right)+\left(-\dfrac{18}{5}\right)$
$\quad =\left(+\dfrac{4}{15}\right)+\left(-\dfrac{18}{5}\right)$
$\quad =\left(+\dfrac{4}{15}\right)+\left(-\dfrac{54}{15}\right)$
$\quad =-\dfrac{50}{15}=-\dfrac{10}{3}$
따라서 계산 결과가 가장 작은 것은 ㄹ이다.

5 $a=-3-(-5)=-3+5=2$
$b=8+(-12)=-4$
$\therefore a-b=2-(-4)=2+4=6$

7 ① $(-5)\times(-5)=+(5\times5)=+25$
② $(+9)\times\left(-\dfrac{5}{3}\right)=-\left(9\times\dfrac{5}{3}\right)=-15$
③ $\left(-\dfrac{3}{10}\right)\times\left(+\dfrac{1}{9}\right)=-\left(\dfrac{3}{10}\times\dfrac{1}{9}\right)=-\dfrac{1}{30}$
④ $\left(+\dfrac{3}{2}\right)\times\left(+\dfrac{2}{7}\right)\times\left(-\dfrac{7}{6}\right)=-\left(\dfrac{3}{2}\times\dfrac{2}{7}\times\dfrac{7}{6}\right)=-\dfrac{1}{2}$
⑤ $\left(-\dfrac{25}{2}\right)\times\left(+\dfrac{14}{5}\right)\times(-0.2)=+\left(\dfrac{25}{2}\times\dfrac{14}{5}\times\dfrac{1}{5}\right)=+7$
따라서 옳지 않은 것은 ④이다.

8 ① $-2^2=-4$
② $-(-2)^3=-(-8)=8$
③ $-2^3=-8$
④ $(-2)^4=16$
⑤ $(-3)^2=9$
따라서 가장 작은 수는 ③이다.

9 $(-1)^{30}-(-1)^{45}+(-1)^{27}=1-(-1)+(-1)$
$\qquad\qquad\qquad\qquad\qquad\quad =1+1-1$
$\qquad\qquad\qquad\qquad\qquad\quad =1$

11 $(-1.8)\times36+(-1.8)\times4=(-1.8)\times(36+4)$
$\qquad\qquad\qquad\qquad\qquad\quad =(-1.8)\times40$
$\qquad\qquad\qquad\qquad\qquad\quad =-72$
따라서 $a=40$, $b=-72$이므로
$b-a=-72-40=-112$

12 -3의 역수는 $-\dfrac{1}{3}$이고,

$-2\dfrac{1}{2}=-\dfrac{5}{2}$이므로 $-2\dfrac{1}{2}$의 역수는 $-\dfrac{2}{5}$이고,

$1.2=\dfrac{12}{10}=\dfrac{6}{5}$이므로 1.2의 역수는 $\dfrac{5}{6}$이다.

따라서 구하는 곱은

$\left(-\dfrac{1}{3}\right)\times\left(-\dfrac{2}{5}\right)\times\dfrac{5}{6}=+\left(\dfrac{1}{3}+\dfrac{2}{5}\times\dfrac{5}{6}\right)=\dfrac{1}{9}$

13 $a=21\div\left(-\dfrac{3}{7}\right)=21\times\left(-\dfrac{7}{3}\right)$

$\qquad\qquad\qquad =-\left(21\times\dfrac{7}{3}\right)=-49$

$b=(-25)\div\dfrac{5}{2}=(-25)\times\dfrac{2}{5}$

$\qquad\qquad\qquad =-\left(25\times\dfrac{2}{5}\right)=-10$

$\therefore a+b=-49+(-10)=-59$

14 ① $\dfrac{3}{7}\div\dfrac{3}{14}\div\left(-\dfrac{2}{5}\right)=\dfrac{3}{7}\times\dfrac{14}{3}\times\left(-\dfrac{5}{2}\right)$

$\qquad\qquad\qquad =-\left(\dfrac{3}{7}\times\dfrac{14}{3}\times\dfrac{5}{2}\right)=-5$

② $-2\times\left(-\dfrac{2}{3}\right)^2\div\left(-\dfrac{14}{9}\right)=-2\times\dfrac{4}{9}\times\left(-\dfrac{9}{14}\right)$

$\qquad\qquad\qquad =+\left(2\times\dfrac{4}{9}\times\dfrac{9}{14}\right)=\dfrac{4}{7}$

③ $7\div(-14)+\dfrac{5}{2}=7\times\left(-\dfrac{1}{14}\right)+\dfrac{5}{2}$

$\qquad\qquad\qquad =\left(-\dfrac{1}{2}\right)+\dfrac{5}{2}$

$\qquad\qquad\qquad =\dfrac{4}{2}=2$

④ $(-2)^4+(-3)\times(-2)=16+6=22$

⑤ $3\times\left\{\left(-\dfrac{1}{3}\right)^2-(-2)\right\}=3\times\left(\dfrac{1}{9}+2\right)$

$\qquad\qquad\qquad =3\times\left(\dfrac{1}{9}+\dfrac{18}{9}\right)$

$\qquad\qquad\qquad =3\times\dfrac{19}{9}=\dfrac{19}{3}$

따라서 옳은 것은 ③, ⑤이다.

15 ⑵ $5-\dfrac{2}{3}\times\left\{1+\left(-\dfrac{3}{2}\right)^2\div\dfrac{3}{4}\right\}$

$\qquad =5-\dfrac{2}{3}\times\left(1+\dfrac{9}{4}\div\dfrac{3}{4}\right)$

$\qquad =5-\dfrac{2}{3}\times\left(1+\dfrac{9}{4}\times\dfrac{4}{3}\right)$

$\qquad =5-\dfrac{2}{3}\times(1+3)$

$\qquad =5-\dfrac{2}{3}\times4$

$\qquad =5-\dfrac{8}{3}$

$\qquad =\dfrac{15}{3}-\dfrac{8}{3}=\dfrac{7}{3}$

4 문자의 사용과 식의 계산

66~83쪽

001 답 $-a$

002 답 $5ab$

003 답 $0.1xy$

004 답 a^3

005 답 $\dfrac{1}{2}a^2b$

006 답 x^2y^3

007 답 $-0.1x^2y^2$

008 답 $3(a+b)$

009 답 $-10(x-y)$

010 답 $-6a(x+y)$

011 답 $a+5b$

012 답 $2x+3y$

013 답 $4bc-8(a+b)$

014 답 $2a^2+5(a-b)$

015 답 $\dfrac{5}{a}$

016 답 $-\dfrac{b}{7}$

017 답 $\dfrac{x}{3y}$

$x\div3\div y=x\times\dfrac{1}{3}\times\dfrac{1}{y}=\dfrac{x}{3y}$

018 답 $-\dfrac{a}{4b}$

$a\div(-4)\div b=a\times\left(-\dfrac{1}{4}\right)\times\dfrac{1}{b}=-\dfrac{a}{4b}$

019 답 $\dfrac{5}{abc}$

$5\div a\div b\div c=5\times\dfrac{1}{a}\times\dfrac{1}{b}\times\dfrac{1}{c}=\dfrac{5}{abc}$

020 답 $\dfrac{x+y}{5}$

021 답 $\dfrac{4}{x+2}$

022 답 $\dfrac{x}{y(z-3)}$

$x \div (z-3) \div y = x \times \dfrac{1}{(z-3)} \times \dfrac{1}{y} = \dfrac{x}{y(z-3)}$

023 답 $-(a-b)$

024 답 $\dfrac{a+b}{xy}$

$(a+b) \div x \div y = (a+b) \times \dfrac{1}{x} \times \dfrac{1}{y} = \dfrac{a+b}{xy}$

025 답 $a+\dfrac{b}{2}$

026 답 $\dfrac{a}{2}-\dfrac{b}{c}$

027 답 $\dfrac{a}{4}+\dfrac{b+c}{7}$

$a \div 4 + (b+c) \div 7 = a \times \dfrac{1}{4} + (b+c) \times \dfrac{1}{7} = \dfrac{a}{4} + \dfrac{b+c}{7}$

028 답 $\dfrac{2+x}{y}-\dfrac{x}{3-y}$

$(2+x) \div y - x \div (3-y) = (2+x) \times \dfrac{1}{y} - x \times \dfrac{1}{3-y}$
$\qquad\qquad = \dfrac{2+x}{y} - \dfrac{x}{3-y}$

029 답 $\dfrac{ax}{4}$

$a \div 4 \times x = a \times \dfrac{1}{4} \times x = \dfrac{ax}{4}$

030 답 $\dfrac{ab}{c}$

$a \times b \div c = a \times b \times \dfrac{1}{c} = \dfrac{ab}{c}$

031 답 $-\dfrac{x}{y}$

$x \div y \times (-1) = x \times \dfrac{1}{y} \times (-1) = -\dfrac{x}{y}$

032 답 $5x-\dfrac{y}{z}$

$x \times 5 - y \div z = 5x - y \times \dfrac{1}{z} = 5x - \dfrac{y}{z}$

033 답 $a^2+\dfrac{b}{2}$

$a \times a - b \div (-2) = a^2 - b \times \left(-\dfrac{1}{2}\right) = a^2 + \dfrac{b}{2}$

034 답 $\dfrac{3x}{2+y}$

$3 \div (2+y) \times x = 3 \times \dfrac{1}{2+y} \times x = \dfrac{3x}{2+y}$

035 답 $\dfrac{-ab}{-b+c}$

$-a \div (-b+c) \times b = -a \times \dfrac{1}{-b+c} \times b = \dfrac{-ab}{-b+c}$

036 답 $\dfrac{x^2y}{x+y}$

$x \times y \div (x+y) \times x = x \times y \times \dfrac{1}{x+y} \times x = \dfrac{x^2y}{x+y}$

037 답 $xy-\dfrac{x}{y+1}$

$x \times y - x \div (y+1) = xy - x \times \dfrac{1}{y+1} = xy - \dfrac{x}{y+1}$

038 답 $4 \times a \times b$

039 답 $(-1) \times x \times x \times y$

$-x^2y = (-1) \times x^2 \times y = (-1) \times x \times x \times y$

040 답 $3 \times a \times (x-y)$

041 답 $(-2) \times a \times a \times x \times y$

042 답 $7 \div x$

043 답 $y \div (-6)$

044 답 $(a-b) \div 5$

045 답 $(-4) \div (a+b)$

046 답 $(-x-y) \div (z+3)$

047 답 $4x$

048 답 $(2a+3b)$점

$2 \times a + 3 \times b = 2a + 3b$(점)

049 답 $\dfrac{a+b+c}{3}$점

050 답 $4x+2y$

$4 \times x + 2 \times y = 4x + 2y$

051 답 $(5a+1)$개

(귤의 전체 개수)=(나누어 준 귤의 개수)+(남은 귤의 개수)
$\qquad\qquad = a \times 5 + 1$
$\qquad\qquad = 5a + 1$(개)

052 답 $5x$원

$x \times 5 = 5x$(원)

053 답 $\dfrac{a}{8}$원

054 답 $\left(\dfrac{x}{6}+3000\right)$원

055 답 $(10000-2000a)$원

(거스름돈)=(낸 돈)-(공책 a권의 가격)

$=10000-2000 \times a$

$=10000-2000a$(원)

056 답 $(4x-3y)$원

(사고 남은 돈)=(4명이 모아서 낸 돈)-(떡볶이 3인분의 가격)

$=x \times 4-y \times 3$

$=4x-3y$(원)

057 답 $xy+1$

$x \times y+1=xy+1$

058 답 $3a-2b$

$a \times 3-b \times 2=3a-2b$

059 답 $10x+y$

$10 \times x+1 \times y=10x+y$

060 답 $100a+10b+3$

$100 \times a+10 \times b+1 \times 3=100a+10b+3$

061 답 $\dfrac{33}{100}a$명

33%는 $\dfrac{33}{100}$이므로 $a \times \dfrac{33}{100}=\dfrac{33}{100}a$(명)

062 답 $\dfrac{7}{10}x$원

70%는 $\dfrac{70}{100}=\dfrac{7}{10}$이므로 $x \times \dfrac{7}{10}=\dfrac{7}{10}x$(원)

063 답 $\dfrac{59}{100}b\,\mathrm{kg}$

$b\%$는 $\dfrac{b}{100}$이므로 $59 \times \dfrac{b}{100}=\dfrac{59}{100}b$(kg)

064 답 $\dfrac{12}{25}y$시간

$y\%$는 $\dfrac{y}{100}$이므로 $48 \times \dfrac{y}{100}=\dfrac{12}{25}y$(시간)

065 답 $3x\,\mathrm{cm}$

(정삼각형의 둘레의 길이)=(한 변의 길이)×(변의 개수)

$=x \times 3$

$=3x$(cm)

066 답 $y^2\,\mathrm{cm}^2$

(정사각형의 넓이)=(가로의 길이)×(세로의 길이)

$=y \times y$

$=y^2$(cm²)

067 답 $2(a+b)\,\mathrm{cm}$

(직사각형의 둘레의 길이)=$2 \times$ {(가로의 길이)+(세로의 길이)}

$=2 \times (a+b)$

$=2(a+b)$(cm)

068 답 $\dfrac{1}{2}xy\,\mathrm{cm}^2$

(삼각형의 넓이)=$\dfrac{1}{2} \times$(밑변의 길이)×(높이)

$=\dfrac{1}{2} \times x \times y$

$=\dfrac{1}{2}xy$(cm²)

069 답 $\dfrac{5}{x}$

070 답 $60x\,\mathrm{km}$

(거리)=(속력)×(시간)$=60 \times x=60x$(km)

071 답 $\dfrac{b}{3}$시간

(시간)=$\dfrac{(거리)}{(속력)}=\dfrac{b}{3}$(시간)

072 답 초속 $\dfrac{a}{20}\,\mathrm{m}$

(속력)=$\dfrac{(거리)}{(시간)}$이므로 구하는 속력은 초속 $\dfrac{a}{20}$m이다.

073 답 $0, 1$

074 답 $4, 25$

075 답 $\dfrac{1}{2}, 4$

076 답 $-1, -5$

077 답 $-3, -17$

078 답 -19

$9a-1=9 \times (-2)-1=-18-1=-19$

079 답 4

$-\dfrac{1}{2}a+3=-\dfrac{1}{2} \times (-2)+3=1+3=4$

080 답 3

$\dfrac{8}{a}+7=\dfrac{8}{-2}+7=-4+7=3$

081 답 -1

$-\dfrac{6}{a}-4=-\dfrac{6}{-2}-4=3-4=-1$

082 답 $-2, 4$

083 답 -4

$-a^2=-(-2)^2=-4$

084 답 4

$(-a)^2=\{-(-2)\}^2=2^2=4$

085 답 5

$2a+b=2\times4+(-3)=8-3=5$

086 답 -18

$-3a+2b=-3\times4+2\times(-3)=-12-6=-18$

087 답 22

$10-ab=10-4\times(-3)=10+12=22$

088 답 7

$-\dfrac{8}{a}-3b=-\dfrac{8}{4}-3\times(-3)=-2+9=7$

089 답 $\dfrac{2}{3}$

$\dfrac{a}{12}-\dfrac{1}{b}=\dfrac{4}{12}-\dfrac{1}{-3}=\dfrac{1}{3}+\dfrac{1}{3}=\dfrac{2}{3}$

090 답 $-\dfrac{11}{9}$

$\dfrac{1}{3}x-\dfrac{5}{9}y=\dfrac{1}{3}\times\left(-\dfrac{1}{3}\right)-\dfrac{5}{9}\times2=-\dfrac{1}{9}-\dfrac{10}{9}=-\dfrac{11}{9}$

091 답 2

$6x+y^2=6\times\left(-\dfrac{1}{3}\right)+2^2=-2+4=2$

092 답 $-\dfrac{1}{2}$

$-9x^2+\dfrac{1}{y}=-9\times\left(-\dfrac{1}{3}\right)^2+\dfrac{1}{2}=-9\times\dfrac{1}{9}+\dfrac{1}{2}=-1+\dfrac{1}{2}=-\dfrac{1}{2}$

093 답 $\dfrac{1}{3}$

$-x(3x+y)=-\left(-\dfrac{1}{3}\right)\times\left\{3\times\left(-\dfrac{1}{3}\right)+2\right\}$

$\qquad\qquad=\dfrac{1}{3}\times(-1+2)$

$\qquad\qquad=\dfrac{1}{3}\times1=\dfrac{1}{3}$

094 답 $\dfrac{1}{2}$, 2, 2

095 답 13

$\dfrac{6}{a}+1=6\div a+1=6\div\dfrac{1}{2}+1=6\times2+1=12+1=13$

096 답 -4

$2-\dfrac{3}{a}=2-3\div a=2-3\div\dfrac{1}{2}=2-3\times2=2-6=-4$

097 답 8

$\dfrac{2}{a^2}=2\div a^2=2\div\left(\dfrac{1}{2}\right)^2=2\div\dfrac{1}{4}=2\times4=8$

098 답 -6

$4a-\dfrac{4}{a}=4a-4\div a=4\times\dfrac{1}{2}-4\div\dfrac{1}{2}=2-4\times2=2-8=-6$

099 답 1

$\dfrac{1}{x}+\dfrac{1}{y}=1\div x+1\div y=1\div\left(-\dfrac{1}{2}\right)+1\div\dfrac{1}{3}$

$\qquad\qquad=1\times(-2)+1\times3=-2+3=1$

100 답 -22

$\dfrac{2}{x}-\dfrac{6}{y}=2\div x-6\div y=2\div\left(-\dfrac{1}{2}\right)-6\div\dfrac{1}{3}$

$\qquad\qquad=2\times(-2)-6\times3=-4-18=-22$

101 답 18

$-\dfrac{3}{x}+\dfrac{4}{y}=-3\div x+4\div y=-3\div\left(-\dfrac{1}{2}\right)+4\div\dfrac{1}{3}$

$\qquad\qquad=-3\times(-2)+4\times3=6+12=18$

102 답 11

$\dfrac{5}{x^2}-\dfrac{1}{y^2}=5\div x^2-1\div y^2=5\div\left(-\dfrac{1}{2}\right)^2-1\div\left(\dfrac{1}{3}\right)^2$

$\qquad\qquad=5\div\dfrac{1}{4}-1\div\dfrac{1}{9}=5\times4-1\times9$

$\qquad\qquad=20-9=11$

103 답 30, 30, 5

104 9 kg

$\dfrac{1}{6}w$에 $w=54$를 대입하면

$\dfrac{1}{6}\times54=9\,(\text{kg})$

105 72 kg

$0.9(x-100)$에 $x=180$을 대입하면

$0.9\times(180-100)=0.9\times80=72\,(\text{kg})$

106 50.4 kg

$0.9(x-100)$에 $x=156$을 대입하면

$0.9\times(156-100)=0.9\times56=50.4\,(\text{kg})$

107 답 120회

$0.6(220-x)$에 $x=20$을 대입하면

$0.6\times(220-20)=0.6\times200=120\,(\text{회})$

108 답 111회

$0.6(220-x)$에 $x=35$를 대입하면

$0.6\times(220-35)=0.6\times185=111\,(\text{회})$

109 답 $(3a+1000b)$원

$a\times3+1000\times b=3a+1000b\,(\text{원})$

110 답 3500원

$3a+1000b$에 $a=500$, $b=2$를 대입하면

$3\times500+1000\times2=1500+2000=3500\,(\text{원})$

111 답 **13000원**

$3a+1000b$에 $a=3000$, $b=4$를 대입하면

$3\times3000+1000\times4=9000+4000=13000$(원)

112 답 $\dfrac{(a+b)h}{2}$ **cm²**

(사다리꼴의 넓이)

$=\dfrac{1}{2}\times\{($윗변의 길이$)+($아랫변의 길이$)\}\times($높이$)$

$=\dfrac{1}{2}\times(a+b)\times h=\dfrac{(a+b)h}{2}$(cm²)

113 답 **8 cm²**

$\dfrac{(a+b)h}{2}$에 $a=3$, $b=5$, $h=2$를 대입하면

$\dfrac{(3+5)\times2}{2}=8$(cm²)

114 답 **28 cm²**

$\dfrac{(a+b)h}{2}$에 $a=5$, $b=9$, $h=4$를 대입하면

$\dfrac{(5+9)\times4}{2}=28$(cm²)

115 답

다항식	항	상수항
$12a+3$	$12a,\ 3$	3
$-2b-1$	$-2b,\ -1$	-1
20	20	20
$5-\dfrac{y^2}{9}$	$5,\ -\dfrac{y^2}{9}$	5
$\dfrac{3}{4}x-y+6$	$\dfrac{3}{4}x,\ -y,\ 6$	6
$x^3+\dfrac{1}{3}x-7$	$x^3,\ \dfrac{1}{3}x,\ -7$	-7

116 답

다항식	계수	
$-3a+4b$	a의 계수: -3	b의 계수: 4
$\dfrac{a}{2}-6b-1$	a의 계수: $\dfrac{1}{2}$	b의 계수: -6
$\dfrac{4}{3}x-7y$	x의 계수: $\dfrac{4}{3}$	y의 계수: -7
x^2+3x+1	x^2의 계수: 1	x의 계수: 3
$-x^2-\dfrac{x}{5}+9$	x^2의 계수: -1	x의 계수: $-\dfrac{1}{5}$
$2x^2-y-3$	x^2의 계수: 2	y의 계수: -1

117 답 ×

118 답 ○

119 답 ○

120 답 ×

121 답 ×

122 답 ○

123 답 ○

$a\times6=6a$이므로 $6a$는 단항식이다.

124 답 **1, 일차식이다**

125 답 **2, 일차식이 아니다**

126 답 **1, 일차식이다**

127 답 **3, 일차식이 아니다**

128 답 **1, 일차식이다**

129 답 ○

130 답 ○

131 답 ×

132 답 ×

133 답 ×

분모에 문자가 있는 식은 다항식이 아니므로 일차식이 아니다.

134 답 ○

135 답 ×

$x\times\dfrac{1}{2}x=\dfrac{1}{2}x^2$이므로 일차식이 아니다.

136 답 **3, 12**

137 답 **$63x$**

$7x\times9=7\times x\times9$
$\quad=(7\times9)\times x=63x$

138 답 **$-30x$**

$(-5)\times6x=(-5)\times6\times x$
$\qquad=\{(-5)\times6\}\times x=-30x$

139 답 **$24a$**

$-4a\times(-6)=(-4)\times a\times(-6)$
$\qquad=\{(-4)\times(-6)\}\times a=24a$

140 답 **$-6x$**

$\dfrac{3}{4}x\times(-8)=\dfrac{3}{4}\times x\times(-8)$
$\qquad=\left\{\dfrac{3}{4}\times(-8)\right\}\times x=-6x$

141 답 $-\dfrac{5}{3}a$

$\left(-\dfrac{5}{6}\right) \times 2a = \left(-\dfrac{5}{6}\right) \times 2 \times a$

$\qquad = \left\{\left(-\dfrac{5}{6}\right) \times 2\right\} \times a$

$\qquad = -\dfrac{5}{3}a$

142 답 $\dfrac{1}{2}$, 7

143 답 $6a$

$42a \div 7 = 42 \times a \times \dfrac{1}{7}$

$\qquad = \left(42 \times \dfrac{1}{7}\right) \times a$

$\qquad = 6a$

144 답 $-2x$

$(-6x) \div 3 = (-6) \times x \times \dfrac{1}{3}$

$\qquad = \left\{(-6) \times \dfrac{1}{3}\right\} \times x$

$\qquad = -2x$

145 답 $45x$

$(-15x) \div \left(-\dfrac{1}{3}\right) = (-15) \times x \times (-3)$

$\qquad = \{(-15) \times (-3)\} \times x$

$\qquad = 45x$

146 답 $-\dfrac{3}{2}x$

$\left(-\dfrac{3}{8}x\right) \div \dfrac{1}{4} = \left(-\dfrac{3}{8}\right) \times x \times 4$

$\qquad = \left\{\left(-\dfrac{3}{8}\right) \times 4\right\} \times x$

$\qquad = -\dfrac{3}{2}x$

147 답 $-\dfrac{2}{5}a$

$\dfrac{16}{25}a \div \left(-\dfrac{8}{5}\right) = \dfrac{16}{25} \times a \times \left(-\dfrac{5}{8}\right)$

$\qquad = \left\{\dfrac{16}{25} \times \left(-\dfrac{5}{8}\right)\right\} \times a$

$\qquad = -\dfrac{2}{5}a$

148 답 4, 4, 4, 12

149 답 $21x+6$

$3(7x+2) = 3 \times 7x + 3 \times 2 = 21x+6$

150 답 $-10a+2$

$-2(5a-1) = (-2) \times 5a - (-2) \times 1$

$\qquad = -10a+2$

151 답 $4a+16$

$16\left(\dfrac{1}{4}a+1\right) = 16 \times \dfrac{1}{4}a + 16 \times 1 = 4a+16$

152 답 $4x-6$

$\dfrac{2}{3}(6x-9) = \dfrac{2}{3} \times 6x - \dfrac{2}{3} \times 9 = 4x-6$

153 답 $5x-4$

$-\dfrac{1}{2}(-10x+8) = -\dfrac{1}{2} \times (-10x) + \left(-\dfrac{1}{2}\right) \times 8$

$\qquad = 5x-4$

154 답 3, 3, 3, 6

155 답 $4a-6$

$(2a-3) \times 2 = 2a \times 2 - 3 \times 2 = 4a-6$

156 답 $12x-3$

$(-4x+1) \times (-3) = -4x \times (-3) + 1 \times (-3)$

$\qquad = 12x-3$

157 답 $-35+15b$

$(7-3b) \times (-5) = 7 \times (-5) - 3b \times (-5)$

$\qquad = -35+15b$

158 답 $-3x+9$

$\left(-\dfrac{1}{3}x+1\right) \times 9 = -\dfrac{1}{3}x \times 9 + 1 \times 9$

$\qquad = -3x+9$

159 답 $-2x+12$

$\left(\dfrac{1}{4}x-\dfrac{3}{2}\right) \times (-8) = \dfrac{1}{4}x \times (-8) - \dfrac{3}{2} \times (-8)$

$\qquad = -2x+12$

160 답 $x-4$

$\left(\dfrac{5}{2}x-10\right) \times \dfrac{2}{5} = \dfrac{5}{2}x \times \dfrac{2}{5} - 10 \times \dfrac{2}{5}$

$\qquad = x-4$

161 답 $\dfrac{1}{3}$, $\dfrac{1}{3}$, $\dfrac{1}{3}$, 3, 2

162 답 $2x+3$

$(10x+15) \div 5 = (10x+15) \times \dfrac{1}{5}$

$\qquad = 10x \times \dfrac{1}{5} + 15 \times \dfrac{1}{5}$

$\qquad = 2x+3$

163 답 $2-\dfrac{1}{2}a$

$(8-2a) \div 4 = (8-2a) \times \dfrac{1}{4}$

$\qquad = 8 \times \dfrac{1}{4} - 2a \times \dfrac{1}{4}$

$\qquad = 2-\dfrac{1}{2}a$

164 답 $-6x-4$

$(12x+8)\div(-2)=(12x+8)\times\left(-\dfrac{1}{2}\right)$

$\qquad =12x\times\left(-\dfrac{1}{2}\right)+8\times\left(-\dfrac{1}{2}\right)$

$\qquad =-6x-4$

165 답 $\dfrac{3}{2}y-3$

$(-9y+18)\div(-6)=(-9y+18)\times\left(-\dfrac{1}{6}\right)$

$\qquad =-9y\times\left(-\dfrac{1}{6}\right)+18\times\left(-\dfrac{1}{6}\right)$

$\qquad =\dfrac{3}{2}y-3$

166 답 $-3+2a$

$(21-14a)\div(-7)=(21-14a)\times\left(-\dfrac{1}{7}\right)$

$\qquad =21\times\left(-\dfrac{1}{7}\right)-14a\times\left(-\dfrac{1}{7}\right)$

$\qquad =-3+2a$

167 답 $-\dfrac{1}{2}x+5$

$\left(-\dfrac{3}{2}x+15\right)\div3=\left(-\dfrac{3}{2}x+15\right)\times\dfrac{1}{3}$

$\qquad =-\dfrac{3}{2}x\times\dfrac{1}{3}+15\times\dfrac{1}{3}$

$\qquad =-\dfrac{1}{2}x+5$

168 답 $-\dfrac{1}{20}x+\dfrac{1}{2}$

$\left(\dfrac{2}{5}x-4\right)\div(-8)=\left(\dfrac{2}{5}x-4\right)\times\left(-\dfrac{1}{8}\right)$

$\qquad =\dfrac{2}{5}x\times\left(-\dfrac{1}{8}\right)-4\times\left(-\dfrac{1}{8}\right)$

$\qquad =-\dfrac{1}{20}x+\dfrac{1}{2}$

169 답 $4y+8$

$(2y+4)\div\dfrac{1}{2}=(2y+4)\times2$

$\qquad =2y\times2+4\times2$

$\qquad =4y+8$

170 답 $-12x+4$

$(-15x+5)\div\dfrac{5}{4}=(-15x+5)\times\dfrac{4}{5}$

$\qquad =-15x\times\dfrac{4}{5}+5\times\dfrac{4}{5}$

$\qquad =-12x+4$

171 답 $-9a-12$

$(6a+8)\div\left(-\dfrac{2}{3}\right)=(6a+8)\times\left(-\dfrac{3}{2}\right)$

$\qquad =6a\times\left(-\dfrac{3}{2}\right)+8\times\left(-\dfrac{3}{2}\right)$

$\qquad =-9a-12$

172 답 $3x-2$

$\left(7x-\dfrac{14}{3}\right)\div\dfrac{7}{3}=\left(7x-\dfrac{14}{3}\right)\times\dfrac{3}{7}$

$\qquad =7x\times\dfrac{3}{7}-\dfrac{14}{3}\times\dfrac{3}{7}$

$\qquad =3x-2$

173 답 $-3b+\dfrac{9}{2}$

$\left(-\dfrac{4}{3}b+2\right)\div\dfrac{4}{9}=\left(-\dfrac{4}{3}b+2\right)\times\dfrac{9}{4}$

$\qquad =\left(-\dfrac{4}{3}b\right)\times\dfrac{9}{4}+2\times\dfrac{9}{4}$

$\qquad =-3b+\dfrac{9}{2}$

174 답 $-\dfrac{3}{5}a+10$

$\left(\dfrac{9}{25}a-6\right)\div\left(-\dfrac{3}{5}\right)=\left(\dfrac{9}{25}a-6\right)\times\left(-\dfrac{5}{3}\right)$

$\qquad =\dfrac{9}{25}a\times\left(-\dfrac{5}{3}\right)-6\times\left(-\dfrac{5}{3}\right)$

$\qquad =-\dfrac{3}{5}a+10$

175 답 $50-25y$

$\left(-5+\dfrac{5}{2}y\right)\div\left(-\dfrac{1}{10}\right)=\left(-5+\dfrac{5}{2}y\right)\times(-10)$

$\qquad =-5\times(-10)+\dfrac{5}{2}y\times(-10)$

$\qquad =50-25y$

176 답 ④

① $\dfrac{1}{2}(4x+6)=\dfrac{1}{2}\times4x+\dfrac{1}{2}\times6=2x+3$

② $(2x+3)\times2=2x\times2+3\times2=4x+6$

③ $(4+12x)\div2=(4+12x)\times\dfrac{1}{2}=4\times\dfrac{1}{2}+12x\times\dfrac{1}{2}=2+6x$

④ $(x+3)\div\dfrac{1}{2}=(x+3)\times2=x\times2+3\times2=2x+6$

⑤ $(10x-30)\div5=(10x-30)\times\dfrac{1}{5}$

$\qquad =10x\times\dfrac{1}{5}-30\times\dfrac{1}{5}=2x-6$

따라서 계산 결과가 $2x+6$과 같은 것은 ④이다.

177 답 ×

문자가 다르므로 동류항이 아니다.

178 답 ×

문자는 같지만 차수가 다르므로 동류항이 아니다.

179 답 ○

상수항끼리는 모두 동류항이다.

180 답 $2x$와 $-2x$, 3과 -5

181 답 $3a$와 $-\dfrac{a}{3}$, $3b$와 b

182 답 $-4x$와 x, y와 $-3y$, 1과 $\dfrac{1}{2}$

183 답 8, 10

184 답 $-9x$

$-5x-4x=(-5-4)x=-9x$

185 답 $2a$

$3a-2a+a=(3-2+1)a=2a$

186 답 $6x$

$\dfrac{3}{2}x+7x-\dfrac{5}{2}x=\left(\dfrac{3}{2}+7-\dfrac{5}{2}\right)x=6x$

187 답 $-x+3$

$8x+10-9x-7=8x-9x+10-7$
$\qquad\qquad\qquad=(8-9)x+3$
$\qquad\qquad\qquad=-x+3$

188 답 $a-2b$

$4a+5b-7b-3a=4a-3a+5b-7b$
$\qquad\qquad\qquad\quad=(4-3)a+(5-7)b$
$\qquad\qquad\qquad\quad=a-2b$

189 답 $4x+3y$

$9x-4y-5x+7y=9x-5x-4y+7y$
$\qquad\qquad\qquad\quad=(9-5)x+(-4+7)y$
$\qquad\qquad\qquad\quad=4x+3y$

190 답 $5x-9$

$(3x-4)+(2x-5)=3x-4+2x-5$
$\qquad\qquad\qquad\quad=3x+2x-4-5$
$\qquad\qquad\qquad\quad=5x-9$

191 답 $9x+3$

$(5x+3)+4x=5x+3+4x$
$\qquad\qquad\quad=5x+4x+3$
$\qquad\qquad\quad=9x+3$

192 답 $5a-4$

$(-2a+1)+(7a-5)=-2a+1+7a-5$
$\qquad\qquad\qquad\qquad=-2a+7a+1-5$
$\qquad\qquad\qquad\qquad=5a-4$

193 답 $4a-5$

$(8a-6)+(-4a+1)=8a-6-4a+1$
$\qquad\qquad\qquad\qquad=8a-4a-6+1$
$\qquad\qquad\qquad\qquad=4a-5$

194 답 $2x+1$

$\left(\dfrac{2}{3}+\dfrac{3}{4}x\right)+\left(\dfrac{1}{3}+\dfrac{5}{4}x\right)=\dfrac{2}{3}+\dfrac{3}{4}x+\dfrac{1}{3}+\dfrac{5}{4}x$
$\qquad\qquad\qquad\qquad\quad=\dfrac{3}{4}x+\dfrac{5}{4}x+\dfrac{2}{3}+\dfrac{1}{3}$
$\qquad\qquad\qquad\qquad\quad=2x+1$

195 답 $x+2$

$\left(\dfrac{7}{5}x+\dfrac{5}{6}\right)+\left(\dfrac{7}{6}-\dfrac{2}{5}x\right)=\dfrac{7}{5}x+\dfrac{5}{6}+\dfrac{7}{6}-\dfrac{2}{5}x$
$\qquad\qquad\qquad\qquad\quad=\dfrac{7}{5}x-\dfrac{2}{5}x+\dfrac{5}{6}+\dfrac{7}{6}$
$\qquad\qquad\qquad\qquad\quad=x+2$

196 답 7, 4, 3, 7

197 답 $11a-5$

$9a-(-2a+5)=9a+2a-5$
$\qquad\qquad\qquad=11a-5$

198 답 $3x+5$

$(7x+3)-(4x-2)=7x+3-4x+2$
$\qquad\qquad\qquad\quad=7x-4x+3+2$
$\qquad\qquad\qquad\quad=3x+5$

199 답 $-3x-5$

$(-x-2)-(2x+3)=-x-2-2x-3$
$\qquad\qquad\qquad\quad=-x-2x-2-3$
$\qquad\qquad\qquad\quad=-3x-5$

200 답 $2x-1$

$\left(\dfrac{1}{2}x+\dfrac{1}{5}\right)-\left(-\dfrac{3}{2}x+\dfrac{6}{5}\right)=\dfrac{1}{2}x+\dfrac{1}{5}+\dfrac{3}{2}x-\dfrac{6}{5}$
$\qquad\qquad\qquad\qquad\quad=\dfrac{1}{2}x+\dfrac{3}{2}x+\dfrac{1}{5}-\dfrac{6}{5}$
$\qquad\qquad\qquad\qquad\quad=2x-1$

201 답 $-2x+4$

$\left(\dfrac{9}{4}-\dfrac{5}{3}x\right)-\left(\dfrac{1}{3}x-\dfrac{7}{4}\right)=\dfrac{9}{4}-\dfrac{5}{3}x-\dfrac{1}{3}x+\dfrac{7}{4}$
$\qquad\qquad\qquad\qquad\quad=-\dfrac{5}{3}x-\dfrac{1}{3}x+\dfrac{9}{4}+\dfrac{7}{4}$
$\qquad\qquad\qquad\qquad\quad=-2x+4$

202 답 10, 6, 12, 1

203 답 $-14x+6$

$(6x-4)+5(-4x+2)=6x-4-20x+10$
$\qquad\qquad\qquad\qquad=6x-20x-4+10$
$\qquad\qquad\qquad\qquad=-14x+6$

204 답 $-2x+4$

$(8-3x)+\dfrac{1}{3}(3x-12)=8-3x+x-4$
$\qquad\qquad\qquad\qquad=-3x+x+8-4$
$\qquad\qquad\qquad\qquad=-2x+4$

205 답 $20x+18$

$2(7x+3)+3(2x+4)=14x+6+6x+12$
$\qquad\qquad\qquad\qquad=14x+6x+6+12$
$\qquad\qquad\qquad\qquad=20x+18$

206 답 $4a-4$

$\dfrac{1}{4}(12a-8)+\dfrac{1}{5}(5a-10)=3a-2+a-2$
$\qquad\qquad\qquad\qquad\quad=3a+a-2-2$
$\qquad\qquad\qquad\qquad\quad=4a-4$

207 답 $4x$

$\dfrac{1}{2}(4x+8)+\dfrac{2}{3}(3x-6)=2x+4+2x-4$
$\qquad\qquad\qquad\qquad\quad=2x+2x+4-4$
$\qquad\qquad\qquad\qquad\quad=4x$

208 답 8

$5\left(-\dfrac{2}{3}a+\dfrac{7}{5}\right)+2\left(\dfrac{5}{3}a+\dfrac{1}{2}\right)=-\dfrac{10}{3}a+7+\dfrac{10}{3}a+1$
$\qquad\qquad\qquad\qquad\qquad\quad=-\dfrac{10}{3}a+\dfrac{10}{3}a+7+1$
$\qquad\qquad\qquad\qquad\qquad\quad=8$

209 답 $6,\ 18,\ -5,\ 17$

210 답 $2a-13$

$5(a-2)-(3a+3)=5a-10-3a-3$
$\qquad\qquad\qquad\quad=5a-3a-10-3$
$\qquad\qquad\qquad\quad=2a-13$

211 답 $10x-9$

$(7x-8)-\dfrac{1}{2}(-6x+2)=7x-8+3x-1$
$\qquad\qquad\qquad\qquad\quad=7x+3x-8-1$
$\qquad\qquad\qquad\qquad\quad=10x-9$

212 답 $-6x+7$

$3(-4x+1)-2(-3x-2)=-12x+3+6x+4$
$\qquad\qquad\qquad\qquad\quad=-12x+6x+3+4$
$\qquad\qquad\qquad\qquad\quad=-6x+7$

213 답 $-x-15$

$\dfrac{1}{3}(6x-9)-\dfrac{3}{2}(2x+8)=2x-3-3x-12$
$\qquad\qquad\qquad\qquad\quad=2x-3x-3-12$
$\qquad\qquad\qquad\qquad\quad=-x-15$

214 답 $-7a-2$

$-8\left(\dfrac{3}{4}a+\dfrac{1}{2}\right)-4\left(\dfrac{1}{4}a-\dfrac{1}{2}\right)=-6a-4-a+2$
$\qquad\qquad\qquad\qquad\qquad\quad=-6a-a-4+2$
$\qquad\qquad\qquad\qquad\qquad\quad=-7a-2$

215 답 8

$(4x-1)-\dfrac{1}{5}(5-10x)=4x-1-1+2x$
$\qquad\qquad\qquad\qquad\quad=4x+2x-1-1=6x-2$

따라서 x의 계수는 6, 상수항은 -2이므로 구하는 차는
$6-(-2)=8$

216 답 $x,\ 2x,\ 2x,\ 3x$

217 답 $-5x+9$

$9x+2-\{2(5x-2)+4x-3\}=9x+2-(10x-4+4x-3)$
$\qquad\qquad\qquad\qquad\qquad\quad=9x+2-(14x-7)$
$\qquad\qquad\qquad\qquad\qquad\quad=9x+2-14x+7$
$\qquad\qquad\qquad\qquad\qquad\quad=-5x+9$

218 답 $10x-19$

$10\{(3x-5)-(2x-3)\}+1=10(3x-5-2x+3)+1$
$\qquad\qquad\qquad\qquad\qquad\quad=10(x-2)+1$
$\qquad\qquad\qquad\qquad\qquad\quad=10x-20+1$
$\qquad\qquad\qquad\qquad\qquad\quad=10x-19$

219 답 1

$2x-[3x+\{4x-(1+5x)\}]=2x-\{3x+(4x-1-5x)\}$
$\qquad\qquad\qquad\qquad\qquad\quad=2x-\{3x+(-x-1)\}$
$\qquad\qquad\qquad\qquad\qquad\quad=2x-(3x-x-1)$
$\qquad\qquad\qquad\qquad\qquad\quad=2x-(2x-1)$
$\qquad\qquad\qquad\qquad\qquad\quad=2x-2x+1=1$

220 답 $-2x-12$

$-6-[8x-\{7x-(x+4)\}+2]=-6-\{8x-(7x-x-4)+2\}$
$\qquad\qquad\qquad\qquad\qquad\qquad=-6-\{8x-(6x-4)+2\}$
$\qquad\qquad\qquad\qquad\qquad\qquad=-6-(8x-6x+4+2)$
$\qquad\qquad\qquad\qquad\qquad\qquad=-6-(2x+6)$
$\qquad\qquad\qquad\qquad\qquad\qquad=-6-2x-6=-2x-12$

221 답 $5x-4$

$x-\dfrac{1}{2}[3-6x+\{2x-(4x-5)\}]$
$=x-\dfrac{1}{2}\{3-6x+(2x-4x+5)\}$
$=x-\dfrac{1}{2}\{3-6x+(-2x+5)\}$
$=x-\dfrac{1}{2}(3-6x-2x+5)$
$=x-\dfrac{1}{2}(-8x+8)$
$=x+4x-4=5x-4$

222 답 $2x-11$

$4x-[3-\{5(x-4)+12\}+7x]$
$=4x-\{3-(5x-20+12)+7x\}$
$=4x-\{3-(5x-8)+7x\}$
$=4x-(3-5x+8+7x)$
$=4x-(2x+11)$
$=4x-2x-11=2x-11$

223 답 $3,\ 3,\ 15,\ -3,\ 1$

224 답 $\dfrac{11a+1}{10}\left(\text{또는 } \dfrac{11}{10}a+\dfrac{1}{10}\right)$

$\dfrac{a+1}{2}+\dfrac{3a-2}{5}=\dfrac{5(a+1)+2(3a-2)}{10}$

$\qquad\qquad\qquad=\dfrac{5a+5+6a-4}{10}$

$\qquad\qquad\qquad=\dfrac{11a+1}{10}\left(=\dfrac{11}{10}a+\dfrac{1}{10}\right)$

225 답 $\dfrac{25x+31}{12}\left(\text{또는 } \dfrac{25}{12}x+\dfrac{31}{12}\right)$

$\dfrac{4x+1}{3}+\dfrac{3(x+3)}{4}=\dfrac{4(4x+1)+9(x+3)}{12}$

$\qquad\qquad\qquad=\dfrac{16x+4+9x+27}{12}$

$\qquad\qquad\qquad=\dfrac{25x+31}{12}\left(=\dfrac{25}{12}x+\dfrac{31}{12}\right)$

226 답 $\dfrac{-x+29}{20}\left(\text{또는 } -\dfrac{1}{20}x+\dfrac{29}{20}\right)$

$\dfrac{x+1}{5}-\dfrac{x-5}{4}=\dfrac{4(x+1)-5(x-5)}{20}$

$\qquad\qquad\qquad=\dfrac{4x+4-5x+25}{20}$

$\qquad\qquad\qquad=\dfrac{-x+29}{20}\left(=-\dfrac{1}{20}x+\dfrac{29}{20}\right)$

227 답 $\dfrac{7a+10}{15}\left(\text{또는 } \dfrac{7}{15}a+\dfrac{2}{3}\right)$

$\dfrac{2a-1}{3}-\dfrac{a-5}{5}=\dfrac{5(2a-1)-3(a-5)}{15}$

$\qquad\qquad\qquad=\dfrac{10a-5-3a+15}{15}$

$\qquad\qquad\qquad=\dfrac{7a+10}{15}\left(=\dfrac{7}{15}a+\dfrac{2}{3}\right)$

228 답 $\dfrac{x-19}{6}\left(\text{또는 } \dfrac{1}{6}x-\dfrac{19}{6}\right)$

$\dfrac{3x-5}{2}-\dfrac{2(2x+1)}{3}=\dfrac{3(3x-5)-4(2x+1)}{6}$

$\qquad\qquad\qquad=\dfrac{9x-15-8x-4}{6}$

$\qquad\qquad\qquad=\dfrac{x-19}{6}\left(=\dfrac{1}{6}x-\dfrac{19}{6}\right)$

229 답 $\dfrac{x+11}{20}\left(\text{또는 } \dfrac{1}{20}x+\dfrac{11}{20}\right)$

$\left(\dfrac{x}{4}+\dfrac{4}{5}\right)-\left(\dfrac{x}{5}+\dfrac{1}{4}\right)=\dfrac{x}{4}+\dfrac{4}{5}-\dfrac{x}{5}-\dfrac{1}{4}$

$\qquad\qquad\qquad=\dfrac{5x+16-4x-5}{20}$

$\qquad\qquad\qquad=\dfrac{x+11}{20}\left(=\dfrac{1}{20}x+\dfrac{11}{20}\right)$

230 답 $-2a-1$

$\square=-a-3-(a-2)$

$\quad=-a-3-a+2$

$\quad=-2a-1$

231 답 $2x-13$

$\square=6x-9-(4x+4)$

$\quad=6x-9-4x-4$

$\quad=2x-13$

232 답 $7x-1$

$\square=5x+2-(-2x+3)$

$\quad=5x+2+2x-3$

$\quad=7x-1$

233 답 $-6a+2$

$\square=-5a+10-(a+8)$

$\quad=-5a+10-a-8$

$\quad=-6a+2$

234 답 $8a+5$

$\square=a+1+(7a+4)$

$\quad=a+1+7a+4$

$\quad=8a+5$

235 답 $-10x-9$

$\square=-4x-8+(-6x-1)$

$\quad=-4x-8-6x-1$

$\quad=-10x-9$

236 답 $a+3$

$\square=3a-6+(-2a+9)$

$\quad=3a-6-2a+9$

$\quad=a+3$

237 답 $\square+(3x-6)=-2x-3$

238 답 $-5x+3$

$\square=-2x-3-(3x-6)$

$\quad=-2x-3-3x+6$

$\quad=-5x+3$

239 답 $\square-(-4a+1)=a-7$

240 답 $-3a-6$

$\square=a-7+(-4a+1)$

$\quad=a-7-4a+1$

$\quad=-3a-6$

241 답 ②

어떤 다항식을 $\square$라 하면

$\square+(3x+2)=11x-3$

$\therefore \square=11x-3-(3x+2)$

$\qquad=11x-3-3x-2$

$\qquad=8x-5$

1 (1) $-xy$ (2) $a+\dfrac{b}{3}$ (3) $\dfrac{5x}{y}$ (4) $ab-\dfrac{4c}{a}$

2 (1) $(-3)\times a\times b\times b$ (2) $x\div(y-8)$

(3) $2\times a\div b$

3 (1) $\dfrac{2}{a}$ L (2) $(10-2x)$ kg (3) $(3a+4)$세

(4) $(100x+500y)$원 (5) $4a$ cm (6) 분속 $\dfrac{x}{3}$ m

4 (1) -7 (2) 24 (3) -15 (4) -10 (5) 9 (6) 11

5 (1) $15\,℃$ (2) $35\,℃$

6 (1) $120x$ km (2) 600 km (3) 1440 km

7 (1) $-3x^2,\ 5x,\ -1$ (2) -1 (3) -3 (4) 5 (5) 1 (6) 2

8 (1) ○ (2) × (3) × (4) ○

9 (1) $-10a$ (2) $3x$ (3) $24a+6$ (4) $-4x+6$ (5) $-a+4$

(6) $\dfrac{3}{2}x-10$

10 (1) 3과 -5 (2) $-a^2$과 $4a^2$, $2a$와 $-a$

(3) $\dfrac{1}{5}b$와 $3b$, -2와 $\dfrac{4}{5}$

11 (1) $5a+4$ (2) $4x-13$ (3) 11 (4) $3x+8$ (5) $-8a+17$

(6) $-5x+8$ (7) $\dfrac{7a+11}{6}$ $\left(\text{또는}\ \dfrac{7}{6}a+\dfrac{11}{6}\right)$

(8) $\dfrac{-14x-11}{15}$ $\left(\text{또는}\ -\dfrac{14}{15}x-\dfrac{11}{15}\right)$

12 (1) $10x+4$ (2) $2a-7$

---

1 (3) $5\times x\div y=5\times x\times\dfrac{1}{y}=\dfrac{5x}{y}$

(4) $b\times a-c\div a\times 4=b\times a-c\times\dfrac{1}{a}\times 4=ab-\dfrac{4c}{a}$

3 (2) (더 담을 수 있는 무게)

$\quad$ =(담을 수 있는 전체 무게)$-$(음료수 2개의 무게)

$\quad$ =$10-x\times 2$

$\quad$ =$10-2x$(kg)

(3) (어머니의 나이)$=3\times$(딸의 나이)$+4$

$\qquad\qquad\qquad$ =$3\times a+4$

$\qquad\qquad\qquad$ =$3a+4$(세)

(4) $100\times x+500\times y=100x+500y$(원)

(5) (정사각형의 둘레의 길이)$=$(한 변의 길이)$\times$(변의 개수)

$\qquad\qquad\qquad\qquad\qquad$ =$a\times 4$

$\qquad\qquad\qquad\qquad\qquad$ =$4a$(cm)

(6) (속력)$=\dfrac{(거리)}{(시간)}$이므로 구하는 속력은 분속 $\dfrac{x}{3}$ m이다.

4 (1) $-5a+8=-5\times 3+8=-15+8=-7$

(2) $x^2+\dfrac{5}{x}=(-5)^2+\dfrac{5}{-5}=25-1=24$

(3) $\dfrac{1}{2}a-6b=\dfrac{1}{2}\times(-6)-6\times 2=-3-12=-15$

(4) $-3x^2-\dfrac{8}{y}=-3\times 2^2-\dfrac{8}{-4}=-3\times 4+2$

$\qquad\qquad\quad =-12+2=-10$

(5) $\dfrac{3}{a}=3\div a=3\div\dfrac{1}{3}=3\times 3=9$

(6) $\dfrac{2}{a}-\dfrac{1}{b}=2\div a-1\div b=2\div\dfrac{2}{5}-1\div\left(-\dfrac{1}{6}\right)$

$\qquad\quad =2\times\dfrac{5}{2}-1\times(-6)=5+6=11$

5 (1) $\dfrac{5}{9}(x-32)$에 $x=59$를 대입하면

$\quad \dfrac{5}{9}\times(59-32)=\dfrac{5}{9}\times 27=15(℃)$

(2) $\dfrac{5}{9}(x-32)$에 $x=95$를 대입하면

$\quad \dfrac{5}{9}\times(95-32)=\dfrac{5}{9}\times 63=35(℃)$

6 (1) (거리)$=$(속력)$\times$(시간)$=120\times x=120x$(km)

(2) $120x$에 $x=5$를 대입하면

$\quad 120\times 5=600$(km)

(3) $120x$에 $x=12$를 대입하면

$\quad 120\times 12=1440$(km)

9 (2) $12x\div 4=12x\times\dfrac{1}{4}=3x$

(5) $(-5a+20)\div 5=(-5a+20)\times\dfrac{1}{5}=-a+4$

(6) $\left(\dfrac{3}{4}x-5\right)\div\dfrac{1}{2}=\left(\dfrac{3}{4}x-5\right)\times 2=\dfrac{3}{2}x-10$

11 (2) $(3x-5)-(-x+8)=3x-5+x-8=4x-13$

(3) $(-4a+1)+2(2a+5)=-4a+1+4a+10=11$

(4) $4\left(2x+\dfrac{1}{2}\right)-(5x-6)=8x+2-5x+6=3x+8$

(5) $\dfrac{1}{3}(-6a+15)-\dfrac{3}{2}(4a-8)=-2a+5-6a+12=-8a+17$

(6) $6-[4x-\{2x+5-3(x+1)\}]=6-\{4x-(2x+5-3x-3)\}$

$\qquad\qquad\qquad\qquad\qquad\qquad\quad =6-\{4x-(-x+2)\}$

$\qquad\qquad\qquad\qquad\qquad\qquad\quad =6-(4x+x-2)$

$\qquad\qquad\qquad\qquad\qquad\qquad\quad =6-(5x-2)$

$\qquad\qquad\qquad\qquad\qquad\qquad\quad =6-5x+2=-5x+8$

(7) $\dfrac{3a+2}{2}+\dfrac{-2a+5}{6}=\dfrac{3(3a+2)-2a+5}{6}$

$\qquad\qquad\qquad\qquad\quad =\dfrac{9a+6-2a+5}{6}$

$\qquad\qquad\qquad\qquad\quad =\dfrac{7a+11}{6}\left(=\dfrac{7}{6}a+\dfrac{11}{6}\right)$

(8) $\dfrac{2x-7}{5}-\dfrac{4x-2}{3}=\dfrac{3(2x-7)-5(4x-2)}{15}$

$\qquad\qquad\qquad\qquad\quad =\dfrac{6x-21-20x+10}{15}$

$\qquad\qquad\qquad\qquad\quad =\dfrac{-14x-11}{15}\left(=-\dfrac{14}{15}x-\dfrac{11}{15}\right)$

12 (1) $\boxed{} = 7x+9-(-3x+5)$

$\qquad = 7x+9+3x-5 = 10x+4$

(2) $\boxed{} = -2a-1+(4a-6)$

$\qquad = -2a-1+4a-6 = 2a-7$

학교 시험 문제 × 확인하기 86~87쪽

1 ④   **2** ㄷ, ㅁ   **3** ②, ⑤

4 $(2xy+2xz+2yz)\,\text{cm}^2$ **5** 13   **6** ③

7 ②   **8** (1) $\dfrac{1}{2}ab\,\text{cm}^2$ (2) $150\,\text{cm}^2$ **9** ③, ④

10 3개   **11** ④   **12** ⑤   **13** ③   **14** 17

15 $-8a+11$

---

1 ① $x+3\times y = x+3y$

② $4\div a+b = \dfrac{4}{a}+b$

③ $a\times 0.1\times b = 0.1ab$

⑤ $x\times 4-3\div(x-y) = 4x-\dfrac{3}{x-y}$

따라서 옳은 것은 ④이다.

2 ㄱ. $a\div b\div c = a\times \dfrac{1}{b}\times \dfrac{1}{c} = \dfrac{a}{bc}$

ㄴ. $(a\div b)\div c = \left(a\times\dfrac{1}{b}\right)\times\dfrac{1}{c} = \dfrac{a}{b}\times\dfrac{1}{c} = \dfrac{a}{bc}$

ㄷ. $a\times b\div c = a\times b\times\dfrac{1}{c} = \dfrac{ab}{c}$

ㄹ. $a\div b\times c = a\times\dfrac{1}{b}\times c = \dfrac{ac}{b}$

ㅁ. $a\div\dfrac{1}{b}\div c = a\times b\times\dfrac{1}{c} = \dfrac{ab}{c}$

ㅂ. $a\div b\div\dfrac{1}{c} = a\times\dfrac{1}{b}\times c = \dfrac{ac}{b}$

따라서 $\dfrac{ab}{c}$와 같은 것은 ㄷ, ㅁ이다.

3 ① $30\,\% = \dfrac{30}{100} = \dfrac{3}{10}$이므로

$x\times\dfrac{3}{10} = \dfrac{3}{10}x(원)$

② $\dfrac{a}{5}\,\text{cm}$

⑤ $10\times 3+1\times x = 30+x$

따라서 옳지 않은 것은 ②, ⑤이다.

4 (직육면체의 겉넓이)$=2\times(x\times y)+2\times(x\times z)+2\times(y\times z)$

$\qquad = 2xy+2xz+2yz(\text{cm}^2)$

5 $-a^3+\dfrac{15}{b} = -(-2)^3+\dfrac{15}{3} = -(-8)+5 = 8+5 = 13$

6 주어진 식에 $x=-\dfrac{1}{2}$을 각각 대입하면

① $\dfrac{1}{x} = 1\div x = 1\div\left(-\dfrac{1}{2}\right) = 1\times(-2) = -2$

② $-x^2 = -\left(-\dfrac{1}{2}\right)^2 = -\dfrac{1}{4}$

③ $-\dfrac{1}{x^2} = (-1)\div x^2 = (-1)\div\left(-\dfrac{1}{2}\right)^2$

$\qquad = (-1)\div\dfrac{1}{4} = (-1)\times 4 = -4$

④ $(-x)^2 = \left\{-\left(-\dfrac{1}{2}\right)\right\}^2 = \left(\dfrac{1}{2}\right)^2 = \dfrac{1}{4}$

⑤ $4x^3 = 4\times\left(-\dfrac{1}{2}\right)^3 = 4\times\left(-\dfrac{1}{8}\right) = -\dfrac{1}{2}$

따라서 식의 값이 가장 작은 것은 ③이다.

7 $0.6x+331$에 $x=10$을 대입하면

$0.6\times 10+331 = 6+331 = 337$

따라서 소리의 속력은 초속 $337\,\text{m}$이다.

8 (1) (마름모의 넓이)

$\qquad = \dfrac{1}{2}\times(한\ 대각선의\ 길이)\times(다른\ 대각선의\ 길이)$

$\qquad = \dfrac{1}{2}\times a\times b = \dfrac{1}{2}ab(\text{cm}^2)$

(2) $\dfrac{1}{2}ab$에 $a=20$, $b=15$를 대입하면

$\qquad \dfrac{1}{2}\times 20\times 15 = 150(\text{cm}^2)$

9 ① x^2의 계수는 1이다.

② x의 계수는 $-\dfrac{2}{3}$이다.

⑤ 항은 x^2, $-\dfrac{2}{3}x$, -7이다.

따라서 옳은 것은 ③, ④이다.

10 ㄴ. x^2+8x-x^2을 정리하면 $8x$이므로 일차식이다.

ㄷ. 상수항은 일차식이 아니다.

ㅁ. 분모에 문자가 있는 식은 다항식이 아니므로 일차식이 아니다.

ㅂ. 다항식의 차수가 2이므로 일차식이 아니다.

따라서 일차식은 ㄱ, ㄴ, ㄹ의 3개이다.

11 ① $6x\times\left(-\dfrac{7}{3}\right) = -14x$

② $\left(1+\dfrac{1}{3}x\right)\times(-2) = -2-\dfrac{2}{3}x$

③ $-3(4-3x) = -12+9x$

④ $(4a-6)\div(-2) = (4a-6)\times\left(-\dfrac{1}{2}\right)$

$\qquad\qquad = -2a+3$

⑤ $(12x-6)\div\dfrac{4}{3} = (12x-6)\times\dfrac{3}{4}$

$\qquad\qquad = 9x-\dfrac{9}{2}$

따라서 옳은 것은 ④이다.

12 ①, ③ 문자는 같지만 차수가 다르므로 동류항이 아니다.

② 문자가 다르므로 동류항이 아니다.

④ $\dfrac{3y}{4}$는 다항식이지만 $\dfrac{4}{y}$는 분모에 문자가 있으므로 다항식이 아니다. 즉, $\dfrac{3y}{4}$와 $\dfrac{4}{y}$는 동류항이 아니다.

⑤ 문자와 차수가 각각 같으므로 동류항이다.

따라서 동류항끼리 짝 지어진 것은 ⑤이다.

13 ① $5x-3-2x-1=3x-4$

② $2(4-x)+3(x-1)=8-2x+3x-3$
$$=x+5$$

③ $\dfrac{2}{3}(6x-3)-\dfrac{1}{2}(-2x+4)=4x-2+x-2$
$$=5x-4$$

④ $2-[-x-\{1-2(x+4)\}]=2-\{-x-(1-2x-8)\}$
$$=2-\{-x-(-2x-7)\}$$
$$=2-(-x+2x+7)$$
$$=2-(x+7)$$
$$=2-x-7$$
$$=-x-5$$

⑤ $\dfrac{2x-3}{5}-\dfrac{-x+5}{15}=\dfrac{3(2x-3)-(-x+5)}{15}$
$$=\dfrac{6x-9+x-5}{15}$$
$$=\dfrac{7x-14}{15}$$
$$=\dfrac{7}{15}x-\dfrac{14}{15}$$

따라서 옳지 않은 것은 ③이다.

14 $\dfrac{1}{4}(3x-1)-\dfrac{1}{3}(2x-5)=\dfrac{3(3x-1)-4(2x-5)}{12}$
$$=\dfrac{9x-3-8x+20}{12}$$
$$=\dfrac{x+17}{12}$$
$$=\dfrac{1}{12}x+\dfrac{17}{12}$$

따라서 $a=\dfrac{1}{12}$, $b=\dfrac{17}{12}$이므로

$b \div a = \dfrac{17}{12} \div \dfrac{1}{12} = \dfrac{17}{12} \times 12 = 17$

15 어떤 다항식을 □라 하면

□$-(-5a+7)=2a-3$

∴ □$=2a-3+(-5a+7)$
$$=2a-3-5a+7$$
$$=-3a+4$$

따라서 어떤 다항식은 $-3a+4$이므로 바르게 계산하면

$-3a+4+(-5a+7)=-3a+4-5a+7=-8a+11$

---

5 일차방정식

001 답 ○

002 답 ×

003 답 ×

004 답 ○

005 답 ○

006 답 ×

007 답 ×

008 답 **7, 12, $x+7=12$**

009 답 $2(6-x)=-8$

$\underset{(6-x)\times2}{\underline{6에서\ x를\ 뺀\ 값에\ 2를\ 곱하면}}$ / $\underset{-8}{\underline{=}}$ $\underset{}{\underline{-8이다.}}$

➡ $2(6-x)=-8$

010 답 $2x+5=3x-2$

$\underset{x\times2+5}{\underline{x의\ 2배에\ 5를\ 더한\ 값은}}$ / $\underset{x\times3-2}{\underline{x의\ 3배에서\ 2를\ 뺀\ 값과\ 같다.}}$

➡ $2x+5=3x-2$

011 답 $a-b=32$

$\underset{a-b}{\underline{길이가\ a\,cm인\ 줄을\ b\,cm만큼\ 잘라\ 내었더니}}$ / $\underset{32}{\underline{남은\ 줄의\ 길이가}}$

32 cm가 되었다.

➡ $a-b=32$

012 답 $700x+1000y=9200$

$\underset{700\times x+1000\times y}{\underline{한\ 개에\ 700원인\ 아이스크림\ x개와\ 한\ 개에\ 1000원인\ 과자\ y개의\ 전체}}$

$\underset{9200}{\underline{가격은\ /\ 9200원이다.}}$

➡ $700x+1000y=9200$

013 답 $50=4x+2$

$\underset{50}{\underline{50개의\ 사탕을}}$ / $\underset{x\times4+2}{\underline{한\ 상자에\ x개씩\ 넣었더니\ 4상자가\ 되고\ 사탕은}}$

2개가 남았다.

➡ $50=4x+2$

014 답 표는 풀이 참조, 해: $x=1$

x의 값	$3x-1$의 값(좌변)	2(우변)	참/거짓
-1	$3\times(-1)-1=-4$	2	거짓
0	$3\times0-1=-1$	2	거짓
1	$3\times1-1=2$	2	참

015 답 표는 풀이 참조, 해: $x=2$

x의 값	$5x$의 값(좌변)	$x+8$의 값(우변)	참/거짓
0	$5\times0=0$	$0+8=8$	거짓
1	$5\times1=5$	$1+8=9$	거짓
2	$5\times2=10$	$2+8=10$	참

016 답 표는 풀이 참조, 해: $x=3$

x의 값	$2x-1$의 값(좌변)	$3x-4$의 값(우변)	참/거짓
1	$2\times1-1=1$	$3\times1-4=-1$	거짓
2	$2\times2-1=3$	$3\times2-4=2$	거짓
3	$2\times3-1=5$	$3\times3-4=5$	참

017 답 ○
(좌변)$=2\times(-1)-1=-3$, (우변)$=-3$ ➡ 참
따라서 $x=-1$은 $2x-1=-3$의 해이다.

018 답 ○
(좌변)$=7\times1=7$, (우변)$=1+6=7$ ➡ 참
따라서 $x=1$은 $7x=x+6$의 해이다.

019 답 ×
(좌변)$=6-3\times2=0$, (우변)$=1$ ➡ 거짓
따라서 $x=2$는 $6-3x=1$의 해가 아니다.

020 답 ○
(좌변)$=2\times4-9=-1$, (우변)$=7-2\times4=-1$ ➡ 참
따라서 $x=4$는 $2x-9=7-2x$의 해이다.

021 답 ×
(좌변)$-0.5\times3-1.5$, (우변)$=10$ ➡ 거짓
따라서 $x=3$은 $0.5x=10$의 해가 아니다.

022 답 ○
(좌변)$=\dfrac{12}{5}-3=-\dfrac{3}{5}$, (우변)$=-\dfrac{3}{5}$ ➡ 참
따라서 $x=12$는 $\dfrac{x}{5}-3=-\dfrac{3}{5}$의 해이다.

023 답 ×
(좌변)$\neq$(우변)이므로 항등식이 아니다.

024 답 ×
(좌변)$\neq$(우변)이므로 항등식이 아니다.

025 답 ○
(좌변)$=3x-x=2x$
따라서 (좌변)$=$(우변)이므로 항등식이다.

026 답 ×
(좌변)$=-5(x-3)=-5x+15$
따라서 (좌변)$\neq$(우변)이므로 항등식이 아니다.

027 답 ○
(우변)$=2(x+1)-2=2x+2-2=2x$
따라서 (좌변)$=$(우변)이므로 항등식이다.

028 답 ○
(우변)$=3x-2x-4=x-4$
따라서 (좌변)$=$(우변)이므로 항등식이다.

029 답 ×
(우변)$=x+4-4x=-3x+4$
따라서 (좌변)$\neq$(우변)이므로 항등식이 아니다.

030 답 -1

031 답 $a=1$, $b=-5$

032 답 $a=3$, $b=2$

033 답 $a=-1$, $b=-3$

034 답 $a=-4$, $b=3$

035 답 30
$-6x+a=2(bx-5)$에서 $-6x+a=2bx-10$
이 식이 x에 대한 항등식이므로 $-6=2b$, $a=-10$
따라서 $a=-10$, $b=-3$이므로
$ab=-10\times(-3)=30$

036 답 4

037 답 $\dfrac{2}{3}$

038 답 2

039 답 8

040 답 1

041 답 2

042 답 4
$2a=b$의 양변을 4로 나누면 $\dfrac{2a}{4}=\dfrac{b}{4}$ ∴ $\dfrac{a}{2}=\dfrac{b}{4}$

043 답 3
$2a=b$의 양변에 3을 곱하면 $6a=3b$
$6a=3b$의 양변에서 3을 빼면 $6a-3=3b-3$

044 답 ○
$a=b$의 양변에 7을 더하면 $a+7=b+7$

045 답 ○
$a=b$의 양변에 4를 곱하면 $4a=4b$

046 답 ○
$a=b$의 양변을 -5로 나누면 $-\dfrac{a}{5}=-\dfrac{b}{5}$

047 답 ×
$a-6=6-b$의 양변에 6을 더하면
$a-6+6=6-b+6$　∴ $a=12-b$

048 답 ○
$\dfrac{a}{3}=\dfrac{b}{2}$의 양변에 6을 곱하면
$\dfrac{a}{3}\times6=\dfrac{b}{2}\times6$　∴ $2a=3b$

049 답 ×
$a=b+2$의 양변에서 3을 빼면
$a-3=b+2-3$　∴ $a-3=b-1$

050 답 풀이 참조
$$x-2=3$$
$$x-2+\boxed{2}=3+\boxed{2}$$
등식의 양변에 $\boxed{2}$를 더한다.
$$∴ x=\boxed{5}$$

051 답 풀이 참조
$$x+3=-1$$
$$x+3-\boxed{3}=-1-\boxed{3}$$
등식의 양변에서 $\boxed{3}$을 뺀다.
$$∴ x=\boxed{-4}$$

052 답 풀이 참조
$$\dfrac{x}{5}=2$$
$$\dfrac{x}{5}\times\boxed{5}=2\times\boxed{5}$$
등식의 양변에 $\boxed{5}$를 곱한다.
$$∴ x=\boxed{10}$$

053 답 풀이 참조
$$-2x=8$$
$$\dfrac{-2x}{\boxed{-2}}=\dfrac{8}{\boxed{-2}}$$
등식의 양변을 $\boxed{-2}$로 나눈다.
$$∴ x=\boxed{-4}$$

054 답 (개) ㄴ (내) ㄹ
$3x+2=-7$의 양변에서 2를 빼면 (ㄴ)
$3x+2-2=-7-2$　∴ $3x=-9$
$3x=-9$의 양변을 3으로 나누면 (ㄹ)
$\dfrac{3x}{3}=\dfrac{-9}{3}$　∴ $x=-3$

055 답 (개) ㄱ (내) ㄷ
$\dfrac{x}{5}-5=1$의 양변에 5를 더하면 (ㄱ)
$\dfrac{x}{5}-5+5=1+5$　∴ $\dfrac{x}{5}=6$
$\dfrac{x}{5}=6$의 양변에 5를 곱하면 (ㄷ)
$\dfrac{x}{5}\times5=6\times5$　∴ $x=30$

056 답 (개) ㄱ (내) ㄹ
$2x-6=4$의 양변에 6을 더하면 (ㄱ)
$2x-6+6=4+6$　∴ $2x=10$
$2x=10$의 양변을 2로 나누면 (ㄹ)
$\dfrac{2x}{2}=\dfrac{10}{2}$　∴ $x=5$

057 답 (개) ㄴ (내) ㄷ
$\dfrac{x}{4}+1=-2$의 양변에서 1을 빼면 (ㄴ)
$\dfrac{x}{4}+1-1=-2-1$　∴ $\dfrac{x}{4}=-3$
$\dfrac{x}{4}=-3$의 양변에 4를 곱하면 (ㄷ)
$\dfrac{x}{4}\times4=-3\times4$　∴ $x=-12$

058 답 $+,\ 2$

059 답 $-,\ 5$

060 답 $+,\ 2x$

061 답 $-,\ 5x,\ -,\ 1$

062 답 $x=4-1$

063 답 $5x=12+8$

064 답 $x-3x=7$

065 답 $2x+x=3-6$

066 답 ×
등식이 아니므로 일차방정식이 아니다.

067 답 ○
$5x+2=2x$에서 $5x+2-2x=0$
즉, $3x+2=0$이므로 일차방정식이다.

068 답 ×
(일차식)＝0 꼴이 아니므로 일차방정식이 아니다.

069 답 ×
$2x-4=2(x-2)$에서 $2x-4=2x-4$
$2x-4-2x+4=0$
즉, $0=0$이므로 일차방정식이 아니다.

070 답 ○
$4x-1=3(x+1)-2$에서 $4x-1=3x+3-2$
$4x-1-3x-3+2=0$
즉, $x-2=0$이므로 일차방정식이다.

071 답 ○
$x^2+3x-7=x^2+6x+7$에서 $x^2+3x-7-x^2-6x-7=0$
즉, $-3x-14=0$이므로 일차방정식이다.

072 답 2, 9, 3

073 답 $x=-6$
$7-2x=19$에서 $-2x=19-7$
$-2x=12$ ∴ $x=-6$

074 답 $x=-8$
$-3x=-5x-16$에서 $-3x+5x=-16$
$2x=-16$ ∴ $x=-8$

075 답 $x=4$
$24-4x=2x$에서 $-4x-2x=-24$
$-6x=-24$ ∴ $x=4$

076 답 $x=2$
$2x+3=-3x+13$에서 $2x+3x=13-3$
$5x=10$ ∴ $x=2$

077 답 $x=10$
$4x+3=5x-7$에서 $4x-5x=-7-3$
$-x=-10$ ∴ $x=10$

078 답 $x=2$
$-x+10=-5x+18$에서 $-x+5x=18-10$
$4x=8$ ∴ $x=2$

079 답 $x=-\dfrac{2}{3}$
$12x+1=9x-1$에서 $12x-9x=-1-1$
$3x=-2$ ∴ $x=-\dfrac{2}{3}$

080 답 $x=-3$
$2+5x=8+7x$에서 $5x-7x=8-2$
$-2x=6$ ∴ $x=-3$

081 답 $x=\dfrac{12}{5}$
$16-3x=4+2x$에서 $-3x-2x=4-16$
$-5x=-12$ ∴ $x=\dfrac{12}{5}$

082 답 $x=-1$
$-10x-3=5-2x$에서 $-10x+2x=5+3$
$-8x=8$ ∴ $x=-1$

083 답 4, 12, 4, 12, 3, 3, 1

084 답 $x=6$
$3(x+2)=4x$에서
$3x+6=4x$, $3x-4x=-6$
$-x=-6$ ∴ $x=6$

085 답 $x=1$
$2(4-x)=-4x+10$에서
$8-2x=-4x+10$, $-2x+4x=10-8$
$2x=2$ ∴ $x=1$

086 답 $x=\dfrac{1}{4}$
$-2x+5=3(2x+1)$에서
$-2x+5=6x+3$, $-2x-6x=3-5$
$-8x=-2$ ∴ $x=\dfrac{1}{4}$

087 답 $x=-1$
$5x-2(x-4)=5$에서
$5x-2x+8=5$, $5x-2x=5-8$
$3x=-3$ ∴ $x=-1$

088 답 $x=-2$
$x-2=7(x+1)+3$에서
$x-2=7x+7+3$, $x-7x=10+2$
$-6x=12$ ∴ $x=-2$

089 답 $x=\dfrac{1}{3}$
$2(-x+5)=4(3-2x)$에서
$-2x+10=12-8x$, $-2x+8x=12-10$
$6x=2$ ∴ $x=\dfrac{1}{3}$

090 답 $x+3$, $2x+5$, 9, $4x$, $4x$, 9, 1, -1

091 답 $-\dfrac{1}{3}$
$(x+1):(4x+3)=2:5$에서
$5(x+1)=2(4x+3)$, $5x+5=8x+6$
$5x-8x=6-5$, $-3x=1$ ∴ $x=-\dfrac{1}{3}$

092 답 **4**

$(1-x):(x-6)=3:2$에서

$2(1-x)=3(x-6)$, $2-2x=3x-18$

$-2x-3x=-18-2$, $-5x=-20$ $\therefore x=4$

093 답 $\dfrac{7}{2}$

$(2x-1):4=(x-2):1$에서

$2x-1=4(x-2)$, $2x-1=4x-8$

$2x-4x=-8+1$, $-2x=-7$ $\therefore x=\dfrac{7}{2}$

094 답 $\dfrac{1}{4}$

$(x+2):3=(5-2x):6$에서

$6(x+2)=3(5-2x)$, $6x+12=15-6x$

$6x+6x=15-12$, $12x=3$ $\therefore x=\dfrac{1}{4}$

095 답 **−3**

$2:(x-1)=5:(3x-1)$에서 $2(3x-1)=5(x-1)$

$6x-2=5x-5$, $6x-5x=-5+2$ $\therefore x=-3$

096 답 $\dfrac{9}{2}$

$(x+3):9=\dfrac{2x+1}{3}:4$에서 $4(x+3)=9\times\dfrac{2x+1}{3}$

$4x+12=3(2x+1)$, $4x+12=6x+3$

$4x-6x=3-12$, $-2x=-9$ $\therefore x=\dfrac{9}{2}$

097 답 풀이 참조

$0.7x-1.3=x-0.1$

$\boxed{7}x-\boxed{13}=\boxed{10}x-1$ ← 양변에 $\boxed{10}$을 곱한다.

$\boxed{7}x-\boxed{10}x=-1+\boxed{13}$

$\boxed{-3}x=\boxed{12}$

$\therefore x=\boxed{-4}$

098 답 $x=9$

$0.4x-2.7=0.1x$의 양변에 10을 곱하면

$4x-27=x$, $4x-x=27$

$3x=27$ $\therefore x=9$

099 답 $x=2$

$x+0.3=0.3x+1.7$의 양변에 10을 곱하면

$10x+3=3x+17$, $10x-3x=17-3$

$7x=14$ $\therefore x=2$

100 답 $x=3$

$1-0.9x=-2.9+0.4x$의 양변에 10을 곱하면

$10-9x=-29+4x$, $-9x-4x=-29-10$

$-13x=-39$ $\therefore x=3$

101 답 $x=-4$

$2x+3.2=0.8x-1.6$의 양변에 10을 곱하면

$20x+32=8x-16$, $20x-8x=-16-32$

$12x=-48$ $\therefore x=-4$

102 답 $x=-2$

$-0.04x+0.38=-0.23x$의 양변에 100을 곱하면

$-4x+38=-23x$, $-4x+23x=-38$, $19x=-38$

$\therefore x=-2$

103 답 $x=-1$

$0.3x+0.45=0.15$의 양변에 100을 곱하면

$30x+45=15$, $30x=-30$ $\therefore x=-1$

104 답 $x=6$

$0.05x+1.3=0.35x-0.5$의 양변에 100을 곱하면

$5x+130=35x-50$, $5x-35x=-50-130$

$-30x=-180$ $\therefore x=6$

105 답 $x=11$

$-0.2(x+1)=-0.4x+2$의 양변에 10을 곱하면

$-2(x+1)=-4x+20$, $-2x-2=-4x+20$

$-2x+4x=20+2$, $2x=22$ $\therefore x=11$

106 답 $x=1$

$0.7x=0.05(x-2)+0.75$의 양변에 100을 곱하면

$70x=5(x-2)+75$, $70x=5x-10+75$

$70x-5x=65$, $65x=65$

$\therefore x=1$

107 답 $x=5$

$0.25(x-3)=0.5x-2$의 양변에 100을 곱하면

$25(x-3)=50x-200$, $25x-75=50x-200$

$25x-50x=-200+75$, $-25x=-125$

$\therefore x=5$

108 답 풀이 참조

$\dfrac{x-1}{2}-\dfrac{4x+1}{3}=5$

$\boxed{3}(x-1)-\boxed{2}(4x+1)=\boxed{30}$ ← 양변에 $\boxed{6}$을 곱한다.

$\boxed{3}x-3-\boxed{8}x-2=\boxed{30}$

$\boxed{-5}x=\boxed{30}+5$

$\boxed{-5}x=\boxed{35}$

$\therefore x=\boxed{-7}$

109 답 $x=\dfrac{15}{4}$

$\dfrac{3}{5}x-1=\dfrac{1}{3}x$의 양변에 15를 곱하면

$9x-15=5x$, $9x-5x=15$

$4x=15$ $\therefore x=\dfrac{15}{4}$

110 답 $x=8$

$-\dfrac{5}{4}x+3=\dfrac{1}{2}x-11$의 양변에 4를 곱하면

$-5x+12=2x-44$, $-5x-2x=-44-12$

$-7x=-56$ $\therefore x=8$

111 답 $x=-6$

$\dfrac{1}{3}x-2=\dfrac{3}{2}x+5$의 양변에 6을 곱하면

$2x-12=9x+30$, $2x-9x=30+12$

$-7x=42$ $\therefore x=-6$

112 답 $x=\dfrac{15}{2}$

$\dfrac{1}{2}x=-\dfrac{5}{4}+\dfrac{2}{3}x$의 양변에 12를 곱하면

$6x=-15+8x$, $6x-8x=-15$

$-2x=-15$ $\therefore x=\dfrac{15}{2}$

113 답 $x=-\dfrac{11}{6}$

$\dfrac{3}{4}x+\dfrac{1}{3}=\dfrac{1}{2}x-\dfrac{1}{8}$의 양변에 24를 곱하면

$18x+8=12x-3$, $18x-12x=-3-8$

$6x=-11$ $\therefore x=-\dfrac{11}{6}$

114 답 $x=3$

$\dfrac{3x+5}{7}=-1+x$의 양변에 7을 곱하면

$3x+5=-7+7x$, $3x-7x=-7-5$

$-4x=-12$ $\therefore x=3$

115 답 $x=12$

$\dfrac{x}{4}=\dfrac{x+3}{5}$의 양변에 20을 곱하면

$5x=4(x+3)$, $5x=4x+12$

$5x-4x=12$ $\therefore x=12$

116 답 $x=-4$

$\dfrac{x-1}{5}=\dfrac{1}{2}(x+2)$의 양변에 10을 곱하면

$2(x-1)=5(x+2)$, $2x-2=5x+10$

$2x-5x=10+2$, $-3x=12$

$\therefore x=-4$

117 답 $x=-\dfrac{5}{2}$

$\dfrac{2-x}{3}=1-\dfrac{x}{5}$의 양변에 15를 곱하면

$5(2-x)=15-3x$, $10-5x=15-3x$

$-5x+3x=15-10$, $-2x=5$

$\therefore x=-\dfrac{5}{2}$

118 답 $x=18$

$\dfrac{1}{2}(x+4)=\dfrac{2}{3}x-1$의 양변에 6을 곱하면

$3(x+4)=4x-6$, $3x+12=4x-6$

$3x-4x=-6-12$, $-x=-18$ $\therefore x=18$

119 답 $x=\dfrac{20}{9}$

$\dfrac{1}{2}(x-2)=\dfrac{x}{5}-\dfrac{1}{3}$의 양변에 30을 곱하면

$15(x-2)=6x-10$, $15x-30=6x-10$

$15x-6x=-10+30$, $9x=20$ $\therefore x=\dfrac{20}{9}$

120 답 $x=2$

$\dfrac{4-x}{3}=\dfrac{3}{4}x-\dfrac{5}{6}$의 양변에 12를 곱하면

$4(4-x)=9x-10$, $16-4x=9x-10$

$-4x-9x=-10-16$, $-13x=-26$

$\therefore x=2$

121 답 풀이 참조

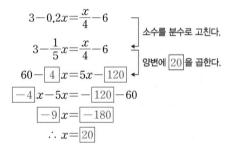

$$3-0.2x=\dfrac{x}{4}-6$$
소수를 분수로 고친다.
$$3-\dfrac{1}{5}x=\dfrac{x}{4}-6$$
양변에 $\boxed{20}$을 곱한다.
$$60-\boxed{4}x=5x-\boxed{120}$$
$$\boxed{-4}x-5x=-\boxed{120}-60$$
$$\boxed{-9}x=\boxed{-180}$$
$$\therefore x=\boxed{20}$$

122 답 $x=6$

$0.3x-\dfrac{2}{5}=1.4$에서

소수를 분수로 고치면 $\dfrac{3}{10}x-\dfrac{2}{5}=\dfrac{7}{5}$

양변에 10을 곱하면 $3x-4=14$

$3x=14+4$, $3x=18$ $\therefore x=6$

123 답 $x=5$

$0.4x+1=\dfrac{x+1}{2}$에서

소수를 분수로 고치면 $\dfrac{2}{5}x+1=\dfrac{x+1}{2}$

양변에 10을 곱하면 $4x+10=5(x+1)$

$4x+10=5x+5$, $4x-5x=5-10$

$-x=-5$ $\therefore x=5$

124 답 $x=15$

$\dfrac{x}{6}-3=0.5x-8$에서

소수를 분수로 고치면 $\dfrac{x}{6}-3=\dfrac{1}{2}x-8$

양변에 6을 곱하면 $x-18=3x-48$

$x-3x=-48+18$, $-2x=-30$ $\therefore x=15$

125 답 $x=13$

$\frac{3}{5}x-0.2x=\frac{1}{2}x-1.3$에서

소수를 분수로 고치면 $\frac{3}{5}x-\frac{1}{5}x=\frac{1}{2}x-\frac{13}{10}$

양변에 10을 곱하면 $6x-2x=5x-13$

$4x-5x=-13,\ -x=-13$

$\therefore x=13$

126 답 $x=-26$

$\frac{x}{4}-0.9=0.3x+\frac{2}{5}$에서

소수를 분수로 고치면 $\frac{x}{4}-\frac{9}{10}=\frac{3}{10}x+\frac{2}{5}$

양변에 20을 곱하면 $5x-18=6x+8$

$5x-6x=8+18,\ -x=26$

$\therefore x=-26$

127 답 $x=-6$

$\frac{2(x-4)}{5}=0.5x-1$에서

소수를 분수로 고치면 $\frac{2(x-4)}{5}=\frac{1}{2}x-1$

양변에 10을 곱하면 $4(x-4)=5x-10$

$4x-16=5x-10,\ 4x-5x=-10+16$

$-x=6$ $\therefore x=-6$

128 답 $x=-2$

$\frac{1}{3}(4x+5)=0.2x-0.6$에서

소수를 분수로 고치면 $\frac{1}{3}(4x+5)=\frac{1}{5}x-\frac{3}{5}$

양변에 15를 곱하면 $5(4x+5)=3x-9$

$20x+25=3x-9,\ 20x-3x=-9-25$

$17x=-34$ $\therefore x=-2$

129 답 $x=-8$

$0.3x+0.4=\frac{1}{3}(x+2)$에서

소수를 분수로 고치면 $\frac{3}{10}x+\frac{2}{5}=\frac{1}{3}(x+2)$

양변에 30을 곱하면 $9x+12=10(x+2)$

$9x+12=10x+20,\ 9x-10x=20-12$

$-x=8$ $\therefore x=-8$

130 답 $x=\frac{7}{5}$

$\frac{x+5}{4}=\frac{8-x}{6}+0.5$에서

소수를 분수로 고치면 $\frac{x+5}{4}=\frac{8-x}{6}+\frac{1}{2}$

양변에 12를 곱하면 $3(x+5)=2(8-x)+6$

$3x+15=16-2x+6,\ 3x+2x=22-15$

$5x=7$ $\therefore x=\frac{7}{5}$

131 답 $x=-4$

$0.1(x-1)=\frac{1}{4}x+\frac{1}{2}$에서

소수를 분수로 고치면 $\frac{1}{10}(x-1)=\frac{1}{4}x+\frac{1}{2}$

양변에 20을 곱하면 $2(x-1)=5x+10$

$2x-2=5x+10,\ 2x-5x=10+2$

$-3x=12$ $\therefore x=-4$

132 답 $x=15$

$\frac{5}{6}(x-3)=0.2(3x+5)$에서

소수를 분수로 고치면 $\frac{5}{6}(x-3)=\frac{1}{5}(3x+5)$

양변에 30을 곱하면 $25(x-3)=6(3x+5)$

$25x-75=18x+30,\ 25x-18x=30+75$

$7x=105$ $\therefore x=15$

133 답 ④

① $2x+6=10$에서 $2x=10-6$

$2x=4$ $\therefore x=2$

② $2(2x-1)=3x$에서 $4x-2=3x$

$4x-3x=2$ $\therefore x=2$

③ $0.2x+0.3=0.4x-0.1$의 양변에 10을 곱하면

$2x+3=4x-1,\ 2x-4x=-1-3$

$-2x=-4$ $\therefore x=2$

④ $\frac{x}{5}-1=\frac{x}{2}-\frac{2}{5}$의 양변에 10을 곱하면

$2x-10=5x-4,\ 2x-5x=-4+10$

$-3x=6$ $\therefore x=-2$

⑤ $\frac{2x+5}{3}=0.5(x+4)$에서

소수를 분수로 고치면 $\frac{2x+5}{3}=\frac{1}{2}(x+4)$

양변에 6을 곱하면 $2(2x+5)=3(x+4)$

$4x+10=3x+12,\ 4x-3x=12-10$ $\therefore x=2$

따라서 해가 나머지 넷과 다른 하나는 ④이다.

134 답 9

$-3x+6=12x-a$에 $x=1$을 대입하면

$-3\times1+6=12\times1-a$

$3=12-a$ $\therefore a=9$

135 답 -10

$7x-a=2x-10$에 $x=-4$를 대입하면

$7\times(-4)-a=2\times(-4)-10$

$-28-a=-8-10,\ -a=-18+28$

$-a=10$ $\therefore a=-10$

136 답 3

$9-ax=-6x+15$에 $x=2$를 대입하면

$9-a\times2=-6\times2+15,\ 9-2a=-12+15$

$-2a=3-9,\ -2a=-6$ $\therefore a=3$

137 답 -5

$a(2x-1)+5x=-x-7$에 $x=3$을 대입하면
$a\times(2\times3-1)+5\times3=-3-7$, $5a+15=-10$
$5a=-10-15$, $5a=-25$ $\quad\therefore a=-5$

138 답 2

$-x+ax=4(x+a)-2$에 $x=-2$를 대입하면
$-(-2)+a\times(-2)=4(-2+a)-2$
$2-2a=-8+4a-2$, $-2a-4a=-10-2$
$-6a=-12$ $\quad\therefore a=2$

139 답 6

$2(x-1)=5-3(x-a)$에 $x=5$를 대입하면
$2\times(5-1)=5-3(5-a)$, $8=5-15+3a$
$-3a=-10-8$, $-3a=-18$ $\quad\therefore a=6$

140 답 $x=-1$

$-5(x+3)=-2x-12$에서 $-5x-15=-2x-12$
$-5x+2x=-12+15$, $-3x=3$ $\quad\therefore x=-1$

141 답 7

주어진 두 일차방정식의 해가 $x=-1$이므로
$3x+11=-x+a$에 $x=-1$을 대입하면
$3\times(-1)+11=-(-1)+a$
$-3+11=1+a$, $-a=1-8$
$-a=-7$ $\quad\therefore a=7$

142 답 -10

$9-2x=3-4x$에서 $-2x+4x=3-9$
$2x=-6$ $\quad\therefore x=-3$
즉, 주어진 두 일차방정식의 해가 $x=-3$이므로
$5x-(2x+1)=a$에 $x=-3$을 대입하면
$5\times(-3)-\{2\times(-3)+1\}=a$
$-15-(-6+1)=a$ $\quad\therefore a=-10$

143 답 -5

$3(x-2)=x+2$에서 $3x-6=x+2$
$3x-x=2+6$, $2x=8$ $\quad\therefore x=4$
즉, 주어진 두 일차방정식의 해가 $x=4$이므로
$x-3=-(x+a)$에 $x=4$를 대입하면
$4-3=-(4+a)$, $1=-4-a$ $\quad\therefore a=-5$

144 답 -1

$x-2=-2(x+4)$에서 $x-2=-2x-8$
$x+2x=-8+2$, $3x=-6$ $\quad\therefore x=-2$
즉, 주어진 두 일차방정식의 해가 $x=-2$이므로
$0.5x-0.3(a+x)=-0.1$에 $x=-2$를 대입하면
$0.5\times(-2)-0.3(a-2)=-0.1$, $-1-0.3(a-2)=-0.1$
양변에 10을 곱하면 $-10-3(a-2)=-1$
$-10-3a+6=-1$, $-3a=-1+4$
$-3a=3$ $\quad\therefore a=-1$

145 답 8, 3

146 답 $x=4$

$x+8=3x$에서 $-2x=-8$ $\quad\therefore x=4$

147 답 4

확인 어떤 수 4에 8을 더한 수: $4+8=12$ ─┐ 같다.
　　　어떤 수 4의 3배: $4\times3=12$ ─┘

148 답 2

어떤 수를 x라 하면
$2(x+5)=7x$, $2x+10=7x$
$-5x=-10$ $\quad\therefore x=2$
따라서 어떤 수는 2이다.
확인 어떤 수 2에 5를 더하여 2배 한 수: $(2+5)\times2=14$ ─┐ 같다.
　　　어떤 수 2의 7배: $2\times7=14$ ─┘

149 답 6

어떤 수를 x라 하면
$7(x-3)=5x-9$, $7x-21=5x-9$
$2x=12$ $\quad\therefore x=6$
따라서 어떤 수는 6이다.
확인 어떤 수 6에서 3을 뺀 후에 7배 한 수: $(6-3)\times7=21$ ─┐ 같다.
　　　어떤 수 6의 5배보다 9만큼 작은 수: $6\times5-9=21$ ─┘

150 답 표는 풀이 참조, $(x-1)+x+(x+1)=48$

가장 작은 수	가운데 수	가장 큰 수
$x-1$	x	$x+1$

(세 자연수의 합)$=48$이므로 $(x-1)+x+(x+1)=48$

151 답 $x=16$

$(x-1)+x+(x+1)=48$에서
$3x=48$ $\quad\therefore x=16$

152 답 15, 16, 17

연속하는 세 자연수 중 가운데 수가 16이므로 구하는 세 자연수는 15, 16, 17이다.
확인 세 자연수의 합: $15+16+17=48$

153 답 28, 29

연속하는 두 자연수 중 작은 수를 x라 하면 큰 수는 $x+1$이므로
$x+(x+1)=57$
$2x=56$ $\quad\therefore x=28$
따라서 연속하는 두 자연수 중 작은 수는 28이므로 구하는 두 자연수는 28, 29이다.
확인 두 자연수의 합: $28+29=57$

154 답 31, 33

연속하는 두 홀수 중 작은 수를 x라 하면 큰 수는 $x+2$이므로

$x+(x+2)=64,\ 2x=62$ ∴ $x=31$

따라서 연속하는 두 홀수 중 작은 수는 31이므로 구하는 두 홀수는 31, 33이다.

확인 두 홀수의 합: $31+33=64$

155 답 표는 풀이 참조, $x+(x-2)=28$

	형	동생
나이	x세	$(x-2)$세

(형의 나이)+(동생의 나이)$=28$(세)이므로

$x+(x-2)=28$

156 답 $x=15$

$x+(x-2)=28$에서 $2x=30$ ∴ $x=15$

157 답 형: 15세, 동생: 13세

형의 나이는 15세이고 동생의 나이는 $15-2=13$(세)이다.

확인 형과 동생의 나이의 합: $15+13=28$(세)

158 답 언니: 17세, 동생: 14세

언니의 나이를 x세라 하면 동생의 나이는 $(x-3)$세이므로

$x+(x-3)=31,\ 2x=34$ ∴ $x=17$

따라서 언니의 나이는 17세이고 동생의 나이는

$17-3=14$(세)이다.

확인 언니와 동생의 나이의 합: $17+14=31$(세)

159 답 삼촌: 33세, 조카: 11세

조카의 나이를 x세라 하면 삼촌의 나이는 $3x$세이므로

$3x+x=44,\ 4x=44$ ∴ $x=11$

따라서 조카의 나이는 11세이고 삼촌의 나이는

$3\times11=33$(세)이다.

확인 삼촌과 조카의 나이의 합: $33+11=44$(세)

160 답 표는 풀이 참조, $40+x=2(14+x)$

	어머니	아들
현재의 나이	40세	14세
x년 후의 나이	$(40+x)$세	$(14+x)$세

(x년 후의 어머니의 나이)$=2\times$(x년 후의 아들의 나이)이므로

$40+x=2(14+x)$

161 답 $x=12$

$40+x=2(14+x)$에서 $40+x=28+2x$

$-x=-12$ ∴ $x=12$

162 답 12년 후

확인 12년 후의 어머니의 나이: $40+12=52$(세)

12년 후의 아들의 나이: $14+12=26$(세)

➡ $52=26\times2$

163 답 4년 후

x년 후에 아버지의 나이가 딸의 나이의 3배가 된다고 하면

x년 후에 아버지의 나이는 $(35+x)$세, 딸의 나이는 $(9+x)$세이므로

$35+x=3(9+x),\ 35+x=27+3x$

$-2x=-8$ ∴ $x=4$

따라서 아버지의 나이가 딸의 나이의 3배가 되는 것은 4년 후이다.

확인 4년 후의 아버지의 나이: $35+4=39$(세)

4년 후의 딸의 나이: $9+4=13$(세)

➡ $39=13\times3$

164 답 7년 후

x년 후에 이모의 나이가 조카의 나이의 2배보다 6세 더 많아진다고 하면 x년 후에 이모의 나이는 $(45+x)$세, 조카의 나이는 $(16+x)$세이므로

$45+x=2(16+x)+6,\ 45+x=32+2x+6$

$-x=-7$ ∴ $x=7$

따라서 이모의 나이가 조카의 나이의 2배보다 6세 더 많아지는 것은 7년 후이다.

확인 7년 후의 이모의 나이: $45+7=52$(세)

7년 후의 조카의 나이: $16+7=23$(세)

➡ $52=23\times2+6$

165 답 표는 풀이 참조, $500x+1000(12-x)=8500$

	사탕	껌
개수	x	$12-x$
전체 가격	$500x$원	$1000(12-x)$원

(사탕의 전체 가격)+(껌의 전체 가격)$=8500$(원)이므로

$500x+1000(12-x)=8500$

166 답 $x=7$

$500x+1000(12-x)=8500$에서 $500x+12000-1000x=8500$

$-500x=-3500$ ∴ $x=7$

167 답 사탕: 7개, 껌: 5개

사탕은 7개, 껌은 $12-7=5$(개) 샀다.

확인 사탕과 껌의 전체 가격의 합: $500\times7+1000\times5=8500$(원)

168 답 사과: 6개, 자두: 3개

사과를 x개 샀다고 하면 자두를 $(9-x)$개 샀으므로

$2000x+1000(9-x)=15000,\ 2000x+9000-1000x=15000$

$1000x=6000$ ∴ $x=6$

따라서 사과는 6개, 자두는 $9-6=3$(개) 샀다.

확인 사과와 자두의 전체 가격의 합: $2000\times6+1000\times3=15000$(원)

169 답 **2점: 8골, 3점: 6골**

2점짜리 슛을 x골 넣었다고 하면 3점짜리 슛을 $(14-x)$골 넣었으므로

$2x+3(14-x)=34$

$2x+42-3x=34$

$-x=-8$ ∴ $x=8$

따라서 2점짜리 슛은 8골, 3점짜리 슛은 $14-8=6$(골) 넣었다.

확인 슛의 전체 점수의 합: $2\times8+3\times6=34$(점)

170 답 **표는 풀이 참조, $2\{(x+4)+x\}=32$**

세로의 길이	가로의 길이	둘레의 길이
x cm	$(x+4)$ cm	$2\{(\boxed{x+4})+x\}$ cm

(직사각형의 둘레의 길이)$=2\times\{($가로의 길이$)+($세로의 길이$)\}$

이므로 $2\{(x+4)+x\}=32$

171 답 $x=6$

$2\{(x+4)+x\}=32$에서 $2(2x+4)=32$

$4x+8=32$, $4x=24$ ∴ $x=6$

172 답 **가로: 10 cm, 세로: 6 cm**

세로의 길이는 6 cm이고 가로의 길이는 $6+4=10$(cm)이다.

확인 둘레의 길이: $2\times(10+6)=32$(cm)

173 답 **가로: 8 cm, 세로: 14 cm**

세로의 길이를 x cm라 하면 가로의 길이는 $(x-6)$ cm이므로

$2\{(x-6)+x\}=44$, $2(2x-6)=44$

$4x-12=44$, $4x=56$ ∴ $x=14$

따라서 세로의 길이는 14 cm이고 가로의 길이는

$14-6=8$(cm)이다.

확인 둘레의 길이: $2\times(8+14)=44$(cm)

174 답 **가로: 9 cm, 세로: 3 cm**

세로의 길이를 x cm라 하면 가로의 길이는 $3x$ cm이므로

$2(3x+x)=24$

$8x=24$ ∴ $x=3$

따라서 세로의 길이는 3 cm이고 가로의 길이는

$3\times3=9$(cm)이다.

확인 둘레의 길이: $2\times(9+3)=24$(cm)

175 답 **표는 풀이 참조, $7, \dfrac{x}{80}+\dfrac{x}{60}=7$**

	갈 때	올 때
거리	x km	x km
속력	시속 80 km	시속 60 km
시간	$\dfrac{x}{80}$시간	$\dfrac{x}{60}$시간

176 답 $x=240$

$\dfrac{x}{80}+\dfrac{x}{60}=7$의 양변에 240을 곱하면

$3x+4x=1680$

$7x=1680$ ∴ $x=240$

177 답 **240 km**

확인 갈 때 걸린 시간: $\dfrac{240}{80}=3$(시간)

올 때 걸린 시간: $\dfrac{240}{60}=4$(시간)

➡ 전체 걸린 시간: $3+4=7$(시간)

178 답 $\dfrac{18}{7}$ km

우진이네 집과 학교 사이의 거리를 x km라 하면

	갈 때	올 때
거리	x km	x km
속력	시속 4 km	시속 3 km
시간	$\dfrac{x}{4}$시간	$\dfrac{x}{3}$시간

(갈 때 걸린 시간)$+$(올 때 걸린 시간)$=$(전체 걸린 시간)이므로

$\dfrac{x}{4}+\dfrac{x}{3}=1\dfrac{30}{60}$

$\dfrac{x}{4}+\dfrac{x}{3}=\dfrac{3}{2}$

양변에 12를 곱하면 $3x+4x=18$

$7x=18$ ∴ $x=\dfrac{18}{7}$

따라서 집에서 학교까지의 거리는 $\dfrac{18}{7}$ km이다.

확인 갈 때 걸린 시간: $\dfrac{18}{7}\div4=\dfrac{9}{14}$(시간)

올 때 걸린 시간: $\dfrac{18}{7}\div3=\dfrac{6}{7}$(시간)

➡ 전체 걸린 시간: $\dfrac{9}{14}+\dfrac{6}{7}=\dfrac{9}{14}+\dfrac{12}{14}=\dfrac{21}{14}=1\dfrac{1}{2}$(시간)

179 답 **표는 풀이 참조, $5, \dfrac{x}{3}+\dfrac{x+5}{2}=5$**

	올라갈 때	내려올 때
거리	x km	$(x+5)$ km
속력	시속 3 km	시속 2 km
시간	$\dfrac{x}{3}$시간	$\dfrac{x+5}{2}$시간

180 답 $x=3$

$\dfrac{x}{3}+\dfrac{x+5}{2}=5$의 양변에 6을 곱하면

$2x+3(x+5)=30$

$2x+3x+15=30$

$5x=15$ ∴ $x=3$

181 답 **올라간 거리: 3 km, 내려온 거리: 8 km**

올라간 거리는 3 km이고 내려온 거리는 $3+5=8(km)$이다.

확인 올라갈 때 걸린 시간: $\dfrac{3}{3}=1$(시간)

내려올 때 걸린 시간: $\dfrac{8}{2}=4$(시간)

➡ 전체 걸린 시간: $1+4=5$(시간)

182 답 **500 m**

갈 때 걸은 거리를 x m라 하면

	갈 때	올 때
거리	x m	$(x+400)$ m
속력	분속 50 m	분속 60 m
시간	$\dfrac{x}{50}$ 분	$\dfrac{x+400}{60}$ 분

(갈 때 걸린 시간)+(올 때 걸린 시간)=(전체 걸린 시간)이므로

$\dfrac{x}{50}+\dfrac{x+400}{60}=25$

양변에 300을 곱하면 $6x+5(x+400)=7500$

$6x+5x+2000=7500$, $11x=5500$

$\therefore x=500$

따라서 갈 때 걸은 거리는 500 m이다.

확인 갈 때 걸린 시간: $\dfrac{500}{50}=10$(분)

올 때 걸린 시간: $\dfrac{500+400}{60}=15$(분)

➡ 전체 걸린 시간: $10+15=25$(분)

기본 문제 ✕ 확인하기

106~107쪽

1 (1) ◯ (2) ✕ (3) ◯

2 (1) $x-5=8x$ (2) $x+4=13$ (3) $6x=16800$

3 (1) ◯ (2) ✕ (3) ◯

4 (1) ✕ (2) ◯ (3) ✕

5 (1) $a=-2$, $b=7$ (2) $a=-4$, $b=-5$ (3) $a=6$, $b=1$

6 (1) 3 (2) 4 (3) -2 (4) 6

7 (1) $-4x=5-2$ (2) $-x+7x=3$ (3) $2x-12x=1+5$

8 (1) ✕ (2) ◯ (3) ◯

9 (1) $x=5$ (2) $x=-1$ (3) $x=-3$ (4) $x=11$
    (5) $x=1$ (6) $x=7$

10 (1) 14 (2) -4

11 (1) 8 (2) 4

12 (1) $7(x-3)=5x-9$ (2) $x=6$ (3) 6

13 (1) $4x+2(16-x)=50$ (2) $x=9$
    (3) 양: 9마리, 닭: 7마리

14 (1) $\dfrac{x}{10}+\dfrac{x}{5}=3$ (2) $x=10$ (3) 10 km

2 (3) 100 g에 x원이면 600 g에 $6x$원이므로
    $6x=16800$

3 (1) (좌변)$=1-0=1$,
    (우변)$=2×0+1=1$ ➡ 참
    따라서 $x=0$은 $1-x=2x+1$의 해이다.
  (2) (좌변)$=13$,
    (우변)$=-3×(-4)-1=11$ ➡ 거짓
    따라서 $x=-4$는 $13=-3x-1$의 해가 아니다.
  (3) (좌변)$=-\dfrac{7}{3}×6-10=-24$,
    (우변)$=-4×6=-24$ ➡ 참
    따라서 $x=6$은 $-\dfrac{7}{3}x-10=-4x$의 해이다.

4 (1) (좌변)$\neq$(우변)이므로 항등식이 아니다.
  (2) (우변)$=2x+1-x=x+1$
    따라서 (좌변)$=$(우변)이므로 항등식이다.
  (3) (좌변)$=3(2-4x)=6-12x$
    따라서 (좌변)$\neq$(우변)이므로 항등식이 아니다.

5 (3) $(a-3)x+1=3x+b$가 x에 대한 항등식이 되려면
    $a-3=3$, $1=b$
    $\therefore a=6$, $b=1$

8 (1) 등식이 아니므로 일차방정식이 아니다.
  (3) $2x-x^2=-x^2+6$에서
    $2x-x^2+x^2-6=0$
    즉, $2x-6=0$이므로 일차방정식이다.

9 (1) $7+6x=22+3x$에서
    $3x=15$ $\therefore x=5$
  (2) $2x-3(x-1)=4$에서 $2x-3x+3=4$
    $-x=1$ $\therefore x=-1$
  (3) $4-2(3x+1)=-4(x-2)$에서 $4-6x-2=-4x+8$
    $-2x=6$ $\therefore x=-3$
  (4) $0.5x-2=0.2x+1.3$의 양변에 10을 곱하면
    $5x-20=2x+13$
    $3x=33$ $\therefore x=11$
  (5) $1-\dfrac{x-1}{4}=\dfrac{2x+1}{3}$의 양변에 12를 곱하면
    $12-3(x-1)=4(2x+1)$, $12-3x+3=8x+4$
    $-11x=-11$ $\therefore x=1$
  (6) $0.3(x-2)=\dfrac{1}{2}(x-4)$에서
    소수를 분수로 고치면 $\dfrac{3}{10}(x-2)=\dfrac{1}{2}(x-4)$
    양변에 10을 곱하면 $3(x-2)=5(x-4)$
    $3x-6=5x-20$, $-2x=-14$
    $\therefore x=7$

10 (1) $-2x+5=x+a$에 $x=-3$을 대입하면
$-2\times(-3)+5=-3+a$
$6+5=-3+a$　∴ $a=14$
(2) $7x-a=3(x+4)$에 $x=2$를 대입하면
$7\times2-a=3\times(2+4)$, $14-a=18$
$-a=4$　∴ $a=-4$

11 (1) $2x-3=11$에서 $2x=14$　∴ $x=7$
즉, 주어진 두 일차방정식의 해가 $x=7$이므로
$3x-5=2a$에 $x=7$을 대입하면
$3\times7-5=2a$, $-2a=-16$　∴ $a=8$
(2) $8-3x=4-x$에서 $-2x=-4$　∴ $x=2$
즉, 주어진 두 일차방정식의 해가 $x=2$이므로
$a(2x-1)=6x$에 $x=2$를 대입하면
$a\times(2\times2-1)=6\times2$, $3a=12$　∴ $a=4$

12 (2) $7(x-3)=5x-9$에서 $7x-21=5x-9$
$2x=12$　∴ $x=6$

13 (1) 양이 x마리 있다고 하면 닭이 $(16-x)$마리 있으므로
$4x+2(16-x)=50$
(2) $4x+2(16-x)=50$에서 $4x+32-2x=50$
$2x=18$　∴ $x=9$
(3) 양이 9마리, 닭이 $16-9=7$(마리) 있다.

14 (1) 두 지점 A, B 사이의 거리를 x km라 하면

	갈 때	올 때
거리	x km	x km
속력	시속 10 km	시속 5 km
시간	$\dfrac{x}{10}$시간	$\dfrac{x}{5}$시간

(갈 때 걸린 시간)+(올 때 걸린 시간)=3(시간)이므로
$\dfrac{x}{10}+\dfrac{x}{5}=3$
(2) $\dfrac{x}{10}+\dfrac{x}{5}=3$의 양변에 10을 곱하면
$x+2x=30$, $3x=30$　∴ $x=10$

학교 시험 문제 × 확인하기　108~109쪽

1 ③　　**2** ㄱ, ㅂ　　**3** ④　　**4** 1　　**5** ①, ④
6 ㈎　　**7** ⑤　　**8** ①, ⑤　　**9** ⑤　　**10** 1
11 ①　　**12** 5　　**13** 24　　**14** ④　　**15** ①
16 6 km

---

1 ① $3x+7=11$　　② $\dfrac{x}{9}=750$
④ $\dfrac{2+x}{2}=56$　　⑤ $50-4x=2$
따라서 옳은 것은 ③이다.

2 각 방정식에 $x=2$를 대입하면
ㄱ. $-3\times2+1=-5$ (참)
ㄴ. $7\times2+4\neq5\times2$ (거짓)
ㄷ. $\dfrac{2}{3}\times2-2\neq2-1$ (거짓)
ㄹ. $-4\times(2-2)\neq9$ (거짓)
ㅁ. $6\times\left(2-\dfrac{1}{3}\right)\neq4\times2$ (거짓)
ㅂ. $1.8\times2+4=2\times2+3.6$ (참)
따라서 $x=2$가 해인 방정식은 ㄱ, ㅂ이다.

3 ①, ② (좌변)$\neq$(우변)
③ (우변)$=-3(2x-1)=-6x+3$이므로 (좌변)$\neq$(우변)
④ (좌변)$=2(x-2)=2x-4$, (우변)$=-x-4+3x=2x-4$
이므로 (좌변)$=$(우변)
⑤ (우변)$=(x-3)+(3+x)=2x$이므로 (좌변)$\neq$(우변)
따라서 모든 x의 값에 대하여 항상 참인 등식, 즉 x에 대한 항등식은 ④이다.

4 $ax-6=3(x+b)$에서 $ax-6=3x+3b$
이 식이 x에 대한 항등식이므로
$a=3$, $-6=3b$　∴ $a=3$, $b=-2$
∴ $a+b=3+(-2)=1$

5 ① $a=b$의 양변에 -1을 곱하면 $-a=-b$
$-a=-b$의 양변에 c를 더하면 $c-a=c-b$
② $x=-y$의 양변에 6을 곱하면 $6x=-6y$
$6x=-6y$의 양변에서 1을 빼면 $6x-1=-6y-1$
③ $5x=3y$의 양변을 15로 나누면 $\dfrac{x}{3}=\dfrac{y}{5}$
④ $-4x=-4y+1$의 양변을 -4로 나누면 $x=y-\dfrac{1}{4}$
⑤ $a-3=b-2$의 양변에 4를 더하면 $a+1=b+2$
따라서 옳은 것은 ①, ④이다.

6
$\dfrac{-2x+5}{3}=1$　㈎ 등식의 양변에 3을 곱한다.
$-2x+5=3$　㈏ 등식의 양변에서 5를 뺀다.
$-2x=-2$　㈐ 등식의 양변을 -2로 나눈다.
∴ $x=1$
따라서 등식의 성질 '$a=b$이면 $ac=bc$이다.'를 이용한 곳은 ㈎이다.

7 ① $2x-6=5 \Rightarrow 2x=5+6$
② $-10x=8-x \Rightarrow -10x+x=8$
③ $-5x=3x+2 \Rightarrow -5x-3x=2$
④ $-x+5=2x-3 \Rightarrow -x-2x=-3-5$
따라서 바르게 이항한 것은 ⑤이다.

8 ① $x-6=3-x$에서 $2x-9=0$ ➡ 일차방정식이다.

② $-3x+5=x^2-3x$에서 $-x^2+5=0$ ➡ 일차방정식이 아니다.

③ $5x-9x=-\dfrac{4}{x}$에서 $-4x+\dfrac{4}{x}=0$ ➡ 분모에 문자가 있는 식은

다항식이 아니므로 $-4x+\dfrac{4}{x}=0$은 일차방정식이 아니다.

④ $4x-4=4(x-1)$에서 $4x-4=4x-4$

즉, $0=0$ ➡ 일차방정식이 아니다.

⑤ $2x^2-1=3(x+1)+2x^2$에서 $-3x-4=0$ ➡ 일차방정식이다.

따라서 일차방정식은 ①, ⑤이다.

9 ① $2x+8=-7x-10$에서

$9x=-18$ ∴ $x=-2$

② $3(x-2)=x+8$에서 $3x-6=x+8$

$2x=14$ ∴ $x=7$

③ $0.2x+1.5=1.2-0.1x$의 양변에 10을 곱하면

$2x+15=12-x$, $3x=-3$

∴ $x=-1$

④ $\dfrac{3}{2}x-2=4x+\dfrac{1}{2}$의 양변에 2를 곱하면

$3x-4=8x+1$, $-5x=5$

∴ $x=-1$

⑤ $0.36x+4=\dfrac{1}{10}\left(\dfrac{3}{5}x-2\right)$의 양변에 100을 곱하면

$36x+400=10\left(\dfrac{3}{5}x-2\right)$, $36x+400=6x-20$

$30x=-420$ ∴ $x=-14$

따라서 일차방정식의 해가 가장 작은 것은 ⑤이다.

10 $3:(2x+1)=4:(-x+5)$에서

$3(-x+5)=4(2x+1)$, $-3x+15=8x+4$

$-11x=-11$ ∴ $x=1$

11 $2(3x-6)=5x+a$에 $x=4$를 대입하면

$2\times(3\times4-6)=5\times4+a$

$12=20+a$ ∴ $a=-8$

12 $\dfrac{x}{2}-\dfrac{x-3}{3}=2$의 양변에 6을 곱하면

$3x-2(x-3)=12$

$3x-2x+6=12$ ∴ $x=6$

즉, 주어진 두 일차방정식의 해가 $x=6$이므로

$x-1=a$에 $x=6$을 대입하면

$6-1=a$ ∴ $a=5$

13 연속하는 세 짝수 중 가운데 수를 x라 하면

세 짝수는 $x-2$, x, $x+2$이므로

$(x-2)+x+(x+2)=66$

$3x=66$ ∴ $x=22$

따라서 연속하는 세 짝수 중 가운데 수는 22이므로 구하는 가장 큰 수는 $22+2=24$이다.

14 x년 후에 선생님의 나이가 학생의 나이의 3배보다 10세 적어진다고 하면 x년 후에 선생님의 나이는 $(47+x)$세, 학생의 나이는 $(13+x)$세이므로

$47+x=3(13+x)-10$

$47+x=39+3x-10$

$-2x=-18$ ∴ $x=9$

따라서 선생님의 나이가 학생의 나이의 3배보다 10세 적어지는 것은 9년 후이다.

15 윗변의 길이를 x cm라 하면

아랫변의 길이는 $(x+3)$ cm이므로

$\dfrac{1}{2}\times\{x+(x+3)\}\times4=14$, $2(2x+3)=14$

$4x+6=14$, $4x=8$ ∴ $x=2$

따라서 사다리꼴의 윗변의 길이는 2 cm이다.

16 시속 3 km로 간 거리를 x km라 하면

시속 6 km로 간 거리는 $(8-x)$ km이다.

이때 (시속 3 km로 간 시간)+(시속 6 km로 간 시간)$=2\dfrac{20}{60}$(시간)

이므로 $\dfrac{x}{3}+\dfrac{8-x}{6}=2\dfrac{20}{60}$

$\dfrac{x}{3}+\dfrac{8-x}{6}=\dfrac{7}{3}$

양변에 6을 곱하면 $2x+8-x=14$

∴ $x=6$

따라서 시속 3 km로 간 거리는 6 km이다.

001 답 $-3, 0, 2$

002 답 $A(-2)$, $B\left(\frac{1}{2}\right)$, $C(4)$

003 답 $A\left(-\frac{7}{3}\right)$, $B(-1)$, $C\left(\frac{3}{2}\right)$

004 답 $A(-4)$, $B\left(-\frac{1}{2}\right)$, $C\left(\frac{4}{3}\right)$

005 답
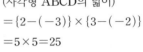

006 답

007 답

008 답

009 답 $3, 4, -3, 3, -2, -3, 4, -2$

010 답 $A(-3, 1)$, $B(0, -3)$, $C(3, -4)$, $D(3, 2)$

011 답 최고보다 최선을

012 답 $(2, 1)$, $(-4, 0)$, $(-5, -5)$, $(0, 3)$

013 답 $(4, 1)$

014 답 $(-7, 0)$

015 답 $(3, -5)$

016 답 $(-6, -2)$

017 답 $(0, 0)$

018 답 $(2, 0)$

019 답 $(-3, 0)$

020 답 $(0, 7)$

021 답 $(0, -1)$

022 답 그림은 풀이 참조, 21

세 점 A, B, C를 좌표평면 위에 나타내면 오른쪽 그림과 같으므로
(삼각형 ABC의 넓이)
$=\frac{1}{2} \times \{2-(-4)\} \times \{4-(-3)\}$
$=\frac{1}{2} \times 6 \times 7 = 21$

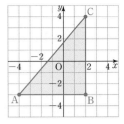

023 답 그림은 풀이 참조, 15

세 점 A, B, C를 좌표평면 위에 나타내면 오른쪽 그림과 같으므로
(삼각형 ABC의 넓이)
$=\frac{1}{2} \times \{3-(-2)\} \times \{2-(-4)\}$
$=\frac{1}{2} \times 5 \times 6 = 15$

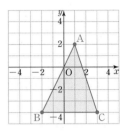

024 답 그림은 풀이 참조, 25

네 점 A, B, C, D를 좌표평면 위에 나타내면 오른쪽 그림과 같으므로
(사각형 ABCD의 넓이)
$=\{2-(-3)\} \times \{3-(-2)\}$
$=5 \times 5 = 25$

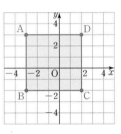

025 답 그림은 풀이 참조, 42

네 점 A, B, C, D를 좌표평면 위에 나타내면 오른쪽 그림과 같으므로
(사각형 ABCD의 넓이)
$=\{3-(-4)\} \times \{3-(-3)\}$
$=7 \times 6 = 42$

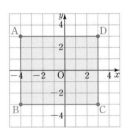

026 답 점 A, 점 C

027 답 점 B, 점 D

028 답 점 F

029 답 점 G, 점 H

030 답 점 E, 점 I

031 답 제3사분면

032 답 제4사분면

033 답 제2사분면

034 답 제1사분면

035 답 어느 사분면에도 속하지 않는다.

036 답 어느 사분면에도 속하지 않는다.

037 답 ②, ③
① y축 위의 점이므로 어느 사분면에도 속하지 않는다.
④ 제2사분면
⑤ 제3사분면
따라서 바르게 짝 지어진 것은 ②, ③이다.

038 답 +, +, +, −, 4

039 답 −, +, 제2사분면

040 답 −, −, 제3사분면

041 답 +, +, 제1사분면
$a>0$, $b>0$이고 (양수)+(양수)=(양수)이므로 $a+b>0$
a와 b의 부호가 서로 같으므로 $ab>0$
따라서 점 D$(a+b, ab)$는 제1사분면 위의 점이다.

042 답 −, −, 제3사분면

043 답 +, +, 제1사분면

044 답 +, −, 제4사분면

045 답 −, −, 제3사분면
$a<0$, $b>0$이고 (음수)−(양수)=(음수)이므로 $a-b<0$
a, b의 부호가 서로 다르므로 $ab<0$
따라서 점 D$(a-b, ab)$는 제3사분면 위의 점이다.

046 답 다르다, >, <, 4

047 답 제2사분면
$ab<0$이므로 a, b의 부호는 서로 다르다.
이때 $a<b$이므로 $a<0$, $b>0$
따라서 점 (a, b)는 제2사분면 위의 점이다.

048 답 제4사분면
$\dfrac{a}{b}<0$이므로 a, b의 부호는 서로 다르다.
이때 $a-b>0$에서 $a>b$이므로 $a>0$, $b<0$
따라서 점 (a, b)는 제4사분면 위의 점이다.

049 답 제2사분면
$ab<0$이므로 a, b의 부호는 서로 다르다.
이때 $a-b<0$에서 $a<b$이므로 $a<0$, $b>0$
따라서 점 (a, b)는 제2사분면 위의 점이다.

050 답 제3사분면
$ab>0$이므로 a, b의 부호는 서로 같다.
이때 $a+b<0$이므로 $a<0$, $b<0$
따라서 점 (a, b)는 제3사분면 위의 점이다.

051 답 제1사분면
$\dfrac{a}{b}>0$이므로 a, b의 부호는 서로 같다.
이때 $a+b>0$이므로 $a>0$, $b>0$
따라서 점 (a, b)는 제1사분면 위의 점이다.

052 답 제1사분면
$-2a<0$이므로 $a>0$
이때 $b-a>0$, 즉 $b>a$에서 $b>0$이므로 $a>0$, $b>0$
따라서 점 (a, b)는 제1사분면 위의 점이다.

053 답 제2사분면
점 P$(ab, a+b)$가 제4사분면 위의 점이므로 $ab>0$, $a+b<0$
$ab>0$이므로 a, b의 부호는 서로 같다.
이때 $a+b<0$이므로 $a<0$, $b<0$
따라서 $b<0$, $-a>0$이므로 점 Q$(b, -a)$는 제2사분면 위의 점이다.

054 답 ㄱ

055 답 ㄷ

056 답 ㄴ

057 답 ㄹ

058 답 ㄴ
처음부터 양초에 불을 붙였으므로 양초의 길이는 처음부터 줄어들다가 양초를 다 태우면 양초의 길이는 0이 된다.
따라서 그래프로 알맞은 것은 ㄴ이다.

059 답 ㄱ
양초를 일부만 태우고 불을 껐으므로 양초의 길이는 줄어들다가 어느 순간부터 변함없이 유지된다.
따라서 그래프로 알맞은 것은 ㄱ이다.

060 답 ㄹ
일정 시간이 지난 후 양초에 불을 붙였으므로 양초의 길이는 일정 시간 동안 변함없이 유지된다. 그 후 양초에 불을 붙여 다 태웠으므로 양초의 길이는 줄어들다가 0이 된다.
따라서 그래프로 알맞은 것은 ㄹ이다.

061 답 ㄷ
양초를 태우는 도중에 불을 끄면 양초의 길이는 줄어들다가 어느 순간부터 변함없이 유지된다. 그 후 남은 양초를 다 태웠으므로 양초의 길이는 다시 줄어들다가 0이 된다.
따라서 그래프로 알맞은 것은 ㄷ이다.

062 답 ㄱ
용기의 폭이 일정하므로 물의 높이는 일정하게 높아진다.
따라서 그래프로 알맞은 것은 ㄱ이다.

063 답 ㄹ
용기의 폭이 위로 갈수록 좁아지므로 물의 높이는 점점 빠르게 높아진다. 따라서 그래프로 알맞은 것은 ㄹ이다.

064 ㉢ ㄷ

용기의 폭이 위로 갈수록 넓어지므로 물의 높이는 점점 느리게 높아진다. 따라서 그래프로 알맞은 것은 ㄷ이다.

065 ㉢ ㄴ

용기의 아랫부분은 폭이 일정하게 넓고, 윗부분은 폭이 일정하게 좁으므로 물의 높이는 일정하게 높아지다가 어느 순간부터 이전보다 빠르면서 일정하게 높아진다.
따라서 그래프로 알맞은 것은 ㄴ이다.

066 ㉢ **20**

067 ㉢ **20**

068 ㉢ **80**

069 ㉢ **120**

070 ㉢ **20**

071 ㉢ **18분**

072 ㉢ **900 m**

073 ㉢ **400 m**

074 ㉢ **2번**

범규가 멈춘 때는 범규네 집으로부터 떨어진 거리가 변함없는 때이므로 출발한 지 4분 후부터 8분 후까지, 10분 후부터 16분 후까지의 2번이다.

075 ㉢ **10분**

출발한 지 4분 후부터 8분 후까지 멈춘 시간: $8-4=4$(분)
출발한 지 10분 후부터 16분 후까지 멈춘 시간: $16-10=6$(분)
따라서 멈춘 시간은 모두 $4+6=10$(분) 동안이다.

076 ㉢ **1.6 km**

077 ㉢ **20분**

지은이가 멈춘 때는 학교로부터 떨어진 거리가 변함없는 때, 즉 출발한 지 10분 후부터 30분 후까지이므로 멈춘 시간은 $30-10=20$(분) 동안이다.

078 ㉢ **20분 후**

지은이와 민우가 처음으로 다시 만난 때는 두 사람이 출발한 후에 학교로부터 떨어진 거리가 같은 때이므로 출발한 지 20분 후이다.

079 ㉢ **0.4 km**

출발한 지 30분 후에 민우가 학교로부터 떨어진 거리는 $1.2\,\text{km}$이고, 지은이가 학교로부터 떨어진 거리는 $0.8\,\text{km}$이다.
따라서 두 사람 사이의 거리는 $1.2-0.8=0.4(\text{km})$이다.

080 ㉢ **민우**

지은이는 출발한 지 45분 후에, 민우는 출발한 지 40분 후에 도서관에 도착했으므로 먼저 도착한 사람은 민우이다.

기본 문제 × 확인하기

1 (1) $A(-5)$, $B\left(-\dfrac{5}{2}\right)$, $C\left(\dfrac{2}{3}\right)$, $D(4)$

　(2) $A(-4, 4)$, $B(5, 2)$, $C(3, -4)$, $D(0, -5)$

2 (1)
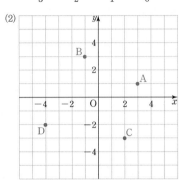

　(2)

3 (1) $(-2, 6)$　(2) $(0, 8)$　(3) $(3, 0)$　(4) $(0, -9)$

4 (1) 그림은 풀이 참조, $\dfrac{25}{2}$　(2) 그림은 풀이 참조, 30

5 (1) 제2사분면　(2) 제1사분면　(3) 제3사분면　(4) 제4사분면

6 (1) 제2사분면　(2) 제3사분면　(3) 제4사분면

7 (1) 제2사분면　(2) 제3사분면

8 (1) ㄴ　(2) ㄱ　(3) ㄷ

9 (1) 2번　(2) 5시간　(3) 18 L

10 (1) 700 m　(2) 유리　(3) 15분 후

4 (1) 세 점 A, B, C를 좌표평면 위에 나타내면 오른쪽 그림과 같으므로
(삼각형 ABC의 넓이)
$=\dfrac{1}{2}\times\{3-(-2)\}\times\{3-(-2)\}$
$=\dfrac{1}{2}\times5\times5=\dfrac{25}{2}$

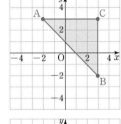

(2) 네 점 A, B, C, D를 좌표평면 위에 나타내면 오른쪽 그림과 같으므로
(사각형 ABCD의 넓이)
$=\{4-(-1)\}\times\{2-(-4)\}$
$=5\times6=30$

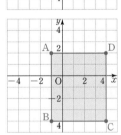

6 점 $P(a, b)$가 제4사분면 위의 점이므로 $a>0$, $b<0$
(1) $b<0$, $a>0$이므로 점 $A(b, a)$는 제2사분면 위의 점이다.
(2) $ab<0$, $-a<0$이므로 점 $B(ab, -a)$는 제3사분면 위의 점이다.
(3) $a>0$, $\underline{b-a<0}$이므로 점 $C(a, b-a)$는 제4사분면 위의 점이다.
　　　└(음수)−(양수)=(음수)

7 (1) $ab<0$이므로 a, b의 부호는 서로 다르다.
이때 $b-a>0$에서 $b>a$이므로 $a<0$, $b>0$
따라서 점 (a, b)는 제2사분면 위의 점이다.

(2) $\dfrac{b}{a}>0$이므로 a, b의 부호는 서로 같다.

이때 $a+b<0$이므로 $a<0$, $b<0$

따라서 점 $(a,\ b)$는 제3사분면 위의 점이다.

9 (1) 자동차가 멈춘 때는 휘발유의 양이 변함없는 때이므로 10시부터 11시 30분까지, 12시 30분부터 13시까지의 2번이다.

(2) (도착할 때까지 걸린 시간)=(도착 시각)-(출발 시각)

$\qquad\qquad\qquad\qquad\qquad\quad =14-9=5$(시간)

(3) (사용한 휘발유의 양)=(출발했을 때의 휘발유의 양)

$\qquad\qquad\qquad\qquad\qquad\quad\ -$(도착했을 때의 휘발유의 양)

$\qquad\qquad\qquad\qquad\qquad\ =22-4=18$(L)

10 (2) 윤아는 출발한 지 20분 후에, 유리는 출발한 지 17분 후에 공원에 도착했으므로 먼저 도착한 사람은 유리이다.

(3) 두 사람이 처음으로 다시 만난 때는 두 사람이 출발한 후에 학원으로부터 떨어진 거리가 같은 때이므로 출발한 지 15분 후이다.

학교 시험 문제 × 확인하기 ▶ 122~123쪽

1 ②   **2** 16   **3** ③   **4** $a=1$, $b=2$

5 $\dfrac{35}{2}$ **6** ③   **7** ⑤   **8** ③   **9** ④

10 A-ㄴ, B-ㄷ, C-ㄱ   **11** ③   **12** 20분 후

---

1 A(-2), B$\left(-\dfrac{3}{2}\right)$, C$(0)$, D$(2)$, E$(2.5)$이므로

점의 좌표를 바르게 나타낸 것은 A, C의 2개이다.

2 $a-5=8$이므로 $a=13$

$7=2b+1$이므로 $-2b=-6$ $\quad\therefore b=3$

$\therefore a+b=13+3=16$

3 ③ C$(-2,\ -4)$

4 점 A$(a+2,\ a-1)$은 x축 위의 점, 즉 y좌표가 0이므로

$a-1=0$ $\quad\therefore a=1$

점 B$(4-2b,\ b+1)$은 y축 위의 점, 즉 x좌표가 0이므로

$4-2b=0$, $-2b=-4$ $\quad\therefore b=2$

5 세 점 A, B, C를 좌표평면 위에 나타

내면 오른쪽 그림과 같으므로

(삼각형 ABC의 넓이)

$=\dfrac{1}{2}\times\{4-(-3)\}\times\{3-(-2)\}$

$=\dfrac{1}{2}\times7\times5=\dfrac{35}{2}$

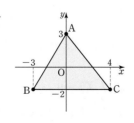

6 ① 점 $(2,\ -4)$는 제4사분면 위의 점이다.

② 점 $(-1,\ 3)$은 제2사분면 위의 점이다.

④ y축 위의 점의 x좌표가 0이다.

⑤ 제1사분면 위의 점의 x좌표는 양수이고, 제2사분면 위의 점의 x좌표는 음수이다.

따라서 옳은 것은 ③이다.

7 점 $(a,\ b)$가 제3사분면 위의 점이므로 $a<0$, $b<0$이다.

① $b<0$, $a<0$이므로 점 $(b,\ a)$는 제3사분면 위의 점이다.

② $a<0$, $-b>0$이므로 점 $(a,\ -b)$는 제2사분면 위의 점이다.

③ $a+b<0$, $a<0$이므로 점 $(a+b,\ a)$는 제3사분면 위의 점이다.

④ $\dfrac{a}{b}>0$, $b<0$이므로 점 $\left(\dfrac{a}{b},\ b\right)$는 제4사분면 위의 점이다.

⑤ $-a>0$, $ab>0$이므로 점 $(-a,\ ab)$는 제1사분면 위의 점이다.

따라서 제1사분면 위의 점은 ⑤이다.

8 $ab>0$이므로 a, b의 부호는 서로 같다.

이때 $b>0$이므로 $a>0$, $b>0$

따라서 $-b<0$, $-a<0$이므로 점 $(-b,\ -a)$는 제3사분면 위의 점이다.

9 • 자동차가 처음 움직일 때: 그래프의 모양은 오른쪽 위로 향한다.

• 자동차가 멈추었을 때: 그래프의 모양은 수평이다.

• 자동차가 다시 움직일 때: 그래프의 모양은 오른쪽 위로 향한다.

따라서 주어진 상황을 나타낸 그래프로 알맞은 것은 ④이다.

10 물통의 폭이 좁을수록 물의 높이가 빠르게 높아진다.

따라서 각 물통에 알맞은 그래프는 A-ㄴ, B-ㄷ, C-ㄱ이다.

11 ① 정호가 처음으로 멈춘 때는 출발한 지 20분 후이므로 집에서 학교까지의 거리는 출발한 지 20분 후에 정호가 집으로부터 떨어진 거리와 같은 2 km이다.

② 정호가 학교에서 머문 시간은 출발한 지 20분 후부터 30분 후까지이므로 $30-20=10$(분)이다.

③ 정호가 학교에서 출발하여 한강까지 가는 데 걸린 시간은 집을 출발한 지 30분 후부터 50분 후까지이므로 $50-30=20$(분)이다.

④ 학교에서 한강까지의 거리는 $4-2=2$(km)이다.

⑤ 정호가 집으로 돌아오는 때는 처음 집에서 출발한 후 집에서 떨어진 거리가 0 km가 될 때이므로 집에서 출발한 지 90분 후, 즉 1시간 30분 후이다.

따라서 옳지 않은 것은 ③이다.

12 종렬이는 학교에서 출발한 지 20분 후에, 성지는 학교에서 출발한 지 40분 후에 서점에 도착했으므로 종렬이가 서점에 도착한 지 $40-20=20$(분) 후에 성지가 도착했다.

001 답

x	1	2	3	4	...
y	500	1000	1500	2000	...

002 답 정비례한다.

x의 값이 2배, 3배, 4배, ...로 변함에 따라 y의 값도 2배, 3배, 4배, ...로 변하므로 y는 x에 정비례한다.

003 답 $y=500x$

y의 값이 x의 값의 500배이므로 $y=500x$

004 답

x	1	2	3	4	...
y	10	20	30	40	...

005 답 정비례한다.

x의 값이 2배, 3배, 4배, ...로 변함에 따라 y의 값도 2배, 3배, 4배, ...로 변하므로 y는 x에 정비례한다.

006 답 $y=10x$

y의 값이 x의 값의 10배이므로 $y=10x$

007 답 ○

008 답 ○

009 답 ×

010 답 ×

011 답 ○

012 답 ×

013 답 ○

$\dfrac{y}{x}=3$에서 $y=3x$이므로 y가 x에 정비례한다.

014 답 ×

$y=10-x$이므로 y가 x에 정비례하지 않는다.

015 답 ○

(직사각형의 넓이)=(가로의 길이)×(세로의 길이)이므로 $y=15x$
따라서 y가 x에 정비례한다.

016 답 ×

$y=24-x$이므로 y가 x에 정비례하지 않는다.

017 답 ○

$y=8x$이므로 y가 x에 정비례한다.

018 답 ○

$y=16x$이므로 y가 x에 정비례한다.

019 답 ×

$y=14+x$이므로 y가 x에 정비례하지 않는다.

020 답 ×

$y=\dfrac{500}{x}$이므로 y가 x에 정비례하지 않는다.

021 답 ○

(시간)$=\dfrac{(거리)}{(속력)}$이므로 $y=\dfrac{x}{60}$
따라서 y가 x에 정비례한다.

022 답 3, 6, 6, 3, 2, 2

다른 풀이 $y=ax$로 놓으면 $\dfrac{y}{x}$의 값은 a로 항상 일정하므로
$a=\dfrac{6}{3}=2$ ∴ $y=2x$

023 답 $y=7x$

y가 x에 정비례하므로 $y=ax$로 놓고,
이 식에 $x=2$, $y=14$를 대입하면 $14=2a$ ∴ $a=7$
따라서 x와 y 사이의 관계식은 $y=7x$이다.

024 답 $y=-4x$

y가 x에 정비례하므로 $y=ax$로 놓고,
이 식에 $x=5$, $y=-20$을 대입하면
$-20=5a$ ∴ $a=-4$
따라서 x와 y 사이의 관계식은 $y=-4x$이다.

025 답 $y=-\dfrac{1}{3}x$

y가 x에 정비례하므로 $y=ax$로 놓고,
이 식에 $x=-12$, $y=4$를 대입하면
$4=-12a$ ∴ $a=-\dfrac{1}{3}$

따라서 x와 y 사이의 관계식은 $y=-\dfrac{1}{3}x$이다.

026 답 $y=\dfrac{3}{2}x$

y가 x에 정비례하므로 $y=ax$로 놓고,
이 식에 $x=-4$, $y=-6$을 대입하면
$-6=-4a$ ∴ $a=\dfrac{3}{2}$

따라서 x와 y 사이의 관계식은 $y=\dfrac{3}{2}x$이다.

027 답 -9

$y=\dfrac{3}{2}x$에 $x=-6$을 대입하면 $y=\dfrac{3}{2}\times(-6)=-9$

028 답 2

$y=\dfrac{3}{2}x$에 $y=3$을 대입하면

$3=\dfrac{3}{2}x$ $\therefore x=2$

029 답 $y=10x$

1L의 휘발유로 10 km를 갈 수 있으면 xL의 휘발유로 $10x$ km를 갈 수 있으므로 $y=10x$

030 답 80 km

$y=10x$에 $x=8$을 대입하면 $y=10\times 8=80$
따라서 8 L의 휘발유로 80 km를 갈 수 있다.

031 답 13 L

$y=10x$에 $y=130$을 대입하면 $130=10x$ $\therefore x=13$
따라서 130 km를 가는 데 필요한 휘발유의 양은 13 L이다.

032 답 $y=5x$

과자 1 g의 열량이 5 kcal이면 과자 x g의 열량은 $5x$ kcal이므로 $y=5x$

033 답 1075 kcal

$y=5x$에 $x=215$를 대입하면 $y=5\times 215=1075$
따라서 과자 215 g의 열량은 1075 kcal이다.

034 답 86 g

$y=5x$에 $y=430$을 대입하면 $430=5x$ $\therefore x=86$
따라서 열량 430 kcal를 얻기 위해 필요한 과자의 양은 86 g이다.

035 답 $y=6x$

배 1대에 6명이 탈 수 있으면 배 x대에 $6x$명이 탈 수 있으므로 $y=6x$

036 답 20대

$y=6x$에 $y=120$을 대입하면
$120=6x$ $\therefore x=20$
따라서 120명이 타려면 배가 20대 필요하다.

037 답 $y=5x$

한 변의 길이가 x cm인 정오각형의 둘레의 길이는 $5x$ cm이므로 $y=5x$

038 답 15 cm

$y=5x$에 $y=75$를 대입하면
$75=5x$ $\therefore x=15$
따라서 정오각형의 한 변의 길이는 15 cm이다.

039 답 $y=3x$

두 톱니바퀴가 회전하면서 맞물린 톱니의 개수는 서로 같으므로
(톱니바퀴 A의 톱니의 개수)$\times$(톱니바퀴 A의 회전수)
$=$(톱니바퀴 B의 톱니의 개수)$\times$(톱니바퀴 B의 회전수)
$33\times x=11\times y$ $\therefore y=3x$

040 답 36번

$y=3x$에 $x=12$를 대입하면 $y=3\times 12=36$
따라서 톱니바퀴 A가 12번 회전할 때, 톱니바퀴 B는 36번 회전한다.

041 답 풀이 참조

x	-2	-1	0	1	2
y	-4	-2	0	2	4

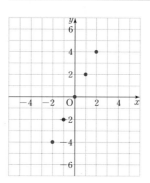

042 답 풀이 참조

x	-6	-3	0	3	6
y	2	1	0	-1	-2

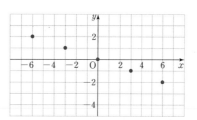

043 답 0, 3,

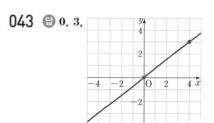

(1) 1, 3 (2) 위 (3) 증가

044 답 0, -2,

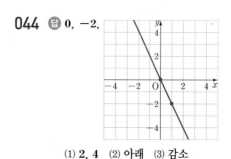

(1) 2, 4 (2) 아래 (3) 감소

045 답 $\times$

$y=5x$에 $x=2$, $y=-10$을 대입하면 $-10\neq 5\times 2$
따라서 점 $(2, -10)$은 정비례 관계 $y=5x$의 그래프 위에 있지 않다.

046 답 ○

$y=\dfrac{2}{7}x$에 $x=14$, $y=4$를 대입하면 $4=\dfrac{2}{7}\times14$

따라서 점 $(14,4)$는 정비례 관계 $y=\dfrac{2}{7}x$의 그래프 위에 있다.

047 답 ×

$y=-11x$에 $x=-1$, $y=-11$을 대입하면 $-11\neq-11\times(-1)$

따라서 점 $(-1,-11)$은 정비례 관계 $y=-11x$의 그래프 위에 있지 않다.

048 답 ○

$y=-\dfrac{5}{3}x$에 $x=9$, $y=-15$를 대입하면 $-15=-\dfrac{5}{3}\times9$

따라서 점 $(9,-15)$는 정비례 관계 $y=-\dfrac{5}{3}x$의 그래프 위에 있다.

049 답 -5

$y=-x$에 $x=5$, $y=a$를 대입하면 $a=-5$

050 답 4

$y=\dfrac{5}{2}x$에 $x=a$, $y=10$을 대입하면

$10=\dfrac{5}{2}a$ $\quad\therefore a=4$

051 답 3

$y=-3x$에 $x=-2$, $y=a+3$을 대입하면

$a+3=-3\times(-2)$, $a+3=6$ $\quad\therefore a=3$

052 답 $-\dfrac{1}{4}$

$y=ax$에 $x=4$, $y=-1$을 대입하면

$-1=4a$ $\quad\therefore a=-\dfrac{1}{4}$

053 답 6

$y=ax$에 $x=\dfrac{1}{2}$, $y=3$을 대입하면

$3=\dfrac{1}{2}a$ $\quad\therefore a=6$

054 답 6, 3, 6, 6, 3, 2, 2

055 답 $y=\dfrac{2}{3}x$

그래프가 원점을 지나는 직선이므로 $y=ax$로 놓자.

이 그래프가 점 $(3,2)$를 지나므로

$y=ax$에 $x=3$, $y=2$를 대입하면

$2=3a$ $\quad\therefore a=\dfrac{2}{3}$

따라서 x와 y 사이의 관계식은 $y=\dfrac{2}{3}x$이다.

056 답 $y=-5x$

그래프가 원점을 지나는 직선이므로 $y=ax$로 놓자.

이 그래프가 점 $(-1,5)$를 지나므로

$y=ax$에 $x=-1$, $y=5$를 대입하면

$5=-a$ $\quad\therefore a=-5$

따라서 x와 y 사이의 관계식은 $y=-5x$이다.

057 답 $-\dfrac{4}{5}x$

그래프가 원점을 지나는 직선이므로 $y=ax$로 놓자.

이 그래프가 점 $(5,-4)$를 지나므로

$y=ax$에 $x=5$, $y=-4$를 대입하면

$-4=5a$ $\quad\therefore a=-\dfrac{4}{5}$

따라서 x와 y 사이의 관계식은 $y=-\dfrac{4}{5}x$이다.

058 답 -4

그래프가 원점을 지나는 직선이므로 $y=ax$로 놓자.

이 그래프가 점 $(8,6)$을 지나므로

$y=ax$에 $x=8$, $y=6$을 대입하면

$6=8a$ $\quad\therefore a=\dfrac{3}{4}$ $\quad\therefore y=\dfrac{3}{4}x$

이 그래프가 점 $(k,-3)$을 지나므로

$y=\dfrac{3}{4}x$에 $x=k$, $y=-3$을 대입하면

$-3=\dfrac{3}{4}k$ $\quad\therefore k=-4$

059 답

x	1	2	3	4	$\cdots$
y	20	10	$\dfrac{20}{3}$	5	$\cdots$

060 답 반비례한다.

x의 값이 2배, 3배, 4배, …로 변함에 따라 y의 값이 $\dfrac{1}{2}$배, $\dfrac{1}{3}$배, $\dfrac{1}{4}$배, …로 변하므로 y는 x에 반비례한다.

061 답 $y=\dfrac{20}{x}$

062 답

x	1	2	3	4	$\cdots$
y	100	50	$\dfrac{100}{3}$	25	$\cdots$

063 답 반비례한다.

x의 값이 2배, 3배, 4배, …로 변함에 따라 y의 값이 $\dfrac{1}{2}$배, $\dfrac{1}{3}$배, $\dfrac{1}{4}$배, …로 변하므로 y는 x에 반비례한다.

064 답 $y=\dfrac{100}{x}$

065 답 ×

066 답 ○

067 답 ×

068 답 ×

069 답 ×

070 답 ○

071 답 ○

$xy=-4$에서 $y=-\dfrac{4}{x}$이므로 y가 x에 반비례한다.

072 답 ○

(전체 연필의 수)=(사람수)×(한 명이 갖는 연필의 수)이므로

$20=x\times y$ $\quad\therefore y=\dfrac{20}{x}$

따라서 y가 x에 반비례한다.

073 답 ○

(삼각형의 넓이)$=\dfrac{1}{2}\times$(밑변의 길이)×(높이)이므로

$25=\dfrac{1}{2}\times x\times y$ $\quad\therefore y=\dfrac{50}{x}$

따라서 y가 x에 반비례한다.

074 답 ×

$y=300-x$이므로 y가 x에 반비례하지 않는다.

075 답 ○

(시간)$=\dfrac{(거리)}{(속력)}$이므로 $y=\dfrac{100}{x}$

따라서 y가 x에 반비례한다.

076 답 ×

$y=2x$이므로 y가 x에 반비례하지 않는다.

077 답 ○

$xy=18$이므로 $y=\dfrac{18}{x}$

따라서 y가 x에 반비례한다.

078 답 ×

$y=50-x$이므로 y가 x에 반비례하지 않는다.

079 답 ○

$xy=-120$이므로 $y=-\dfrac{120}{x}$

따라서 y가 x에 반비례한다.

080 답 4, 2, 2, 4, 8, 8

다른 풀이 $y=\dfrac{a}{x}$로 놓으면 xy의 값은 a로 항상 일정하므로

$a=4\times2=8$ $\quad\therefore y=\dfrac{8}{x}$

081 답 $y=\dfrac{6}{x}$

y가 x에 반비례하므로 $y=\dfrac{a}{x}$로 놓고,

이 식에 $x=2$, $y=3$을 대입하면

$3=\dfrac{a}{2}$ $\quad\therefore a=6$

따라서 x와 y 사이의 관계식은 $y=\dfrac{6}{x}$이다.

082 답 $y=-\dfrac{15}{x}$

y가 x에 반비례하므로 $y=\dfrac{a}{x}$로 놓고,

이 식에 $x=3$, $y=-5$를 대입하면

$-5=\dfrac{a}{3}$ $\quad\therefore a=-15$

따라서 x와 y 사이의 관계식은 $y=-\dfrac{15}{x}$이다.

083 답 $y=-\dfrac{2}{x}$

y가 x에 반비례하므로 $y=\dfrac{a}{x}$로 놓고,

이 식에 $x=-6$, $y=\dfrac{1}{3}$을 대입하면

$\dfrac{1}{3}=\dfrac{a}{-6}$ $\quad\therefore a=-2$

따라서 x와 y 사이의 관계식은 $y=-\dfrac{2}{x}$이다.

084 답 $y=\dfrac{18}{x}$

y가 x에 반비례하므로 $y=\dfrac{a}{x}$로 놓고,

이 식에 $x=9$, $y=2$를 대입하면

$2=\dfrac{a}{9}$ $\quad\therefore a=18$

따라서 x와 y 사이의 관계식은 $y=\dfrac{18}{x}$이다.

085 답 -9

$y=\dfrac{18}{x}$에 $x=-2$를 대입하면

$y=\dfrac{18}{-2}=-9$

086 답 3

$y=\dfrac{18}{x}$에 $y=6$을 대입하면

$6=\dfrac{18}{x}$ $\quad\therefore x=3$

087 답 $y=\dfrac{12}{x}$

(사람 수)×(1명당 먹을 수 있는 케이크 조각의 수)=12이므로

$xy=12$ $\quad\therefore y=\dfrac{12}{x}$

088 답 2조각

$y=\dfrac{12}{x}$에 $x=6$을 대입하면 $y=\dfrac{12}{6}=2$

따라서 6명이 똑같이 나누어 먹으면 1명당 2조각씩 먹을 수 있다.

089 답 4명

$y=\dfrac{12}{x}$에 $y=3$을 대입하면

$3=\dfrac{12}{x}$ $\quad\therefore x=4$

따라서 1명당 3조각씩 먹으려면 4명이 똑같이 나누어 먹어야 한다.

090 답 $y=\dfrac{28}{x}$

(한 모둠에 속하는 학생 수)×(모둠의 개수)=28이므로

$xy=28$ $\quad\therefore y=\dfrac{28}{x}$

091 답 7개

$y=\dfrac{28}{x}$에 $x=4$를 대입하면 $y=\dfrac{28}{4}=7$

따라서 한 모둠에 4명씩 속하면 7개의 모둠이 만들어진다.

092 답 14명

$y=\dfrac{28}{x}$에 $y=2$를 대입하면 $2=\dfrac{28}{x}$ $\quad\therefore x=14$

따라서 2개의 모둠을 만들면 한 모둠에 14명씩 속한다.

093 답 $y=\dfrac{450}{x}$

(읽는 날수)×(하루에 읽는 쪽수)=450이므로

$xy=450$ $\quad\therefore y=\dfrac{450}{x}$

094 답 15쪽

$y=\dfrac{450}{x}$에 $x=30$을 대입하면 $y=\dfrac{450}{30}=15$

따라서 책을 30일 동안 매일 읽어서 다 읽으려면 하루에 15쪽씩 읽어야 한다.

095 답 $y=\dfrac{180}{x}$

(한 줄에 놓는 의자의 개수)×(줄의 수)=180이므로

$xy=180$ $\quad\therefore y=\dfrac{180}{x}$

096 답 6개

$y=\dfrac{180}{x}$에 $y=30$을 대입하면 $30=\dfrac{180}{x}$ $\quad\therefore x=6$

따라서 의자를 30줄로 배열하려면 한 줄에 6개씩 놓아야 한다.

097 답 $y=\dfrac{400}{x}$

(거리)=(속력)×(시간)이므로

$400=xy$ $\quad\therefore y=\dfrac{400}{x}$

098 답 시속 50 km

$y=\dfrac{400}{x}$에 $y=8$을 대입하면

$8=\dfrac{400}{x}$ $\quad\therefore x=50$

따라서 A 지점에서 B 지점까지 시속 50 km로 간 것이다.

099 답 풀이 참조

x	-4	-2	-1	1	2	4
y	-1	-2	-4	4	2	1

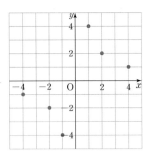

100 답 풀이 참조

x	-4	-2	-1	1	2	4
y	$\dfrac{1}{2}$	1	2	-2	-1	$-\dfrac{1}{2}$

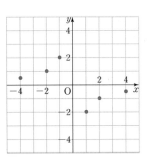

101 답 $-2,\ -3,\ 3,\ 2,$

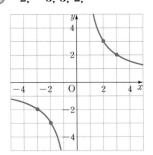

(1) 1, 3   (2) 지나지 않는   (3) 감소

102 답 1, 3, -3, -1,

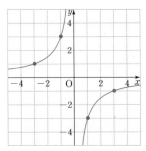

(1) 2, 4   (2) 만나지 않는   (3) 증가

103 답 ○

$y=\dfrac{10}{x}$에 $x=2$, $y=5$를 대입하면 $5=\dfrac{10}{2}$

따라서 점 $(2, 5)$는 반비례 관계 $y=\dfrac{10}{x}$의 그래프 위에 있다.

104 답 ×

$y=\dfrac{12}{x}$에 $x=6$, $y=-2$를 대입하면 $-2\neq\dfrac{12}{6}$

따라서 점 $(6, -2)$는 반비례 관계 $y=\dfrac{12}{x}$의 그래프 위에 있지 않다.

105 답 ×

$y=-\dfrac{6}{x}$에 $x=-1$, $y=-6$을 대입하면 $-6\neq-\dfrac{6}{-1}$

따라서 점 $(-1, -6)$은 반비례 관계 $y=-\dfrac{6}{x}$의 그래프 위에 있지 않다.

106 답 ×

$y=-\dfrac{8}{x}$에 $x=16$, $y=-2$를 대입하면 $-2\neq-\dfrac{8}{16}$

따라서 점 $(16, -2)$는 반비례 관계 $y=-\dfrac{8}{x}$의 그래프 위에 있지 않다.

107 답 $-\dfrac{1}{3}$

$y=-\dfrac{1}{x}$에 $x=3$, $y=a$를 대입하면

$a=-\dfrac{1}{3}$

108 답 3

$y=\dfrac{9}{x}$에 $x=a$, $y=3$을 대입하면

$3=\dfrac{9}{a}$ $\quad\therefore a=3$

109 답 -1

$y=\dfrac{16}{x}$에 $x=-8$, $y=a-1$을 대입하면

$a-1=\dfrac{16}{-8}$, $a-1=-2$

$\therefore a=-1$

110 답 8

$y=\dfrac{a}{x}$에 $x=6$, $y=\dfrac{4}{3}$를 대입하면

$\dfrac{4}{3}=\dfrac{a}{6}$ $\quad\therefore a=8$

111 답 -20

$y=\dfrac{a}{x}$에 $x=-5$, $y=4$를 대입하면

$4=\dfrac{a}{-5}$ $\quad\therefore a=-20$

112 답 5, 1, 5, 5, 1, 5, 5

113 답 $y=\dfrac{15}{x}$

그래프가 좌표축에 가까워지면서 한없이 뻗어 나가는 한 쌍의 매끄러운 곡선이므로 $y=\dfrac{a}{x}$로 놓자.

이 그래프가 점 $(5, 3)$을 지나므로

$y=\dfrac{a}{x}$에 $x=5$, $y=3$을 대입하면

$3=\dfrac{a}{5}$ $\quad\therefore a=15$

따라서 x와 y 사이의 관계식은 $y=\dfrac{15}{x}$이다.

114 답 $y=-\dfrac{8}{x}$

그래프가 좌표축에 가까워지면서 한없이 뻗어 나가는 한 쌍의 매끄러운 곡선이므로 $y=\dfrac{a}{x}$로 놓자.

이 그래프가 점 $(2, -4)$를 지나므로

$y=\dfrac{a}{x}$에 $x=2$, $y=-4$를 대입하면

$-4=\dfrac{a}{2}$ $\quad\therefore a=-8$

따라서 x와 y 사이의 관계식은 $y=-\dfrac{8}{x}$이다.

115 답 $y=-\dfrac{10}{x}$

그래프가 좌표축에 가까워지면서 한없이 뻗어 나가는 한 쌍의 매끄러운 곡선이므로 $y=\dfrac{a}{x}$로 놓자.

이 그래프가 점 $(-5, 2)$를 지나므로

$y=\dfrac{a}{x}$에 $x=-5$, $y=2$를 대입하면

$2=\dfrac{a}{-5}$ $\quad\therefore a=-10$

따라서 x와 y 사이의 관계식은 $y=-\dfrac{10}{x}$이다.

116 답 $-\dfrac{3}{2}$

그래프가 좌표축에 가까워지면서 한없이 뻗어 나가는 한 쌍의 매끄러운 곡선이므로 $y=\dfrac{a}{x}$로 놓자.

이 그래프가 점 $(3, 2)$를 지나므로

$y=\dfrac{a}{x}$에 $x=3$, $y=2$를 대입하면

$2=\dfrac{a}{3}$ $\quad\therefore a=6$ $\quad\therefore y=\dfrac{6}{x}$

이 그래프가 점 $(-4, k)$를 지나므로

$y=\dfrac{6}{x}$에 $x=-4$, $y=k$를 대입하면

$k=\dfrac{6}{-4}=-\dfrac{3}{2}$

1 (1) 정　(2) 반　(3) 정　(4) 정　(5) ✕　(6) 반
　(7) ✕　(8) 반　(9) 정　(10) 반　(11) ✕　(12) 정

2 (1) $y=-\dfrac{1}{2}x$　(2) -3　(3) 2

3 (1) $y=5x$　(2) 15 m　(3) 7초

4 (1) 3,

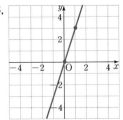

　(2) -2,

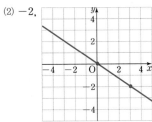

5 (1) 20　　(2) -3

6 (1) $y=\dfrac{3}{2}x$　(2) $y=-\dfrac{1}{3}x$

7 (1) $y=\dfrac{16}{x}$　　(2) -4　　(3) $\dfrac{8}{3}$

8 (1) $y=\dfrac{140}{x}$　(2) 28분　(3) 7 L

9 (1) -2, -4, 4, 2,

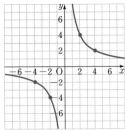

　(2) 4, 6, -6, -4,

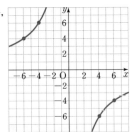

10 (1) -3　　(2) 24

11 (1) $y=-\dfrac{16}{x}$　(2) $y=\dfrac{3}{x}$

1 (6) $xy=7$에서 $y=\dfrac{7}{x}$이므로 y가 x에 반비례한다.

(7) $x+y=20$이므로 $y=20-x$

　따라서 y가 x에 정비례하지도 반비례하지도 않는다.

(8) (직사각형의 넓이)$=$(가로의 길이)$\times$(세로의 길이)이므로

　$xy=16$에서 $y=\dfrac{16}{x}$

따라서 y가 x에 반비례한다.

(9) $y=0.5x$이므로 y가 x에 정비례한다.

(10) (시간)$=\dfrac{(거리)}{(속력)}$이므로 $y=\dfrac{500}{x}$

　따라서 y가 x에 반비례한다.

(11) $y=30-x$이므로 y가 x에 정비례하지도 반비례하지도 않는다.

(12) $y=\dfrac{x}{8}$이므로 y가 x에 정비례한다.

2 (1) y가 x에 정비례하므로 $y=ax$로 놓고,

　이 식에 $x=8$, $y=-4$를 대입하면

　　　$-4=8a$　$\therefore a=-\dfrac{1}{2}$

　따라서 x와 y 사이의 관계식은 $y=-\dfrac{1}{2}x$이다.

(2) $y=-\dfrac{1}{2}x$에 $x=6$을 대입하면

　　　$y=-\dfrac{1}{2}\times6=-3$

(3) $y=-\dfrac{1}{2}x$에 $y=-1$을 대입하면

　　　$-1=-\dfrac{1}{2}x$　$\therefore x=2$

3 (1) 드론이 1초 동안 5 m만큼 움직이면 x초 동안 $5x$ m만큼 움직이므로

　$y=5x$

(2) $y=5x$에 $x=3$을 대입하면 $y=5\times3=15$

　따라서 3초 동안 드론이 움직인 거리는 15 m이다.

(3) $y=5x$에 $y=35$를 대입하면

　　　$35=5x$　$\therefore x=7$

　따라서 드론이 35 m를 움직이는 데 걸리는 시간은 7초이다.

5 (1) $y=-4x$에 $x=-5$, $y=a$를 대입하면

　　　$a=-4\times(-5)=20$

(2) $y=-4x$에 $x=a$, $y=12$를 대입하면

　　　$12=-4a$　$\therefore a=-3$

6 (1) 그래프가 원점을 지나는 직선이므로 $y=ax$로 놓자.

　이 그래프가 점 $(4, 6)$을 지나므로

　$y=ax$에 $x=4$, $y=6$을 대입하면

　　　$6=4a$　$\therefore a=\dfrac{3}{2}$

　따라서 x와 y 사이의 관계식은 $y=\dfrac{3}{2}x$이다.

(2) 그래프가 원점을 지나는 직선이므로 $y=ax$로 놓자.

　이 그래프가 점 $(-3, 1)$을 지나므로

　$y=ax$에 $x=-3$, $y=1$을 대입하면

　　　$1=-3a$　$\therefore a=-\dfrac{1}{3}$

　따라서 x와 y 사이의 관계식은 $y=-\dfrac{1}{3}x$이다.

7 (1) y가 x에 반비례하므로 $y=\dfrac{a}{x}$로 놓고,

이 식에 $x=-2$, $y=-8$을 대입하면

$$-8=\dfrac{a}{-2} \qquad \therefore a=16$$

따라서 x와 y 사이의 관계식은 $y=\dfrac{16}{x}$이다.

(2) $y=\dfrac{16}{x}$에 $x=-4$를 대입하면 $y=\dfrac{16}{-4}=-4$

(3) $y=\dfrac{16}{x}$에 $y=6$을 대입하면

$$6=\dfrac{16}{x} \qquad \therefore x=\dfrac{8}{3}$$

8 (1) 물탱크의 용량은 $4\times35=140(\text{L})$이므로

$$xy=140 \qquad \therefore y=\dfrac{140}{x}$$

(2) $y=\dfrac{140}{x}$에 $x=5$를 대입하면

$$y=\dfrac{140}{5}=28$$

따라서 매분 5 L씩 물을 넣으면 가득 채우는 데 28분이 걸린다.

(3) $y=\dfrac{140}{x}$에 $y=20$을 대입하면

$$20=\dfrac{140}{x} \qquad \therefore x=7$$

따라서 20분 만에 이 물탱크에 물을 가득 채우려면 매분 7 L씩 물을 넣어야 한다.

10 (1) $y=\dfrac{6}{x}$에 $x=-2$, $y=a$를 대입하면

$$a=\dfrac{6}{-2}=-3$$

(2) $y=\dfrac{6}{x}$에 $x=a$, $y=\dfrac{1}{4}$을 대입하면

$$\dfrac{1}{4}=\dfrac{6}{a} \qquad \therefore a=24$$

11 (1) 그래프가 좌표축에 가까워지면서 한없이 뻗어 나가는 한 쌍의 매끄러운 곡선이므로 $y=\dfrac{a}{x}$로 놓자.

이 그래프가 점 $(-4, 4)$를 지나므로

$y=\dfrac{a}{x}$에 $x=-4$, $y=4$를 대입하면

$$4=\dfrac{a}{-4} \qquad \therefore a=-16$$

따라서 x와 y 사이의 관계식은 $y=-\dfrac{16}{x}$이다.

(2) 그래프가 좌표축에 가까워지면서 한없이 뻗어 나가는 한 쌍의 매끄러운 곡선이므로 $y=\dfrac{a}{x}$로 놓자.

이 그래프가 점 $(1, 3)$을 지나므로

$y=\dfrac{a}{x}$에 $x=1$, $y=3$을 대입하면

$$3=\dfrac{a}{1} \qquad \therefore a=3$$

따라서 x와 y 사이의 관계식은 $y=\dfrac{3}{x}$이다.

■■■ **학교 시험 문제 ✕ 확인하기** 〔138~139쪽〕

1 ①, ④	2 -3	3 36초	4 ④	5 ①
6 ⑤	7 ①	8 ②, ⑤	9 -4	10 2기압
11 ④, ⑤	12 ㄴ, ㅁ, ㅂ		13 ③	14 ⑤

1 x의 값이 2배, 3배, 4배, ...로 변함에 따라 y의 값도 2배, 3배, 4배, ...로 변하면 y는 x에 정비례한다.

①, ④ $y=ax$ $(a\neq0)$ 꼴이므로 y가 x에 정비례한다.

2 y가 x에 정비례하므로 $y=ax$로 놓고,

이 식에 $x=-1$, $y=7$을 대입하면

$$7=-a \qquad \therefore a=-7 \qquad \therefore y=-7x$$

따라서 $y=-7x$에 $y=21$을 대입하면

$$21=-7x \qquad \therefore x=-3$$

3 휘발유 1 L를 넣는 데 3초가 걸리므로

휘발유 x L를 넣는 데 $3x$초가 걸린다.

$$\therefore y=3x$$

$y=3x$에 $x=12$를 대입하면

$$y=3\times12=36$$

따라서 휘발유 12 L를 넣는 데 36초가 걸린다.

4 ①, ⑤ 원점을 지나는 직선이다.

② $y=-\dfrac{7}{2}x$에 $x=2$, $y=7$을 대입하면 $7\neq-\dfrac{7}{2}\times2$

즉, 점 $(2, 7)$을 지나지 않는다.

③, ④ $y=-\dfrac{7}{2}x$에서 $-\dfrac{7}{2}<0$이므로 그 그 래프는 오른쪽 그림과 같이 제2사분면과 제4사분면을 지나고, x의 값이 증가하면 y의 값은 감소한다.

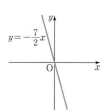

따라서 옳은 것은 ④이다.

5 $y=\dfrac{2}{3}x$에 $x=3$을 대입하면 $y=\dfrac{2}{3}\times3=2$

따라서 정비례 관계 $y=\dfrac{2}{3}x$의 그래프는 점 $(3, 2)$와 원점을 지나는 직선이므로 ①이다.

6 ① $y=\dfrac{3}{5}x$에 $x=5$, $y=3$을 대입하면

$$3=\dfrac{3}{5}\times5$$

② $y=\dfrac{3}{5}x$에 $x=-10$, $y=-6$을 대입하면

$$-6=\dfrac{3}{5}\times(-10)$$

③ $y=\dfrac{3}{5}x$에 $x=-1$, $y=-\dfrac{3}{5}$을 대입하면

$$-\dfrac{3}{5}=\dfrac{3}{5}\times(-1)$$

④ $y=\dfrac{3}{5}x$에 $x=\dfrac{5}{3}$, $y=1$을 대입하면

$\quad 1=\dfrac{3}{5}\times\dfrac{5}{3}$

⑤ $y=\dfrac{3}{5}x$에 $x=\dfrac{7}{9}$, $y=\dfrac{7}{3}$을 대입하면

$\quad \dfrac{7}{3}\neq\dfrac{3}{5}\times\dfrac{7}{9}$

따라서 $y=\dfrac{3}{5}x$의 그래프 위의 점이 아닌 것은 ⑤이다.

7 $y=ax$의 그래프가 점 $(-2, 3)$을 지나므로

$y=ax$에 $x=-2$, $y=3$을 대입하면

$3=-2a$ $\quad\therefore a=-\dfrac{3}{2}$

$\therefore y=-\dfrac{3}{2}x$

이 그래프가 점 $(3, b)$를 지나므로

$y=-\dfrac{3}{2}x$에 $x=3$, $y=b$를 대입하면

$b=-\dfrac{3}{2}\times 3=-\dfrac{9}{2}$

$\therefore a+b=-\dfrac{3}{2}+\left(-\dfrac{9}{2}\right)=-6$

8 ① $y=x+100$

② $y=\dfrac{5000}{x}$

③ $x+y=27$ $\quad\therefore y=27-x$

④ $y=3x$

⑤ $y=\dfrac{24}{x}$

따라서 y가 x에 반비례하는 것은 ②, ⑤이다.

9 y가 x에 반비례하므로 $y=\dfrac{a}{x}$로 놓고,

이 식에 $x=2$, $y=-4$를 대입하면

$-4=\dfrac{a}{2}$ $\quad\therefore a=-8$

$\therefore y=-\dfrac{8}{x}$

$y=-\dfrac{8}{x}$에 $x=1$, $y=p$를 대입하면

$p=-\dfrac{8}{1}=-8$

$y=-\dfrac{8}{x}$에 $x=q$, $y=-2$를 대입하면

$-2=-\dfrac{8}{q}$ $\quad\therefore q=4$

$\therefore p+q=-8+4=-4$

10 기체의 부피 $y\,\mathrm{cm}^3$가 압력 x기압에 반비례하므로 $y=\dfrac{a}{x}$로 놓고,

이 식에 $x=6$, $y=15$를 대입하면

$15=\dfrac{a}{6}$ $\quad\therefore a=90$

$\therefore y=\dfrac{90}{x}$

$y=\dfrac{90}{x}$에 $y=45$를 대입하면

$45=\dfrac{90}{x}$ $\quad\therefore x=2$

따라서 압력은 2기압이다.

11 ②, ④ $y=\dfrac{10}{x}$에서 $10>0$이므로

그 그래프는 오른쪽 그림과 같이
제1사분면과 제3사분면을 지난다.
또 $x>0$일 때, x의 값이 증가하면 y
의 값은 감소한다.

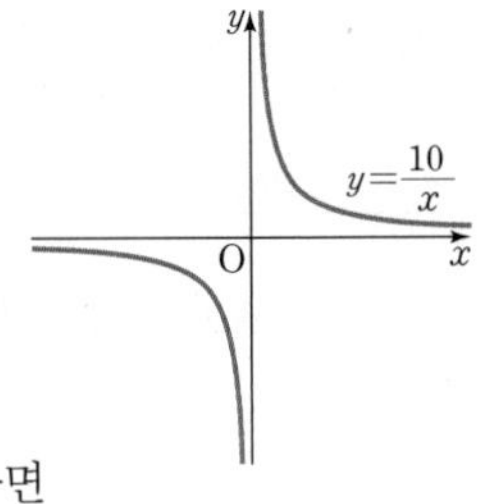

③ $y=\dfrac{10}{x}$에 $x=-4$, $y=-\dfrac{5}{2}$를 대입하면

$-\dfrac{5}{2}=\dfrac{10}{-4}$

즉, 점 $\left(-4, -\dfrac{5}{2}\right)$를 지난다.

⑤ x의 값이 한없이 증가해도 그래프는 x축에 가까워질 뿐 x축과
만나지는 않는다.

따라서 옳지 않은 것은 ④, ⑤이다.

12 정비례 관계 $y=ax$의 그래프와 반비례 관계 $y=\dfrac{a}{x}$의 그래프는

$a>0$일 때, 제1사분면과 제3사분면을 지나고,

$a<0$일 때, 제2사분면과 제4사분면을 지난다.

ㄴ, ㅁ, ㅂ. $a>0$이므로 제1사분면과 제3사분면을 지난다.

ㄱ, ㄷ, ㄹ. $a<0$이므로 제2사분면과 제4사분면을 지난다.

따라서 제1사분면과 제3사분면을 지나는 그래프는 ㄴ, ㅁ, ㅂ이다.

13 점 $(2, a)$가 $y=-\dfrac{2}{x}$의 그래프 위의 점이므로

$y=-\dfrac{2}{x}$에 $x=2$, $y=a$를 대입하면

$a=-\dfrac{2}{2}=-1$

점 $(b, 1)$이 $y=-\dfrac{2}{x}$의 그래프 위의 점이므로

$y=-\dfrac{2}{x}$에 $x=b$, $y=1$을 대입하면

$1=-\dfrac{2}{b}$ $\quad\therefore b=-2$

$\therefore a-b=-1-(-2)=1$

14 그래프가 좌표축에 가까워지면서 한없이 뻗어 나가는 한 쌍의
매끄러운 곡선이므로 $y=\dfrac{a}{x}$로 놓자.

이 그래프가 점 $(2, -2)$를 지나므로

$y=\dfrac{a}{x}$에 $x=2$, $y=-2$를 대입하면

$-2=\dfrac{a}{2}$ $\quad\therefore a=-4$

$\therefore y=-\dfrac{4}{x}$

이 그래프가 점 $(-4, k)$를 지나므로

$y=-\dfrac{4}{x}$에 $x=-4$, $y=k$를 대입하면

$k=-\dfrac{4}{-4}=1$

✚ 개념·플러스·연산 개념과 연산이 만나 수학의 즐거운 학습 시너지를 일으킵니다.

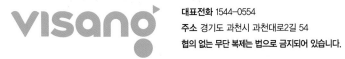

대표전화 1544-0554
주소 경기도 과천시 과천대로2길 54
협의 없는 무단 복제는 법으로 금지되어 있습니다.